# 深部裂隙岩体注浆浆液扩散机理研究

孙小康　李小静　著

哈尔滨工业大学出版社

# 内 容 简 介

本书以深部巷道工程破裂围岩注浆为背景，综合应用室内试验、理论分析、数值模拟和现场监测相结合的方法，对浆液在深部裂隙岩体内扩散机理进行了深入、系统的研究。本书共有 10 章，第 1 章为绪论；第 2 章为水泥基浆液性质试验研究；第 3 章为单裂隙可视化注浆试验研究；第 4 章为粗糙裂隙注浆渗流试验研究；第 5 章为宾汉姆流体粗糙裂隙渗流机理研究；第 6 章为深部裂隙软岩巷道变形破坏特征；第 7 章为深部裂隙软岩巷道让压支护机理研究；第 8 章为深部裂隙软岩巷道"让压-锚注"耦合支护机理研究；第 9 章为深部裂隙岩体"让压-锚注"支护工程实践；第 10 章为结论与展望。

本书可供岩土工程专业的研究生学习岩土注浆加固技术原理，也可供从事岩土工程专业的研究人员参考使用。

**图书在版编目（CIP）数据**

深部裂隙岩体注浆浆液扩散机理研究 / 孙小康，李小静著. — 哈尔滨：哈尔滨工业大学出版社，2024.6
ISBN 978-7-5767-1406-7

Ⅰ.①深… Ⅱ.①孙… ②李… Ⅲ.①裂缝（岩石）-岩体-注浆加固-研究 Ⅳ.①TD265.4

中国国家版本馆 CIP 数据核字（2024）第 095670 号

策划编辑 王桂芝
责任编辑 李长波
出版发行 哈尔滨工业大学出版社
社　　址 哈尔滨市南岗区复华四道街 10 号 邮编 150006
传　　真 0451-86414749
网　　址 http://hitpress.hit.edu.cn
印　　刷 哈尔滨博奇印刷有限公司
开　　本 720 mm×1 000 mm　1/16　印张 30　字数 486 千字
版　　次 2024 年 6 月第 1 版　2024 年 6 月第 1 次印刷
书　　号 ISBN 978-7-5767-1406-7
定　　价 188.00 元

# 前　　言

随着《中共中央关于制定国民经济和社会发展第十四个五年规划和 2035 年远景目标的建议》的提出，我国经济和社会发展对资源的需求日益增加，资源开发不断走向地壳深部，重大工程项目建设也逐渐向极端复杂地质环境地区延伸。而工程地质灾害，例如隧道（巷道、硐室）塌方、围岩大变形、岩爆、突涌水等，不仅对工程人员的人身安全构成巨大的威胁，而且极大地增加了工程项目的施工成本和运营费用。以煤矿井巷工程为例，我国每年新掘巷道大约 12 000 km，在复杂地质环境影响下，围岩持续性的流变大变形十分强烈，巷道支护结构严重扭曲破坏，导致部分巷道维护进入"破坏→修复→再破坏→再修复"的恶性循环，直接影响了工人的人身安全和矿井的正常安全生产，给深部煤炭资源的安全高效开采提出了严峻的挑战。

注浆技术作为隧道开挖、巷道掘进、大坝围岩堵水、石油地下存储、核废料处置等地下工程常用手段，已在全世界范围内得到了广泛应用。深部裂隙岩体注浆可以主动将浆液充填到破裂岩体裂隙内，改善不良岩体结构及其力学性能，提高围岩整体强度和承载能力，从而保证地下工程结构的施工安全和长期稳定。研究浆液在深部裂隙岩体内的渗流机理对完善注浆理论和提高深部裂隙岩体注浆效果具有重要的理论意义和工程应用价值。

本书以深部巷道工程破裂围岩注浆为背景，综合应用室内试验、理论分析、数值模拟和现场监测相结合的方法，对浆液在深部裂隙岩体内扩散机理进行了深入、系统的研究，取得的主要研究成果如下：

（1）基于 Eriksson 和 Stille 提出的临界裂隙开度概念，自行研制了一套单裂隙可视化注浆试验系统，为深入揭示浆液在深部裂隙岩体内的可注性提供了有效的测试手段。利用重构生成的不同节理面粗糙度轮廓曲线研制了具有不同分形维数的单裂隙注浆模型，配合单裂隙可视化注浆试验系统，研究了不同条件下浆液在粗糙裂隙内的渗流规律，揭示了注浆压力、粗糙度、裂隙开度等参数对浆液在裂隙内渗流规律的影响。

（2）通过引入无量纲系数 $a_D$、$b_D$ 来反映流体在真实裂隙内渗流时受到的摩擦阻力，建立了基于分形维数的 Forchheimer 渗流方程，利用有限元数值分析软件 COMSOL 建立了注浆锚杆浆液扩散数值计算模型，研究初始渗透系数、注浆压力等参数对浆液在粗糙裂隙内渗流规律的影响，为深部裂隙巷道围岩锚注支护设计与施工提供参考。

（3）以深部巷道工程裂隙岩体注浆为背景，建立了深部裂隙软岩巷道让压-锚注支护数值计算模型，分析了不同让压距离、让压载荷、注浆加固圈厚度和强度对让压-锚注支护效果的影响，为深部裂隙巷道围岩让压-锚注支护设计提供参考。

（4）以淮北矿区袁店二矿北翼回风大巷的具体工程地质条件为背景，在淮北矿区袁店二矿北翼回风大巷开展现场工业实践，现场试验及监测结果表明，采用"让压-锚注"耦合支护体系后，深部裂隙软岩巷道围岩变形明显减小，变形速度也得到了有效控制，更好地维护了巷道的稳定，为矿井的安全高效生产提供了有力保障。

本书第 1～5 章由南阳理工学院孙小康撰写，第 6～10 章由南阳理工学院李小静撰写。本书在撰写过程中参考了许多文献资料，所进行的许多研究和现场测试工作得到了中国矿业大学王连国教授课题组和淮北矿业（集团）有限责任公司的领导及工程技术人员的大力支持；本书的出版得到了河南省重点研发与推广专项科技攻关项目（24102320209）、河南省高等学校重点科研项目（23A440011）、南阳理工学院交叉科学研究项目、南阳理工学院博士科研启动基金项目、南阳理工学院重点培育学科项目的资助，在此一并表示衷心的感谢。

由于作者水平有限，书中疏漏及不足之处在所难免，恳请读者批评指正。

作　者
南阳理工学院
2024 年 3 月

# 目　　录

# 第1章 绪 论

## 1.1 研究目的与意义

尽管近几年来煤炭在我国一次能源消费结构中所占的比例有所下降，但以煤为主体的能源结构在短时间内不会改变。煤炭开采在我国以井工开采为主，因此需要在地下岩层中开挖大量巷道，每年我国在地下岩层中新掘进的巷道总长度高达数千千米。巷道开挖后，在巷道围岩表面径向应力降为零，切向应力则形成应力集中，最终导致巷道表面围岩破裂，切向应力向深部转移，深部围岩进一步破裂，直至巷道深部围岩在三向应力条件下能够承载围岩的集中应力。随着我国煤矿开采逐渐向深部发展，由地质构造引起的构造应力逐渐增大，深部"高地应力、高地温、高岩溶水压"等地质条件使得巷道所处的工程环境愈加复杂，加上强烈的采掘活动，对巷道围岩稳定性影响也越来越显著。工程实践统计结果表明：40%~80%的深井巷道开挖后变形破坏严重，需要不断循环翻修才能保证巷道断面、轨道满足生产需求，甚至常规的锚网索和 U 型钢等支护手段都难以维持巷道围岩的稳定。

自从 19 世纪初期法国人 Charles·Berlghy 将注浆法用于 Dieppe 冲沙闸的维修上，该技术被引入世界许多国家，并且应用越来越广。到目前为止，注浆已经成为巷道掘进、隧道开挖、大坝围岩堵水、石油地下存储、核废料处置、破碎岩体加固的一种常用方法。与传统支护手段被动等待围岩变形后加固不同，注浆可以主动将浆液充填到破裂岩体裂隙内，不仅堵塞地下水的渗流通道，浆液凝固后还可以提高围岩强度及增强围岩抗变形的作用。良好的注浆效果不但可以通过裂隙岩体中的浆液凝结硬化，将失去承载能力的破碎的岩体重新胶结成整体，提高岩体结构面的黏结力和抗剪能力，从而增强岩体的稳定性承载能力；还可以堵塞结构面内的渗水通道，降低裂隙岩体的渗透性能，从而改善岩体环境中的水理环境，减少或阻止地下水流入隧洞。因此，注浆既可以改善支护结构的受力情况，又能提高巷道破碎围岩的稳定性和抗渗能力，保证深部巷道掘进施工安全和长期稳定。常规支护结构受损破坏示意图如图 1.1 所示。

（a）U 型钢被压弯　　　　　　　　（b）锚杆被拉断

（c）片帮导致锚杆支护失效　　　　（d）冒顶导致锚杆支护失效

图 1.1　常规支护结构受损破坏示意图

裂隙岩体中的注浆方法主要是通过外部施加压力将浆液压入裂隙中，在此过程中浆液的渗流过程是隐蔽的，目前还无法在施工过程中监测浆液扩散范围。由于不能确定浆液的扩散距离，所以注浆钻孔的布置存在盲目性和不确定性，注浆效果也无法判断，给裂隙岩体注浆设计和施工带来了困难，特别是对于复杂地质条件下，注浆孔的间距、注浆压力大小、注浆时间的长短、浆液的配比等都会直接影响注浆效果和巷道稳定性。若仅凭经验和工程类比确定注浆参数，注浆后又无法预测注浆效果，不仅容易因注浆参数设计过于保守造成浪费，也可能因注浆效果不佳给巷道施工安全和长期稳定埋下隐患。

国内外学者对浆液在裂隙岩体内的渗流做了大量的研究，但就目前现状来讲，精确计算浆液在深部裂隙岩体内扩散距离的理论公式还远未成熟，大部分计算浆液在裂隙内渗流的理论都会对围岩裂隙进行简化，难以反映浆液的真实扩散情况，浆液在岩体裂隙内扩散的经验公式大多是对某些特殊的地质条件或者某些特定浆液（主要是化学浆液）总结的，无法在其他工程实践中应用，不具有普遍意义。因此，研究浆液在深部裂隙岩体内的渗流机理，掌握深部裂隙岩体注浆浆液的流动扩散规律，不仅可以指导裂隙岩体注浆工程的设计和施工，减少注浆的盲目性和不确定性，还对于完善深部裂隙岩体注浆浆液扩散理论和提高裂隙岩体注浆效果具有十分重要的理论意义和实践价值。

## 1.2 国内外研究现状

### 1.2.1 裂隙岩体注浆理论研究现状

由于裂隙岩体内存在大量的节理裂隙，且无法准确获取大部分节理裂隙的参数，所以目前裂隙岩体注浆存在盲目性和不可预测的特点。浆液在岩体裂隙内的流动过程也极为复杂，不仅受裂隙尺寸、裂隙分布、裂隙面粗糙程度、裂隙面曲折度、注浆引起的裂隙二次扩展等因素限制，同时还受围岩应力耦合作用、重力作用，以及地下水和浆液自身的颗粒沉淀、稀释和局部稠化现象影响。因此，裂隙岩体注浆理论的研究远远落后于注浆实践，目前裂隙岩体注浆理论研究成果如下：

（1）1974 年，Baker 将裂隙模简化为光滑、平直、等开度的平行裂隙，固定注

浆压力 $p_0$ 和流量 $Q$，浆液在光滑平板裂隙内作辐射流动，并将浆液简化为牛顿流体，推导了浆液在裂隙内作层流流动时的关系表达式：

$$p_0 - p = \frac{6\mu Q}{\pi b^3}\ln\frac{r}{r_0} + \frac{3\rho Q^2}{20\pi^2 b^2}\left(\frac{1}{r_0^2} - \frac{1}{r^2}\right) \tag{1.1}$$

式中，$p_0$ 为注浆压力；$p$ 为在距离钻孔中心 $r$ 处浆液压力；$\mu$ 为浆液的动力黏度；$Q$ 为浆液的体积流量；$b$ 为裂隙开度；$r$ 为浆液扩散半径；$r_0$ 为钻孔半径；$\rho$ 为浆液密度。

该表达式推导过程中固定注浆压力 $p_0$ 和流量 $Q$ 是不合理的，与实际情况不吻合，且将裂隙模型简化为光滑、平直、等开度的平行裂隙与天然裂隙差别很大，因此计算误差较大。

（2）1982 年，刘嘉材教授将裂隙简化为光滑、平直、等开度平板裂隙，认为浆液为牛顿流体，根据牛顿摩阻力定律推导出了浆液扩散半径与注浆时间的关系表达式：

$$r = \sqrt[2.21]{\frac{0.093(p_0 - p_w)Tb^2 r_0^{0.21}}{\mu}} + r_0 \tag{1.2}$$

$$T = \frac{1.02\times10^{-7}\mu(R^2 - r_0^2)\ln\left(\dfrac{r}{r_0}\right)}{(p_0 - p_w)b^2} \tag{1.3}$$

式中，$p_w$ 为裂隙内的静水压力；$T$ 为注浆时间。

该表达式中推导过程中没有考虑裂隙粗糙度的影响，且将流量 $Q$ 视为常数，浆液作为牛顿流体，与实际情况不符，很难准确地评价浆液在岩体裂隙内可注性和渗透距离。

（3）张良辉通过引入粗糙度系数和水的运动黏度系数，研究了粗糙度和地下水黏性阻力对浆液在裂隙内流动的影响，推导了注浆时间与扩散半径关系的表达式：

$$t = \frac{12K_g}{gb^2(h_0 - h_e)} \left\{ v_g \left[ \frac{r^2}{2} \ln\left(\frac{r}{r_0}\right) - \frac{r^2 - r_0^2}{4} \right] + v \left[ \frac{r^2}{2} \ln\left(\frac{r_e}{r}\right) - \frac{r_0^2}{2} \ln\left(\frac{r_e}{r_0}\right) + \frac{r^2 - r_0^2}{4} \right] \right\} \quad (1.4)$$

式中，$t$ 为注浆时间；$K_g$ 为粗糙度系数；$h_0$ 为注浆孔孔底水力压头；$h_e$ 为地下水静水压头；$v_g$ 为浆液的运动黏度系数；$v$ 为水的运动黏性系数；$r_e$ 为地下水的影响半径。

该表达式考虑了粗糙度的影响，更加接近真实情况，但将水泥基浆液简化为牛顿流体与实际情况不符。

（4）石达民等从多孔介质中两种液体界面的平衡和运动的观点出发，推导了浆液在一维裂隙内流动时的压力表达式：

$$p(x,t) = p_0 - \frac{p_0 - p}{R_{max}} \cdot \frac{\mu(t)}{\mu(0)} \quad (1.5)$$

式中，$p_0$ 表示钻孔内的压力；$p$ 表示浆液锋面处的压力；$R_{max}$ 为浆液扩散的最大距离；$\mu(t)$、$\mu(0)$ 分别表示注浆开始和结束时浆液的黏度。

（5）2001 年，郝哲等研究了不同类型流体在裂隙内作单向流动和辐射流动时流体的扩散公式，并采用粗糙度经验指数描述粗糙度对浆液在裂隙内流动的影响。

以上给出的均是基于牛顿流体推导的浆液渗流方程，然而针对工程中使用的浆液来说，一般将浆液分为牛顿流体和宾汉姆流体两种类型。有学者认为，当纯水泥浆的水灰比小于 1 时，浆液属于宾汉姆流体。2005 年，阮文军通过大量试验得出，宾汉姆流体对应的水灰比在 0.8～1.0 之间。当水灰比小于 0.8 时，浆液向幂律流体转换；当水灰比大于 1.0 时，浆液逐渐向牛顿流体转换；当添加适量减水剂后，水灰比大于 0.5 的纯水泥浆全部变为牛顿流体。对于工程中常用的水泥基浆液来说，一般属于宾汉姆流体，因此许多学者推导了基于宾汉姆流体的浆液扩散方程。

（6）1985 年，Lombadi 根据浆液内聚力与力的平衡条件，推导出了浆液在裂隙开度为 $b$ 的光滑裂隙内流动的最大扩散半径，基帕科、卢什尼科娃和杨晓东等也推导出了类似的表达式：

$$R_{\max} = \frac{p_0 b}{2\tau_0} \qquad (1.6)$$

式中，$R_{\max}$ 为浆液扩散的最大距离；$p_0$ 为注浆压力；$\tau_0$ 为浆液内聚力。

（7）1991 年，Wittker 和 Wanner 基于二维光滑平板裂隙假设，利用注浆压力变化梯度与浆液屈服强度的变化梯度之和为零，推导了宾汉姆流体在裂隙中的压力分布及最终扩散范围：

$$R = \frac{p_0 b}{2\tau_0} + r_0 \qquad (1.7)$$

（8）加宾推导出单一倾斜裂缝中压力计算表达式，该表达式考虑了裂隙倾斜对浆液扩散半径的影响：

$$R = \frac{ab(p_0 - p_w)}{2p_t \pm b\gamma_p \sin\alpha} \qquad (1.8)$$

式中，$a$ 为安全系数；$p_t$ 为黏塑性流体压力；$\gamma_p$ 为浆液容重；$\alpha$ 为裂隙倾角。

（9）1987 年，杨晓东基于浆液在光滑裂隙内作低速流动时为层流的假设，推导了宾汉姆流体在裂隙中流动时注浆压力的衰减表达式：

$$p = p_0 - \frac{3\tau_B}{b}(r - r_0) - \frac{6\eta Q}{\pi b^3}\ln\left(\frac{r}{r_0}\right) \qquad (1.9)$$

式中，$\tau_B$ 为裂隙中浆液流动时呈塞流运动处的切应力；$\eta$ 为浆液的塑性黏度。

（10）Hassler 等用渠道网络代替裂隙面，将二维辐射流简化为一维直线流，在单条渠道内推导出了浆液的运动方程：

$$Q = \frac{\rho_w g b^3 W(h_0 - h_L)}{12\mu_p(t)L}(1 - 3Z + 4Z^3) \qquad (1.10)$$

$$Z = \min\left[\frac{\tau_0(t)}{\rho_w g b\left(\dfrac{h_0 - h_L}{L}\right)}, \frac{1}{2}\right] \qquad (1.11)$$

式中，$W$ 为渠道宽度；$b$ 为渠道高度（裂隙开度）；$h_0$、$h_L$ 分别表示孔内及扩散距离为 $L$ 处的水头压力；$\mu_p(t)$、$\tau_0(t)$ 表示 $t$ 时刻浆液的塑性黏度和动切力；$\rho_w$ 为塑性浆液密度；$L$ 为浆液扩散距离。

（11）葛家良以隧道围岩结构面注浆为工程背景，建立了浆液在二维结构面中流动的 GJL 模型，基于杨晓东提出的浆液压力衰减表达式，推导了浆液的扩散半径方程：

$$R = r_0 \exp \frac{(p_0 - p_w)\pi b^3 e^{-\frac{a}{c}}}{18\eta T q_r} \sum_{T} \qquad (1.12)$$

式中，$a$、$c$ 分别为浆液常数和浆液水灰比的平方；$T$ 为整个注浆过程的时间；$q_r$ 为整个注浆过程中的浆液平均流量；$\sum_{T}$ 表示与注浆起始时刻、浆液停止流动时刻有关的一个累加值。

（12）除了上述学者的研究成果外，黄春华、郑长成、阮文军、郑玉辉、杨米加、杨秀竹、Amadei、Savage、Chen、Yang 等推导了在裂隙倾角和方位角、浆液黏度时变性、流核、地下水等因素影响下，宾汉姆流体的扩散方程，从不同角度研究了宾汉姆流体在单裂隙内的扩散规律。

（13）浆液在裂隙岩体渗流的主要通道是岩体内裂隙网络，针对浆液在裂隙网络内的流动规律，国内外学者做了大量的研究工作。1997 年，Moon 和 Song 将破裂岩体中的裂隙简化为"渠道"，将岩体中的裂隙网络简化为渠道网络，研究了宾汉姆流体在"渠道"裂隙网络中的流动规律；郝哲基于达西渗流方程和质量守恒定律，再假定交点处各裂隙压力相等，且在忽略裂隙交汇点处能量损失的前提下，建立了浆液在裂隙网络流动的数值计算模型，研究了浆液在裂隙网络内的流动规律；2000 年，Eriksson、Stille 和 Andersson 基于质量守恒定律和裂隙开度的正态分布形式，研究了宾汉姆流体在二维"渠道"网络中的流动规律；杨米加和罗平平通过简化裂隙网络建立了数值计算模型，研究了浆液在裂隙网络中的流动规律。

## 1.2.2 裂隙岩体注浆试验研究现状

1974 年，美国陆军工程兵团通过混凝土砖构建人工裂隙，研究浆液在单裂隙中的流动规律；1982 年，Karol 使用化学浆液研究了地下水流动对化学浆液分布所产生的影响；1987 年，苏联学者采用不同粒度模数的细砂和化学浆液开展渗流试验，研究了注浆压力、注浆流量、渗透速度、注浆时间、土的孔隙性质与浆液扩散半径的关系；1990 年，Houlsby 利用由混凝土板组成的人工裂隙开展了一系列浆液流动模拟试验，研究了浆液在裂隙内流动的规律；1995 年，奥地利利用 3 种不同材料制成的人工裂隙开展了浆液在单裂隙流动过程中的模拟试验，分析了裂隙粗糙度对浆液流量及扩散半径的影响；2000 年，Terashi 等研究了浆液在 3 种不同裂隙模型内的扩散情况，得到了裂隙间距、浆液黏度、注浆压力、裂隙流量、粗糙度等物理量之间的关系；韩国学者 Lee 和 Bang 等采用合成材料模拟无节理、有一组平行节理、有两组互相垂直节理的 3 种裂隙发育情况，对比浆液在裂隙内的流动规律；2001 年，瑞士的 Bouchelaghem 和 Vulliet 等开展了可变形饱和多孔介质渗透注浆试验，研究了浆液在多孔介质中的扩散规律和流体力学性质；2005 年，法国的 Saada 和 Canou 等通过在粒状多孔介质中开展浆液渗流试验，研究了注浆压力与介质粒度分布及水灰比的关系，并根据试验结果提出了新的预测可注性公式；2008 年，Funehag 等验证了硅胶浆液的一维通道扩散距离和二维扩散半径的解析解；Krizek 和 Perez 通过一系列注浆渗流试验，研究了各种浆液的稀释特性。在试验过程中，可改变缝隙宽度、测量压力、时间及注浆速度。裂缝限制宽度为浆液恰好能穿过的宽度。测量生成线与钻孔壁相交节理的注浆压力，只适用于低压力。瑞典学者 Jamson 和 Stille 通过建立 3 种裂隙注浆模拟模型，研究了浆液在裂隙内作辐射流动时的流动规律。

注浆技术在我国开展了大量的研究工作。1985 年，周兴旺等利用圆管形单裂隙注浆试验台开展了不同裂隙开度浆液渗流试验，研究了流量、浆液扩散距离等参数对浆液渗流规律的影响。1988 年，刘嘉材研制出了平板型裂隙注浆试验装置，建立了非牛顿流体在水平光滑裂隙面内的扩散方程，研究了扩散半径与注浆压力、浆液黏度及注浆时间之间的关系。2000 年，杨米加通过自行设计的试验平台进行了单裂隙和裂隙网络模拟注浆试验，研究了不同的注浆压力和水灰比对浆液渗流规律的影响。

## 1.2.3 注浆数值模拟研究现状

数值模拟是科学研究的重要手段之一，利用数值计算软件模拟浆液在裂隙内的流动规律、注浆加固后围岩的整体稳定性，比模型试验更加经济高效，操作也更加便捷。目前，国内外研究者主要利用 ANSYS、ABAQUS、COMSOL、FLAC 等软件模拟注浆过程中浆液扩散规律。

1992 年，Hassler 等基于牛顿流体假设建立了光滑等宽数值计算裂隙模型，研究了浆液在裂隙内的流动规律。基于 Hassler 等提出的流量方程，1997 年，Moon 和 Song 采用有限差分法模拟研究了宾汉姆流体在单条裂隙中的流动规律。基于固-液全耦合分析理论，Lemos 和 Lorig 用离散元法模拟流体在裂隙岩体中的流动。Kulatilake 等通过对岩体三维不连续面网络进行模拟研究了浆液在裂隙网络内的流动规律。Chupin 等通过室内试验和有限元数值模拟的方法研究了水泥基浆液在砂土中进行一维渗透注浆时地层的过滤作用，结果该作用对浆液的扩散影响显著。Bouchelaghem 等通过有限元法建立了数值计算模型，并对水泥基浆液注浆后的力学行为进行了研究。Eriksson 基于对浆液扩散过程的观察分析，提出了宾汉姆流体的数学扩散模型，并据此建立数值计算模型，研究浆液在裂隙网络中的流动规律。Shin 等采用有限元程序 PENTAGON 3D 建立了数值计算模型，研究了导管长度对注浆加固效应的影响。Bolisetti 通过多孔介质开展了裂隙岩体注浆渗流试验研究和数值研究。

郝哲等基于质量守恒定律，利用蒙特卡洛法生成裂隙网络，忽略裂隙交叉点处的能量损失，研究了浆液在裂隙网络内的渗流规律。

其迭代公式为

$$p_2 = -\frac{12\mu vl}{b^2} + p_1 \qquad (1.13)$$

式中，$p_1$ 和 $p_2$ 分别表示裂隙模型起止时的浆液压力；$b$ 为裂隙宽度；$v$ 为浆液流速；$l$ 为裂隙长度；$\mu$ 为浆液表观黏度。

陈剑平等为研究浆液在裂隙网络内的流动规律，采用概率统计和蒙特卡洛的方法生成了三维随机裂隙网络。于青春等基于一维和二维观测数据，通过建模的方法解决了三维裂隙大小和密度问题。罗平平基于宾汉姆流体的流动方程建立了宾汉姆流体渗流和裂隙变形的耦合模型。李宁等采用数值模拟的方法对注浆后的岩土体变形、强度、损伤及渗透性进行了研究。吴顺川等采用离散元二维颗粒流程序（particle flow code in 2 dimensions，PFC2D）对浆液的扩散规律进行了研究。郑鹏武等采用数值模拟研究了注浆与非注浆两种工况下的渗流情况。李向红等运用有限元方法模拟了压密注浆的过程。雷金山等利用有限单元法建立数值计算模型，研究了浆液在裂隙内的渗流规律。王档良等利用有限元软件 ADINA 模拟了浆液与水在砂土介质中渗流时的渗流耦合作用。刘振兴等运用 ANSYS 模拟分析了劈裂注浆前后非饱和土渗流场的参数变化规律。石明生利用 ABAQUS 开展了劈裂注浆的数值模拟研究，分析了劈裂注浆过程中裂纹发展机理。陈金宇等运用离散元模拟了牛顿流体在破碎围岩体中的扩散范围，分析了牛顿流体的扩散形态，揭示了浆液扩散范围与注浆压力、水灰比之间的关系和注浆压力在围岩中的衰减规律。郭广磊等采用离散元软件 PFC 对浆液在均质黏土介质中的扩散过程进行了数值模拟，研究了浆液在土体中的扩散规律。张金娟应用有限差分软件FLAC3D建立了浆液在土体中的渗流模型，研究了黏时变流体和宾汉姆流体在土体内的渗透规律，数值模拟结果表明：浆液渗透速度在注浆初始阶段增大，之后随着时间延长渗透速度不断减小，最后趋于稳定。冯志强应用有限差分软件FLAC3D模拟了浆液在均匀各向异性地层中的渗流情况，分析了浆液扩散范围随时间变化的规律。李慎刚等应用FLAC3D计算程序模拟浆液在土体中的渗流过程，通过将模拟结果与实际工程效果进行对比分析，得到了基于

FLAC3D 的注浆效果整体评价。杨坪基于浆液的扩散理论和物理试验结果，通过自行编制的计算程序研究了注浆时浆液扩散半径的变化规律。李振刚利用 ADINA 有限元软件建立了浆液的渗流模型，通过将理论表达式中为常数的浆液黏度改为随时间变化的函数，对现有的理论表达式进行了修正，结果表明修正后更加符合工程实际需要。杨锋通过编写二维有限元渗流计算程序，结合下坂地工程现场灌浆试验数据对砂砾石层注浆过程进行了渗流计算，分析了注浆后砂砾石层的渗透稳定性，并依据数值模拟结果对现场试验结果进行了补充。孙斌堂等基于非稳定渗流表达式，通过推导的浆液渗流基本微分方程和数值化离散得到了浆液渗流的有限元模型，基于该有限元模型编制了差分有限元程序，对浆液的注浆过程进行了计算模拟，模拟结果显示与工程实际吻合较好。

## 1.3　存在的主要问题

深部裂隙岩体注浆浆液的流动扩散规律是完善注浆理论和提高裂隙岩体注浆加固技术的关键问题之一，特别是对于深部巷道周围的裂隙岩体，正确理解和掌握浆液在裂隙岩体内的渗流规律，指导注浆工程设计和施工，减少注浆的盲目性和不确定性，对于完善深部破裂巷道围岩注浆浆液扩散理论和提高裂隙岩体注浆效果具有十分重要的理论意义和实践价值。通过对裂隙岩体注浆理论、试验和数值模拟的国内外研究现状进行分析，发现裂隙岩体注浆存在以下几个方面的问题和不足：

（1）水泥基浆液在配制后为悬浊液，所有水泥颗粒都悬浮于浆液中，当浆液在外部压力作用下向某一裂隙内流动时，水泥颗粒也会涌向该裂隙；若裂隙开度足够大则水泥颗粒不会对浆液的渗流产生影响，若裂隙开度较小则水泥颗粒会在裂隙入口或者裂隙开度较小处堆积，发生渗滤或堵塞现象。而研究渗滤效应或者堵塞现象产生的机理并确定临界裂隙开度（$b_{critical}$）大小对于指导注浆工程设计具有重要意义。但目前关于浆液临界裂隙开度的研究多是通过在完全封闭的空间内实施渗滤试验，根据产生渗滤或堵塞现象前 2 次试验的滤饼网格（裂隙开度）大小间接获得临界裂隙开度范围，且由于受试验条件限制无法直观地研究渗滤效应或堵塞现象的机理，也无法得到更为确切的临界裂隙开度值。

（2）自然节理裂隙表面都是凸凹不平的，为更准确地描述浆液在裂隙岩体内的流动规律，描述浆液流动规律的方程需要考虑裂隙面的粗糙度。尽管 Barton 提出的节理粗糙度系数（joint roughness coefficient，JRC）是目前在描述裂隙轮廓线粗糙度方面应用最广泛的方法，但该方法也存在不少问题。在定量描述节理面轮廓线粗糙度时，Barton 标准剖面轮廓线法虽然操作简单，不需要烦琐的计算，但是这种方法对应用者的工作态度、工作经验、轮廓曲线绘制的精细程度有很高的要求，而且自然界中的岩体结构面千差万别，这 10 条轮廓曲线难以全部涵盖。随着研究的进一步深入，在三维粗糙裂隙面描述方面利用节理粗糙度系数评价其粗糙度时显得更加困难。

（3）浆液在岩石裂隙内流动扩散的规律，大部分都是基于低雷诺数层流假设推导出来的，此时若按照渗流力学理论则可知浆液在岩体裂隙内渗流满足达西线性方程；而实际上浆液在裂隙内的流动并不一定满足线性渗流方程，大量的工程实践证明，描述浆液在裂隙岩体内的渗流规律应采用非线性 Forchheimer 方程。

（4）在单裂隙注浆试验研究过程中，大多采用不考虑裂隙面粗糙度的由光滑板组成的裂隙模型，采用粗糙裂隙面时有两种情况：①在裂隙面粘贴或挖掉一些材料模拟裂隙面的粗糙度；②采用真实岩样通过劈裂试验或剪切试验加工裂隙模型。这两种方法都存在一定的弊端，第一种方法制作的裂隙模型与自然节理裂隙模型相差太大，无法准确模拟浆液在自然节理裂隙内的流动规律；第二种方法采用真实岩样，试验一次过后浆液填充裂隙内并与裂隙面上的岩石发生物理化学反应，改变了裂隙面的性质，因此无法重复试验。

# 1.4 研究内容及技术路线

## 1.4.1 主要研究内容

针对浆液在裂隙岩体扩散机理研究中存在的问题和不足，本书通过自行研制的单裂隙可视化注浆试验系统和基于分形维数的粗糙裂隙模型，对浆液的渗滤效应和临界裂隙开度、浆液在粗糙裂隙内渗滤规律及浆液在裂隙岩体内的渗流机理进行了研究，其主要研究内容如下。

**1. 分析水泥基浆液的流变性和稳定性性质**

利用旋转黏度计测定不同水灰比、不同粒径（$d_{95}$）、添加减水剂水泥基浆液的表观黏度，分析水灰比、水泥颗粒粒径、减水剂等因素对浆液流变性的影响；配制不同水灰比、不同粒径、含减水剂和膨润土的水泥基浆液，根据析水率定义及测量方法测定水泥基浆液的析水率，研究水灰比、粒径、减水剂和膨润土对水泥基浆液稳定性的影响，确定稳定浆液所需的水灰比、粒径、减水剂和膨润土含量，依据要求配制稳定浆液并测量其对应的表观黏度、密度等参数，用于单裂隙渗流试验研究。

**2. 单裂隙可视化注浆试验系统研制及临界裂隙开度 $b_{critical}$ 的确定**

通过裂隙模型上下盘、不锈钢薄膜垫片、透明钢化玻璃板及其他紧固设备设计研发了一种可视化单裂隙注浆模型，结合长距离显微镜、高速摄像机和其他注浆装置，共同构成了一套完整的单裂隙可视化注浆试验系统。利用该试验系统观测水泥基浆液在流经裂隙时渗滤或堵塞现象产生的过程，研究渗滤效应或堵塞现象产生的机理，并根据产生渗滤或堵塞现象前后裂隙模型的开度，确定浆液的临界裂隙开度 $b_{critical}$ 和最小裂隙开度 $b_{min}$。

**3. 浆液在粗糙裂隙内渗流规律试验研究**

基于分形布朗运动（FBMs）和 Barton 提出的 10 条经典岩石裂隙轮廓曲线的 Hurst 指数，重构生成不同分形维数的节理面轮廓曲线，利用生成的节理面轮廓曲线研制不同粗糙度裂隙模型，结合注浆装置、数据采集系统共同构成单裂隙注浆渗流试验系统。通过开展不同裂隙开度、粗糙度等参数条件下的浆液渗流试验，分析不同条件下浆液进出口压力、流量的变化规律，揭示了浆液在粗糙裂隙内流动时压差与流速的非线性特征，浆液的流动扩散规律满足 Forchheimer 渗流方程，研究裂隙开度、注浆压力、粗糙度等参数对浆液在单裂隙内流动扩散规律的影响。

**4. 浆液在粗糙裂隙内的渗流机理**

基于牛顿流体和宾汉姆流体在光滑裂隙内渗流的试验结果，并与理论结果对比分析，揭示粗糙度对浆液渗流规律的影响，通过引入无量纲系数 $a_D$、$b_D$（$a_D$、$b_D$ 为分形维数 $D$ 的函数）建立基于分形维数的 Forchheimer 渗流方程，根据光滑裂隙模型试验数据拟合表达式确定无量纲系数 $a_D$、$b_D$ 的值和基于分形维数的 Forchheimer 渗流方程的表达式，利用 COMSOL 软件建立不同分形维数裂隙数值计算模型，研究粗糙度、裂隙开度等参数对浆液在粗糙裂隙内渗流规律的影响。

**5. 深部巷道破裂围岩注浆工程实践**

通过对深部巷道破裂围岩的钻孔窥视结果分析，获得巷道围岩裂隙开度在巷道围岩内的分布情况，结合基于分形维数的 Forchheimer 渗流方程，建立浆液在破裂围岩内渗流的单孔渗流数值计算模型，分析注浆压力、围岩破裂程度等参数对浆液扩散半径的影响，提供优化的注浆锚杆（索）支护参数。

## 1.4.2　研究技术路线

本书以深部巷道破碎围岩注浆支护为背景，通过采用室内试验、理论分析、数值模拟与现场监测相结合的方法，对水泥基浆液在深部裂隙岩体内的扩散机理进行了深入、系统的研究，拟采用的主要研究技术路线图如图 1.2 所示。

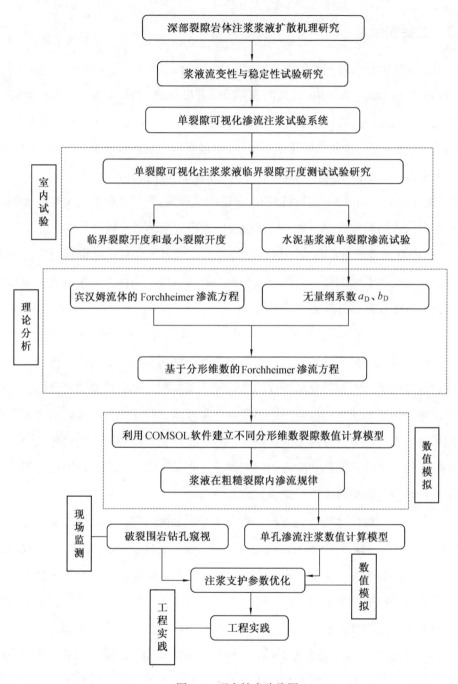

图 1.2　研究技术路线图

### 1.4.3 主要创新点

本书的主要创新点可归纳如下：

（1）基于 Eriksson 和 Stille 提出的临界裂隙开度概念，自行研制了一套单裂隙可视化注浆试验系统，与传统注浆渗流试验系统相比，该系统存在如下几点优势：

①裂隙模型两侧由透明的钢化玻璃组成，可以直观地观测到浆液在裂隙中的流动方式，从室内试验层面上解决了浆液扩散具有隐蔽性的问题；

②显微观测系统由长距离显微镜和高速摄像机构成，可以从微观层面实时观测记录浆液在裂隙内的运移规律，如可以从微观层面研究浆液渗滤效应产生的机理；

③裂隙模型开度通过高精度不锈钢垫片控制，可以更加精确地调整裂隙开度大小，从而获得更加准确的临界裂隙开度和最小裂隙开度，为深入揭示浆液在深部裂隙岩体内的可注性提供有效的测试手段。

（2）基于分形布朗运动和 Barton 提出的 10 条经典岩石裂隙轮廓曲线的 Hurst 指数，重构生成不同分形维数的节理面轮廓曲线，利用重构生成的不同粗糙度节理面轮廓曲线研制了具有不同分形维数的单裂隙注浆模型，配合单裂隙可视化注浆试验系统，研制出了基于分形维数的粗糙裂隙注浆渗流试验系统，并据此系统地开展了不同压力、不同裂隙开度和不同粗糙度条件下浆液在粗糙裂隙内的渗流试验，研究了不同条件下浆液在粗糙裂隙内的渗流规律，揭示了注浆压力、粗糙度、裂隙开度等参数对浆液在裂隙内渗流规律的影响。

（3）利用宾汉姆流体的本构方程，推导了平面裂隙内宾汉姆流体的流速分布方程，结合牛顿流体非线性 Forchheimer 渗流方程，得到了宾汉姆流体在光滑平板裂隙内流动时的 Forchheimer 渗流方程。通过引入无量纲系数 $a_D$、$b_D$ 来反映流体在真实裂隙内渗流时受到的摩擦阻力，$a_D$、$b_D$ 均为裂隙面分形维数 $D$ 的函数，建立了基于分形维数的宾汉姆流体单裂隙渗流 Forchheimer 方程，结合浆液单裂隙渗流试验结果，确定了 Forchheimer 渗流方程系数，并根据重构所得粗糙裂隙面轮廓线建立不同分形维数数值计算模型，通过数值模拟研究了不同分形维数裂隙模型压差与流量关系，结果表明分形维数与 Forchheimer 方程系数呈二次函数关系，与无量纲系数 $a_D$、$b_D$ 也呈二次函数关系。

（4）以深部巷道工程裂隙岩体注浆为背景，利用基于分形维数的 Forchheimer 渗流方程，结合巷道围岩破裂特征分析和钻孔窥视破裂岩体裂隙开度的统计规律，建立了裂隙岩体钻孔注浆浆液渗流模型，系统研究了围岩破裂程度、注浆压力等因素对浆液扩散距离的影响，揭示了深部破裂围岩注浆浆液渗流机理，为深部巷道破裂围岩注浆选择合理的支护参数提供了参考。

# 第 2 章　水泥基浆液性质试验研究

由水引发的地质工程灾害治理多采用注浆的方式，注浆不仅可以改善岩体中岩石和节理面的力学性能，还能降低岩体结构的渗透性，达到堵水防渗的作用。由于水泥基注浆材料来源丰富，具有固结强度较高、耐久性良好、工艺设备简单、制造成本较低等优点，在各类工程中应用广泛。水泥基浆液的流型、黏度及析水率等性质是影响浆液扩散和注浆效果的主要因素。因此，本章主要研究不同水泥基注浆材料的流变特性、稳定性等性质，为不同地质条件选取适宜的注浆材料提供依据。

## 2.1　浆液的流变性及分类

随着科技的不断发展进步，工程实践中使用的各类注浆材料越来越多，按溶液所处的状态可分为浮化液、悬浮液和真溶液，按工艺性质可分为单液浆和双液浆，按浆液颗粒可分为化学浆液和粒状浆液。不同的分类标准有不同的分类结果，但总体上来说，注浆材料在其发展历程中主要经历了 3 个阶段：水泥类注浆材料、化学类注浆材料、有机高分子类注浆材料。在采矿工程、隧道工程、水利工程等岩土类工程项目中最常用的仍是水泥浆材，这主要是因为水泥浆材原料来源极丰富、造价低廉、制备工艺简单、使用方便，并且浆液凝固后结石率高、胶结体强度高、抗渗性和耐久性好。浆液的黏度为表征浆液在流动过程中相邻流体之间因流动速度不同而产生内摩擦力的物理量，不同流体内摩擦力和流动速度之间呈现不同的关系，因此通过流体内摩擦力与流速的关系可以反映出不同浆液的流变特征，并据此对浆液流变特性进行分类，为了便于研究和描述不同浆液的流变类型，众学者一般采用流变方程和流变曲线的方法进行研究和描述，根据流变方程和流变曲线的不同总结得出的浆液流变性分类见表 2.1，而不同流变特性浆液的流变曲线如图 2.1 所示。

**表 2.1　浆液流变性分类**

| 浆液流变性 | 浆液流体类型 | 时间效应 |
|---|---|---|
| 黏性流体 | 牛顿流体 | 无 |
| | 假塑流体 | 无 |
| | 膨胀流体 | 无 |
| 塑性流体 | 宾汉姆流体 | 无 |
| | 带屈服值假塑性流体 | 无 |
| | 带屈服值膨胀流体 | 无 |
| 黏塑性流体 | 非宾汉姆流体 | 无 |
| 黏时变流体 | 触变流体 | 有 |
| | 振凝流体 | 有 |

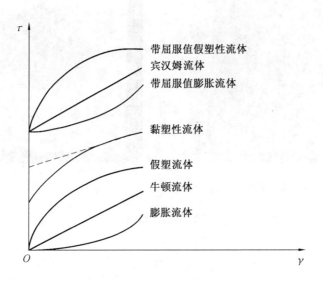

图 2.1　浆液的流变曲线

## 2.2 水泥基浆液的流变特性试验研究

### 2.2.1 水泥基浆液的制备

#### 1. 试验材料

试验研究所用的普通水泥为普通 425#水泥（图 2.2），所用超细水泥为山东某环保材料科技有限公司生产的 800 目超细水泥（图 2.3）和 1 250 目超细水泥（图 2.4），3 种水泥的主要化学成分见表 2.2。

（a）袋装水泥 　　　　　　　　　　　（b）水泥样品

图 2.2　普通 425#水泥

（a）袋装水泥　　　　　　　　　　（b）水泥样品

图 2.3　800 目超细水泥

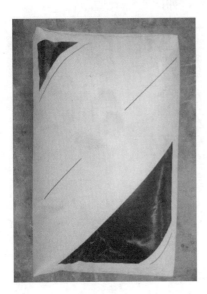

（a）袋装水泥　　　　　　　　　　（b）水泥样品

图 2.4　1 250 目超细水泥

表2.2  3种水泥的主要化学成分（质量分数）                        %

| 水泥材料 | CaO | SiO$_2$ | Al$_2$O$_3$ | Fe$_2$O$_3$ | MgO | K$_2$O+Na$_2$O | 合计 |
|---|---|---|---|---|---|---|---|
| 普通 425#水泥 | 58.0 | 24.0 | 5.2 | 4.5 | 3.8 | 4.5 | 100 |
| 800 目超细水泥 | 52.5 | 27.2 | 7.3 | 3.4 | 3.5 | 6.1 | 100 |
| 1 250 目超细水泥 | 54.8 | 27.8 | 7.4 | 4.2 | 3.1 | 2.7 | 100 |

水泥颗粒的大小及分布对水泥基浆液的性质有重要影响。当水泥成分相同时，水泥颗粒越小，颗粒比表面积就越大，水泥颗粒与水接触时的表面积就越大，水化反应也会比大颗粒水泥基浆液更快，并且水化反应也更充分，因此其强度特别是早期强度会越高。但是，水泥颗粒过细，会造成水泥硬化时产生较大的收缩量，水泥凝结后易产生裂缝。一般认为，只有当水泥颗粒尺寸小于 40 μm 才具有较高的活性；若水泥颗粒尺寸大于 90 μm，则在水泥基浆液中几乎接近惰性，在注浆时仅起填充作用。因此，采用激光粒度仪分析普通 425#水泥、800 目超细水泥和 1 250 目超细水泥的颗粒分布，并得到相应的颗粒级配曲线，如图 2.5 所示。

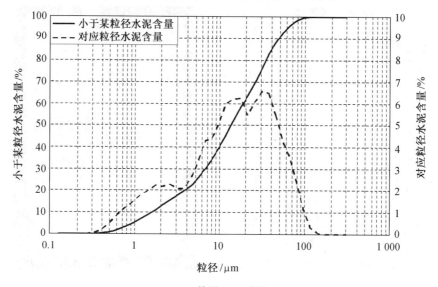

（a）普通 425#水泥

图 2.5  水泥颗粒级配曲线

注：含量除特殊说明外均指质量分数。

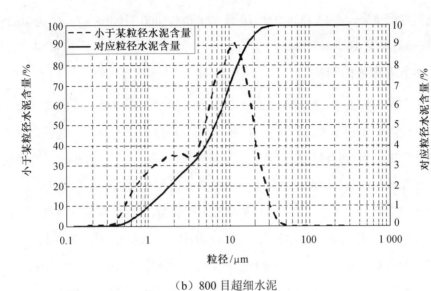

（b）800 目超细水泥

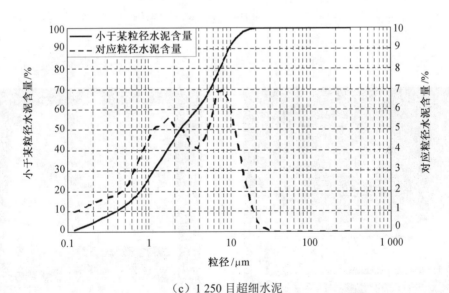

（c）1 250 目超细水泥

续图 2.5

根据测试结果，普通 425#水泥 $d_{95}$ 为 62.4 μm，800 目超细水泥 $d_{95}$ 为 20.2 μm，1 250 目超细水泥 $d_{95}$ 为 11.5 μm。

**2. 水泥基浆液的制备**

由于水泥颗粒大小、水灰比、添加剂、搅拌速度、搅拌时间等因素都会影响浆液的性质，因此在制备水泥基浆液的过程中必须遵循相应的步骤。这里暂不考虑搅拌速度、搅拌时间对浆液性质的影响，只研究水泥颗粒大小、水灰比、添加剂等因素对浆液性质的影响。因此，水泥基浆液的制备过程分为以下几个步骤：

（1）首先使用电子秤（图 2.6）称取水的质量 $M_1$，然后再按不同水灰比计算所需水泥质量 $M_2$，称取 $M_2$ 水泥备用；电子秤的量程为 30 kg，精度为 0.2 g。

（2）若需要添加减水剂、膨润土等添加剂，则使用高精度电子秤（图 2.7）按比例称取所需添加剂备用，高精度电子秤的量程为 200 g，精度为 0.001 g。

（3）将干水泥、添加剂及水分别添加到不锈钢储浆桶中，使用搅拌器以恒定的转速搅拌 3 min，即得到所需的水泥基浆液，搅拌器转速为 1 500 r/min，如图 2.8 所示。

图 2.6　电子秤

图 2.7　高精度电子秤

（a）搅拌器　　　　　　　　　　　　（b）浆液搅拌

图 2.8　搅拌器及浆液搅拌过程

## 2.2.2　旋转黏度流变仪原理

浆液黏度的测试采用 ZNN-D6 型旋转黏度计，如图 2.9 所示，拥有六级变速（3 r/min、6 r/min、100 r/min、200 r/min、300 r/min、600 r/min），针对牛顿流体的测量精度为 1～25 mPa·s（±1 mPa·s），其具体原理如下。

图 2.9　ZNN-D6 型旋转黏度计

流变仪外筒半径为 $R_2$，内筒半径为 $R_1$，内筒高为 $h$，当外筒以转速 $n$ 转动时，扭簧转动的角度为 $\delta$，扭簧的标度为 $k$（每转动 $1°$ 产生 $k$ N·m 的扭矩）。在转筒转动时，流体间各流层存在速度梯度 $\dfrac{\mathrm{d}v}{\mathrm{d}r}$，流层间产生的内摩擦力 $f$ 除了正比于两流层间的接触面积 $\Delta S$ 以外，还正比于该处的速度梯度 $\dfrac{\mathrm{d}v}{\mathrm{d}r}$，即

$$f = \eta \frac{\mathrm{d}v}{\mathrm{d}r} \Delta S \tag{2.1}$$

式中，$\eta$ 为黏度系数，简称黏度。

带入仪器参数，得

$$f = \eta r \frac{\mathrm{d}\omega}{\mathrm{d}r} 2\pi r h \tag{2.2}$$

式中，$2\pi rh$ 为起剪切作用的有效面积；$r$ 为内筒转动半径；$w$ 为转动的角速率。

黏滞力矩为

$$T = rf = r\eta r \frac{\mathrm{d}\omega}{\mathrm{d}r} 2\pi r h = 2\pi \eta h r^3 \frac{\mathrm{d}\omega}{\mathrm{d}r} \tag{2.3}$$

由于内筒处于静止状态，其角速度为 0，外筒转速 $\Omega = \dfrac{2\pi n}{60}$。将表达式（2.3）分离变量并积分，整理结果得

$$T \int_{R_1}^{R_2} \frac{\mathrm{d}r}{r^3} = 2\pi \eta h \int_0^{\Omega} \mathrm{d}\omega \tag{2.4}$$

带入仪器参数，得

$$k\delta \left( \frac{1}{R_1^2} - \frac{1}{R_2^2} \right) = \frac{2}{15} \pi^2 \eta h n \tag{2.5}$$

由于 $\tau = \dfrac{k\delta}{2\pi R_1^2 h} = \eta \dfrac{\mathrm{d}v}{\mathrm{d}r}$，对表达式（2.5）进行变形得

$$\frac{k\delta}{2\pi R_1^2 h} = \eta \frac{\pi R_2^2}{15(R_2^2 - R_1^2)} n \tag{2.6}$$

带入数据得

$$0.518\ 272\ 25\delta = 1.702\ 295\ 141n\eta \tag{2.7}$$

$$\tau = 0.518\delta \tag{2.8}$$

$$\gamma = 1.702n \tag{2.9}$$

通过改变流变仪的转速 $n$，读出扭簧转动的角度 $\delta$，通过绘图便可以得到流体的流变曲线。

为尽可能降低温度和时间等因素对试验结果的影响，浆液从搅拌到测量过程在 5 min 内完成。每次测试完需要对仪器内外筒进行清洗，安装内筒时要确保安装到位，使内筒可以旋转至扭簧最大量程处，避免测试过程中发生内筒脱落或空转，具体测量步骤如下：

（1）按照设计好的试验材料配比（包括水）进行称量。

（2）将称量好的材料置于搅拌桶内，用搅拌器快速搅拌 60 s，搅拌器转速约为 2 000 r/min。

（3）将搅拌均匀的浆液迅速倒入黏度计量杯至刻度线处（350 mL），并将黏度计量杯放入 ZNN-D6 型旋转黏度计测试平台上，提升平台使外筒刻度线刚好浸入浆液中，开机搅拌测试。

（4）采用 ZNN-D6 型旋转黏度计逐级测定浆体在各剪切速率（可由 ZNN-D6 型旋转黏度计的角速度换算得到）下的流变仪扭簧转动的角度（用来计算 ZNN-D6 型旋转黏度计内壁所受剪切力），并记录数据。

（5）测试结束后，关闭仪器，迅速洗净仪器上残留的浆液。

## 2.2.3　水灰比对浆液流变特性的影响

选取普通 425#水泥，按照 2.2.1 节的步骤配制水灰比（$W/C$）分别为 0.5～2.0 的水泥基浆液，并采用 ZNN-D6 型旋转黏度计测量浆液黏度，测量结果见表 2.3。

表 2.3 不同水灰比浆液黏度测量结果

| 水灰比 | 转速 $n$/(r·min$^{-1}$) | 角度 $\delta$/(°) | 剪切速率 $\tau$/s$^{-1}$ | 剪切力 $\gamma$/Pa |
|---|---|---|---|---|
| 0.5 | 600 | 230 | 1 021.8 | 117.53 |
| | 300 | 130 | 510.9 | 66.43 |
| | 200 | 99 | 340.6 | 50.589 |
| | 100 | 67 | 170.3 | 34.237 |
| | 6 | 16 | 10.218 | 8.176 |
| | 3 | 10 | 5.109 | 5.11 |
| 0.6 | 600 | 160 | 1 021.8 | 81.76 |
| | 300 | 94 | 510.9 | 48.034 |
| | 200 | 67 | 340.6 | 34.237 |
| | 100 | 43 | 170.3 | 21.973 |
| | 6 | 13 | 10.218 | 6.643 |
| | 3 | 8 | 5.109 | 4.088 |
| 0.7 | 600 | 71 | 1 021.8 | 36.281 |
| | 300 | 39 | 510.9 | 19.929 |
| | 200 | 30 | 340.6 | 15.33 |
| | 100 | 10 | 170.3 | 5.11 |
| | 6 | 7 | 10.218 | 3.577 |
| | 3 | 5 | 5.109 | 2.555 |
| 0.8 | 600 | 43 | 1 021.8 | 21.973 |
| | 300 | 23 | 510.9 | 11.753 |
| | 200 | 17 | 340.6 | 8.687 |
| | 100 | 11 | 170.3 | 5.621 |
| | 6 | 5 | 10.218 | 2.555 |
| | 3 | 4 | 5.109 | 2.044 |

续表 2.3

| 水灰比 | 转速 $n/(r \cdot min^{-1})$ | 角度 $\delta/(°)$ | 剪切速率 $\tau/s^{-1}$ | 剪切力 $\gamma$/Pa |
|---|---|---|---|---|
| 0.9 | 600 | 25 | 1 021.8 | 12.775 |
| | 300 | 13 | 510.9 | 6.643 |
| | 200 | 10 | 340.6 | 5.11 |
| | 100 | 6 | 170.3 | 3.066 |
| | 6 | 2.5 | 10.218 | 1.277 5 |
| | 3 | 2 | 5.109 | 1.022 |
| 1.0 | 600 | 20 | 1 021.8 | 10.22 |
| | 300 | 10 | 510.9 | 5.11 |
| | 200 | 7 | 340.6 | 3.577 |
| | 100 | 5 | 170.3 | 2.555 |
| | 6 | 2 | 10.218 | 1.022 |
| | 3 | 2 | 5.109 | 1.022 |
| 1.2 | 600 | 12.5 | 1 021.8 | 6.387 5 |
| | 300 | 6 | 510.9 | 3.066 |
| | 200 | 4 | 340.6 | 2.044 |
| | 100 | 2.5 | 170.3 | 1.277 5 |
| | 6 | 1 | 10.218 | 0.511 |
| | 3 | 0.5 | 5.109 | 0.255 5 |
| 1.4 | 600 | 11 | 1 021.8 | 5.621 |
| | 300 | 5 | 510.9 | 2.555 |
| | 200 | 4 | 340.6 | 2.044 |
| | 100 | 2 | 170.3 | 1.022 |
| | 6 | 1 | 10.218 | 0.511 |
| | 3 | 0.5 | 5.109 | 0.255 5 |

续表 2.3

| 水灰比 | 转速 $n$/(r·min$^{-1}$) | 角度 $\delta$/(°) | 剪切速率 $\tau$/s$^{-1}$ | 剪切力 $\gamma$/Pa |
|---|---|---|---|---|
| 1.6 | 600 | 10 | 1 021.8 | 5.11 |
| | 300 | 4.5 | 510.9 | 2.299 5 |
| | 200 | 3 | 340.6 | 1.533 |
| | 100 | 2 | 170.3 | 1.022 |
| | 6 | 0.5 | 10.218 | 0.255 5 |
| | 3 | 0.5 | 5.109 | 0.255 5 |
| 1.8 | 600 | 9 | 1 021.8 | 4.599 |
| | 300 | 4.5 | 510.9 | 2.299 5 |
| | 200 | 3 | 340.6 | 1.533 |
| | 100 | 1.5 | 170.3 | 0.766 5 |
| | 6 | 0.5 | 10.218 | 0.255 5 |
| | 3 | 0.5 | 5.109 | 0.255 5 |
| 2.0 | 600 | 9 | 1 021.8 | 4.599 |
| | 300 | 4 | 510.9 | 2.044 |
| | 200 | 2.5 | 340.6 | 1.277 5 |
| | 100 | 1.5 | 170.3 | 0.766 5 |
| | 6 | 0.5 | 10.218 | 0.255 5 |
| | 3 | 0.5 | 5.109 | 0.255 5 |

由表 2.3 可得 ZNN-D6 型旋转黏度计在不同水灰比浆液测量黏度过程中指针转过的角度，由表达式（2.8）和式（2.9）计算可得对应剪切速率与剪切力，由所得数据可知不同水灰比条件下普通 425#水泥基浆液流变曲线如图 2.10 所示。由图 2.10 可知，当普通 425#水泥基浆液水灰比小于等于 0.6 时浆液流动剪切力随着剪切速率增加呈非线性特征，当剪切速率较小（小于 200 s$^{-1}$）时剪切力变化速率随着剪切速率增加而增加，当剪切速率较大（大于 200 s$^{-1}$）时剪切力变化速率随着剪切速率增

加而减小，即此时浆液为幂律流体。当普通 425#水泥基浆液水灰比大于等于 0.7 时浆液剪切力随着剪切速率增加呈线性关系。即普通 425#水泥水灰比大于等于 0.7 时为宾汉姆流体，当水灰比小于等于 0.6 时为幂律流体。

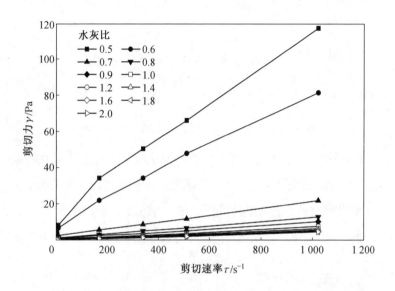

图 2.10　不同水灰比条件下普通 425#水泥基浆液流变曲线

幂律流体的本构方程为

$$\tau = \tau_0 + \mu_{con}\gamma^n \tag{2.10}$$

式中，$\tau$ 为剪切速率（$s^{-1}$）；$\tau_0$ 为屈服应力（Pa）；$\mu_{con}$ 为稠度系数（Pa·$s^n$）；$\gamma$ 为剪切力（Pa）；$n$ 为流变指数。

宾汉姆流体的本构方程为

$$\tau = \tau_0 + \eta\gamma \tag{2.11}$$

式中，$\eta$ 为黏度（Pa·s）。

牛顿流体的本构方程为

$$\tau = \mu\gamma \tag{2.12}$$

式中，$\mu$ 为表观黏度（Pa·s）。

为了便于对比，均采用表观黏度 $\mu$ 表示浆液的黏度，由表观黏度定义可得 3 种流体的表观黏度，分别表示为

$$\mu_{\text{幂律}} = \frac{\tau_0 + \mu_{\text{con}}\gamma^n}{\gamma} = \frac{\tau_0}{\gamma} + + \mu_{\text{con}}\gamma^{n-1} \tag{2.13}$$

$$\mu_{\text{宾汉姆}} = \frac{\tau_0 + \eta\gamma}{\gamma} = \eta + \frac{\tau_0}{\gamma} \tag{2.14}$$

$$\mu_{\text{牛顿}} = \frac{\mu\gamma}{\gamma} = \mu \tag{2.15}$$

从表达式（2.13）～（2.15）中可以看出，牛顿流体的表观黏度为常数，宾汉姆流体和幂律流体的表观黏度是剪切速率 $\tau$ 的函数，并非为常数，为了便于比较，取剪切速率为 1 021.8 $\text{s}^{-1}$ 时浆液的表观黏度进行研究。剪切速率为 1 021.8 $\text{s}^{-1}$ 时，不同水灰比条件下普通 425#水泥基浆液表观黏度的变化曲线如图 2.11 所示，对应数据见表 2.4。

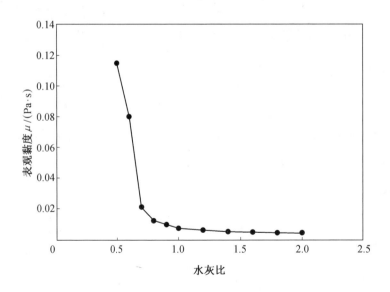

图 2.11　不同水灰比条件下普通 425#水泥基浆液表观黏度的变化曲线

表 2.4　不同水灰比条件下普通 425#水泥基浆液的表观黏度

| 水灰比 | 表观黏度 $\mu$/(Pa·s) | 水灰比 | 表观黏度 $\mu$/(Pa·s) |
|---|---|---|---|
| 0.5 | 0.115 0 | 1.2 | 0.006 3 |
| 0.6 | 0.080 0 | 1.4 | 0.005 5 |
| 0.7 | 0.021 5 | 1.6 | 0.005 0 |
| 0.8 | 0.012 5 | 1.8 | 0.004 5 |
| 0.9 | 0.010 0 | 2.0 | 0.004 5 |
| 1.0 | 0.007 5 | | |

由图 2.11 可知：随着水灰比增加浆液表观黏度逐渐减小。当水灰比小于 0.7 时，浆液表观黏度随着水灰比增加急速下降；当水灰比为 0.5 时浆液表观黏度为 0.115 0 Pa·s，当水灰比为 0.6 时浆液表观黏度为 0.080 0 Pa·s，降幅为 30.43%；当水灰比为 0.7 时，浆液表观黏度降低到 0.021 5 Pa·s，与水灰比为 0.5 时相比降幅高达 81.3%；水灰比为 0.8 时，浆液表观黏度为 0.012 5 Pa·s，与水灰比为 0.7 时相比浆液表观黏度只下降了 0.009 0 Pa·s；之后一直到水灰比为 2.0 时，浆液表观黏度为 0.004 5 Pa·s，浆液的表观黏度与水灰比为 0.7 时相比降低了 0.017 0 Pa·s，即当水灰比大于 0.7 时，浆液表观黏度减小速率明显降低，浆液表观黏度变化趋于缓和。

## 2.2.4　水泥颗粒粒径对浆液流变特性的影响

为了分析不同水泥颗粒粒径对浆液流变特性的影响，取 800 目超细水泥和 1 250 目超细水泥配制水灰比为 0.5～2.0 的水泥基浆液，研究其流变特性及其与普通 425#水泥流变特性区别。其中，当水灰比小于等于 0.5 时，800 目超细水泥搅拌形成的浆液黏度过大，超出量程无法测量；当水灰比小于等于 0.6 时，1 250 目超细水泥搅拌形成的浆液也因黏度过大无法测量。测量结果见表 2.5 和 2.6。

由表 2.5 和 2.6 可得在不同水灰比超细水泥基浆液测量过程中 ZNN-D6 型旋转黏度计指针转动的角度，由表达式（2.8）和式（2.9）计算可得对应剪切速率与剪切力，利用所得数据绘制不同水灰比条件下 800 目和 1 250 目超细水泥基浆液流变曲线，如图 2.12 所示。

表 2.5　不同水灰比条件下 800 目超细水泥基浆液黏度测量结果

| 水灰比 | 转速 $n/(\text{r·min}^{-1})$ | 角度 $\delta/(°)$ | 剪切速率 $\tau/s^{-1}$ | 剪切力 $\gamma/Pa$ |
|---|---|---|---|---|
| 0.6 | 600 | 238 | 1 021.8 | 121.618 |
| | 300 | 157 | 510.9 | 80.227 |
| | 200 | 130 | 340.6 | 66.43 |
| | 100 | 99.5 | 170.3 | 50.844 5 |
| | 6 | 34.5 | 10.218 | 17.629 5 |
| | 3 | 21 | 5.109 | 10.731 |
| 0.7 | 600 | 103 | 1 021.8 | 52.633 |
| | 300 | 77 | 510.9 | 39.347 |
| | 200 | 62 | 340.6 | 31.682 |
| | 100 | 47.5 | 170.3 | 24.272 5 |
| | 6 | 21 | 10.218 | 10.731 |
| | 3 | 14 | 5.109 | 7.154 |
| 0.8 | 600 | 64 | 1 021.8 | 32.704 |
| | 300 | 43.5 | 510.9 | 22.228 5 |
| | 200 | 35 | 340.6 | 17.885 |
| | 100 | 27 | 170.3 | 13.797 |
| | 6 | 12 | 10.218 | 6.132 |
| | 3 | 9 | 5.109 | 4.599 |
| 0.9 | 600 | 47.5 | 1 021.8 | 24.272 5 |
| | 300 | 31 | 510.9 | 15.841 |
| | 200 | 24.5 | 340.6 | 12.519 5 |
| | 100 | 19 | 170.3 | 9.709 |
| | 6 | 9 | 10.218 | 4.599 |
| | 3 | 7 | 5.109 | 3.577 |
| 1.0 | 600 | 32.5 | 1 021.8 | 16.607 5 |
| | 300 | 22 | 510.9 | 11.242 |
| | 200 | 17 | 340.6 | 8.687 |
| | 100 | 12 | 170.3 | 6.132 |
| | 6 | 6 | 10.218 | 3.066 |
| | 3 | 5 | 5.109 | 2.555 |

续表 2.5

| 水灰比 | 转速 $n/(\text{r·min}^{-1})$ | 角度 $\delta/(°)$ | 剪切速率 $\tau/\text{s}^{-1}$ | 剪切力 $\gamma/\text{Pa}$ |
|---|---|---|---|---|
| | 600 | 24 | 1 021.8 | 12.264 |
| | 300 | 15.5 | 510.9 | 7.920 5 |
| 1.2 | 200 | 12 | 340.6 | 6.132 |
| | 100 | 8 | 170.3 | 4.088 |
| | 6 | 3.5 | 10.218 | 1.788 5 |
| | 3 | 3 | 5.109 | 1.533 |
| | 600 | 17 | 1 021.8 | 8.687 |
| | 300 | 10 | 510.9 | 5.11 |
| 1.4 | 200 | 8 | 340.6 | 4.088 |
| | 100 | 5 | 170.3 | 2.555 |
| | 6 | 2 | 10.218 | 1.022 |
| | 3 | 2 | 5.109 | 1.022 |
| | 600 | 14 | 1 021.8 | 7.154 |
| | 300 | 8 | 510.9 | 4.088 |
| 1.6 | 200 | 6 | 340.6 | 3.066 |
| | 100 | 4 | 170.3 | 2.044 |
| | 6 | 1.8 | 10.218 | 0.919 8 |
| | 3 | 1.8 | 5.109 | 0.919 8 |
| | 600 | 12 | 1 021.8 | 6.132 |
| | 300 | 6.5 | 510.9 | 3.321 5 |
| 1.8 | 200 | 5 | 340.6 | 2.555 |
| | 100 | 3.5 | 170.3 | 1.788 5 |
| | 6 | 1.5 | 10.218 | 0.766 5 |
| | 3 | 1.2 | 5.109 | 0.613 2 |
| | 600 | 10.5 | 1 021.8 | 5.365 5 |
| | 300 | 6 | 510.9 | 3.066 |
| 2.0 | 200 | 4.5 | 340.6 | 2.299 5 |
| | 100 | 3 | 170.3 | 1.533 |
| | 6 | 1.2 | 10.218 | 0.613 2 |
| | 3 | 1 | 5.109 | 0.511 |

表 2.6　不同水灰比条件下 1 250 目超细水泥基浆液黏度测量结果

| 水灰比 | 转速 $n$/(r·min$^{-1}$) | 角度 $\delta$/(°) | 剪切速率 $\tau$/s$^{-1}$ | 剪切力 $\gamma$/Pa |
|---|---|---|---|---|
| 0.7 | 600 | 218 | 1 021.8 | 111.398 |
| | 300 | 183 | 510.9 | 93.513 |
| | 200 | 159 | 340.6 | 81.249 |
| | 100 | 125 | 170.3 | 63.875 |
| | 6 | 42 | 10.218 | 21.462 |
| | 3 | 28.5 | 5.109 | 14.563 5 |
| 0.8 | 600 | 140 | 1 021.8 | 71.54 |
| | 300 | 103.5 | 510.9 | 52.888 5 |
| | 200 | 88.5 | 340.6 | 45.223 5 |
| | 100 | 70.5 | 170.3 | 36.025 5 |
| | 6 | 31.5 | 10.218 | 16.096 5 |
| | 3 | 18.5 | 5.109 | 9.453 5 |
| 0.9 | 600 | 73 | 1 021.8 | 37.303 |
| | 300 | 53.5 | 510.9 | 27.338 5 |
| | 200 | 42 | 340.6 | 21.462 |
| | 100 | 35 | 170.3 | 17.885 |
| | 6 | 17.5 | 10.218 | 8.942 5 |
| | 3 | 11.5 | 5.109 | 5.876 5 |
| 1.0 | 600 | 62 | 1 021.8 | 31.682 |
| | 300 | 44.5 | 510.9 | 22.739 5 |
| | 200 | 38.5 | 340.6 | 19.673 5 |
| | 100 | 30.5 | 170.3 | 15.585 5 |
| | 6 | 16 | 10.218 | 8.176 |
| | 3 | 11 | 5.109 | 5.621 |
| 1.2 | 600 | 38 | 1 021.8 | 19.418 |
| | 300 | 25 | 510.9 | 12.775 |
| | 200 | 22 | 340.6 | 11.242 |
| | 100 | 17 | 170.3 | 8.687 |
| | 6 | 9.5 | 10.218 | 4.854 5 |
| | 3 | 6.5 | 5.109 | 3.321 5 |

续表 2.6

| 水灰比 | 转速 $n/(\text{r·min}^{-1})$ | 角度 $\delta/(°)$ | 剪切速率 $\tau/\text{s}^{-1}$ | 剪切力 $\gamma/\text{Pa}$ |
|---|---|---|---|---|
| | 600 | 33 | 1 021.8 | 16.863 |
| | 300 | 22 | 510.9 | 11.242 |
| 1.4 | 200 | 17 | 340.6 | 8.687 |
| | 100 | 13 | 170.3 | 6.643 |
| | 6 | 6.5 | 10.218 | 3.321 5 |
| | 3 | 5 | 5.109 | 2.555 |
| | 600 | 18 | 1 021.8 | 9.198 |
| | 300 | 12.5 | 510.9 | 6.387 5 |
| 1.6 | 200 | 10 | 340.6 | 5.11 |
| | 100 | 7 | 170.3 | 3.577 |
| | 6 | 4 | 10.218 | 2.044 |
| | 3 | 3.5 | 5.109 | 1.788 5 |
| | 600 | 16 | 1 021.8 | 8.176 |
| | 300 | 10.5 | 510.9 | 5.365 5 |
| 1.8 | 200 | 8.5 | 340.6 | 4.343 5 |
| | 100 | 5.5 | 170.3 | 2.810 5 |
| | 6 | 2.5 | 10.218 | 1.277 5 |
| | 3 | 2 | 5.109 | 1.022 |
| | 600 | 13 | 1 021.8 | 6.643 |
| | 300 | 8.5 | 510.9 | 4.343 5 |
| 2.0 | 200 | 6 | 340.6 | 3.066 |
| | 100 | 4 | 170.3 | 2.044 |
| | 6 | 1 | 10.218 | 0.511 |
| | 3 | 1 | 5.109 | 0.511 |

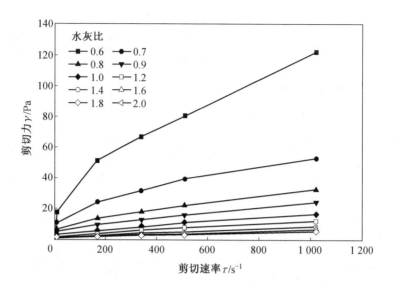

（a）800目超细水泥

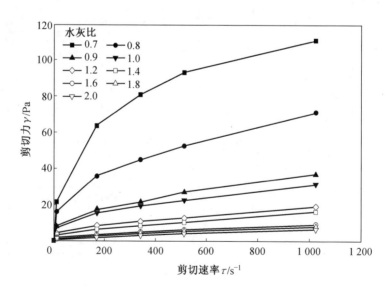

（b）1 250目超细水泥

图2.12　不同水灰比条件下超细水泥基浆液流变曲线

由图 2.12 可知，对于 800 目超细水泥，当水灰比小于等于 1.4 时，剪切力与剪切速率呈现明显的非线性特征，即当剪切速率较小时剪切力变化速率随着剪切速率增加而逐渐减小，因此当水灰比小于等于 1.4 时 800 目超细水泥基浆液为幂律流体；当水灰比大于 1.4 时，剪切力与剪切速率呈线性关系，即当水灰比大于 1.4 时 800 目超细水泥基浆液为宾汉姆流体。针对 1 250 目超细水泥，所有流变曲线均呈现非线性特征，即当剪切速率较小时剪切力随着剪切速率增加逐渐减小，因此当水灰比为 0.7～2.0 时 1 250 目超细水泥基浆液都是幂律流体。

超细水泥基浆液多属于幂律流体和宾汉姆流体，浆液表观黏度随着剪切速率的变化而不断发生改变，为了便于对比研究，取剪切速率为 1 021.8 s$^{-1}$ 时的浆液表观黏度进行分析。计算可得 800 目和 1 250 目超细水泥在剪切速率为 1 021.8 s$^{-1}$ 时的浆液表观黏度，见表 2.7。

表 2.7　不同水灰比条件下超细水泥基浆液的表观黏度　　　　　　　　Pa·s

| 水灰比 | 800 目超细水泥表观黏度 $\mu$ | 1 250 目超细水泥表观黏度 $\mu$ |
|:---:|:---:|:---:|
| 0.6 | 0.119 0 | — |
| 0.7 | 0.051 5 | 0.109 0 |
| 0.8 | 0.032 0 | 0.070 0 |
| 0.9 | 0.023 8 | 0.036 5 |
| 1.0 | 0.016 3 | 0.031 0 |
| 1.2 | 0.012 0 | 0.019 0 |
| 1.4 | 0.008 5 | 0.016 5 |
| 1.6 | 0.007 0 | 0.009 0 |
| 1.8 | 0.006 0 | 0.008 0 |
| 2.0 | 0.005 3 | 0.006 5 |

结合普通 425#水泥基浆液表观黏度随着水灰比变化的规律，绘制了 3 种不同颗粒粒径水泥基浆液表观黏度随着水灰比增加的变化曲线，如图 2.13 所示。由图 2.13 可知，3 种不同粒径水泥基浆液表观黏度均随水灰比增加而逐渐减小。在水灰比较

小时，浆液表观黏度随水灰比增加而迅速降低：对于普通 425#水泥基浆液，当水灰比从 0.5 增加到 0.7 时，浆液的表观黏度从 0.115 0 Pa·s 下降到 0.021 5 Pa·s，表观黏度值降低了 81.3%；对于 800 目超细水泥基浆液，当水灰比从 0.6 增加到 0.8 时，浆液的表观黏度从 0.119 0 Pa·s 降低到 0.032 0 Pa·s，表观黏度值降低了 73.1%；对于 1 250 目超细水泥，当水灰比从 0.7 增加到 0.9 时，浆液的表观黏度从 0.109 0 Pa·s 降低到 0.036 5 Pa·s，表观黏度值降低了 66.5%。当水灰比较大时，浆液表观黏度随着水灰比增加也逐渐减小，但降幅较小：普通 425#水泥水灰比从 0.7 增加到 2.0 时，浆液表观黏度只降低了 18.7%；800 目超细水泥水灰比从 0.8 增加到 2.0 时，浆液表观黏度只降低了 26.9%；1 250 目超细水泥水灰比从 0.9 增加到 2.0 时，浆液表观黏度降低了 33.5%。

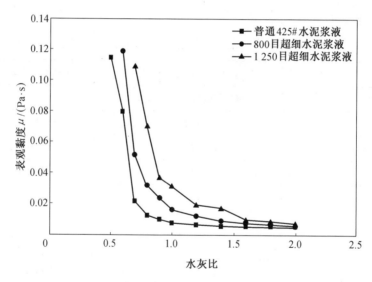

图 2.13　3 种不同颗粒粒径水泥基浆液表观黏度随着水灰比增加的变化曲线

　　由 3 种不同水泥的颗粒级配曲线可知，普通 425# 水泥、800 目超细水泥和 1 250 目超细水泥颗粒粒径 $d_{95}$ 分别为 62.4 μm、20.2 μm、11.5 μm。为了分析水泥颗粒大小对浆液流变特性的影响，取同一水灰比条件下 3 种水泥基浆液的表观黏度进行对比，如图 2.14 所示。

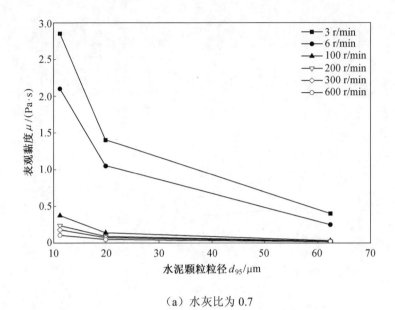

（a）水灰比为 0.7

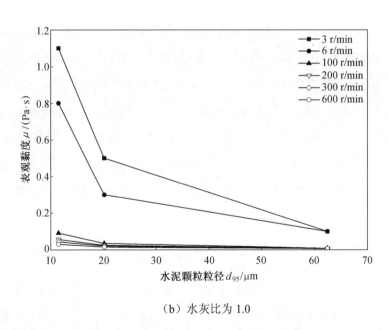

（b）水灰比为 1.0

图 2.14　水泥基浆液表观黏度随着水泥颗粒粒径增加的变化曲线

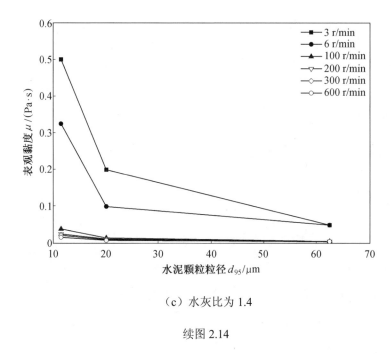

（c）水灰比为 1.4

续图 2.14

当水灰比为 0.7 时，同一转速对应的浆液表观黏度随着水泥颗粒粒径 $d_{95}$ 的增加而逐渐减小，当转速为 600 r/min 时，$d_{95}$=11.5 μm 时浆液表观黏度为 0.109 0 Pa·s，$d_{95}$=20.2 μm 时浆液表观黏度为 0.021 5 Pa·s，随着水泥颗粒粒径的增加浆液表观黏度降低了 0.057 5 Pa·s，$d_{95}$=62.4 μm 时浆液表观黏度为 0.021 5 Pa·s，与 $d_{95}$=20.2 μm 时相比浆液表观黏度下降了 0.03 Pa·s。其他转速对应的浆液表观黏度变化规律与其相似，由此可知，水泥颗粒粒径 $d_{95}$ 较小时（小于 20 μm），浆液表观黏度随着水泥颗粒粒径 $d_{95}$ 增加而迅速降低；当水泥颗粒粒径 $d_{95}$ 较大时，浆液表观黏度也会随着水泥颗粒粒径增加而减小，但其降低速率不大。

## 2.2.5　减水剂对浆液流变特性的影响

水泥基浆液的流动性是影响注浆效果的重要因素，纯水泥基浆液当水灰比小于 1.0 时流动性较差，特别是超细水泥。因此，大多情况下注浆时使用的水泥基浆液都会添加一些减水剂。减水剂是用于减少浆液配制时水使用量的一种添加剂，同样的水灰比条件下可有效增加浆液的流动性。按组成成分，减水剂可分为木质素磺酸盐类、多环芳香族盐类、水溶性树脂磺酸盐类。本书采用多环芳香族盐类中的萘系减水剂，如图 2.15 所示，参考使用量为 0.5%～1.5%（质量分数，下同），减水率为 18%～25%。本章试验中减水剂添加量为 0.75%，分别研究减水剂对普通 425#水泥、800 目超细水泥和 1 250 目超细水泥基浆液流动性的影响，测量结果见表 2.8～2.10。

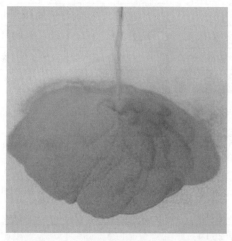

（a）减水剂

（b）称量减水剂

图 2.15　萘系减水剂

表 2.8 添加减水剂后普通 425#水泥在不同水灰比条件下浆液黏度测量结果

| 水灰比 | 转速 $n/(\text{r·min}^{-1})$ | 角度 $\delta/(°)$ | 剪切速率 $\tau/\text{s}^{-1}$ | 剪切力 $\gamma/\text{Pa}$ |
|---|---|---|---|---|
| 0.5 | 600 | 173.5 | 1 021.8 | 88.658 5 |
| | 300 | 85 | 510.9 | 43.435 |
| | 200 | 58 | 340.6 | 29.638 |
| | 100 | 25 | 170.3 | 12.775 |
| | 6 | 2 | 10.218 | 1.022 |
| | 3 | 1.5 | 5.109 | 0.7665 |
| 0.6 | 600 | 98 | 1 021.8 | 50.078 |
| | 300 | 43 | 510.9 | 21.973 |
| | 200 | 29 | 340.6 | 14.819 |
| | 100 | 13 | 170.3 | 6.643 |
| | 6 | 1.5 | 10.218 | 0.766 5 |
| | 3 | 1 | 5.109 | 0.511 |
| 0.7 | 600 | 58.5 | 1 021.8 | 29.893 5 |
| | 300 | 27 | 510.9 | 13.797 |
| | 200 | 17.5 | 340.6 | 8.942 5 |
| | 100 | 8.25 | 170.3 | 4.215 75 |
| | 6 | 1 | 10.218 | 0.511 |
| | 3 | 1 | 5.109 | 0.511 |
| 0.8 | 600 | 32 | 1 021.8 | 16.352 |
| | 300 | 12.5 | 510.9 | 6.387 5 |
| | 200 | 8.25 | 340.6 | 4.215 75 |
| | 100 | 4 | 170.3 | 2.044 |
| | 6 | 1 | 10.218 | 0.511 |
| | 3 | 0.5 | 5.109 | 0.255 5 |
| 0.9 | 600 | 21 | 1 021.8 | 10.731 |
| | 300 | 8.5 | 510.9 | 4.343 5 |
| | 200 | 6 | 340.6 | 3.066 |

续表 2.8

| 水灰比 | 转速 $n/(\text{r·min}^{-1})$ | 角度 $\delta/(°)$ | 剪切速率 $\tau/\text{s}^{-1}$ | 剪切力 $\gamma/\text{Pa}$ |
|---|---|---|---|---|
| 0.9 | 100 | 3 | 170.3 | 1.533 |
|  | 6 | 1 | 10.218 | 0.511 |
|  | 3 | 0.5 | 5.109 | 0.255 5 |
| 1.0 | 15 | 17 | 1 021.8 | 7.665 |
|  | 6.5 | 8 | 510.9 | 3.321 5 |
|  | 4 | 5.5 | 340.6 | 2.044 |
|  | 2 | 3 | 170.3 | 1.022 |
|  | 0 | 1 | 10.218 | 0 |
|  | 0 | 0.5 | 5.109 | 0 |
| 1.2 | 12 | 11 | 1 021.8 | 6.132 |
|  | 4.5 | 5 | 510.9 | 2.299 5 |
|  | 3 | 4 | 340.6 | 1.533 |
|  | 1.75 | 2 | 170.3 | 0.894 25 |
|  | 0 | 1 | 10.218 | 0 |
|  | 0 | 1 | 5.109 | 0 |
| 1.4 | 10 | 9 | 1 021.8 | 5.11 |
|  | 4 | 5 | 510.9 | 2.044 |
|  | 2.5 | 3.5 | 340.6 | 1.277 5 |
|  | 1 | 2 | 170.3 | 0.511 |
|  | 0 | 1 | 10.218 | 0 |
|  | 0 | 0.5 | 5.109 | 0 |
| 1.6 | 9 | 8 | 1 021.8 | 4.599 |
|  | 3.5 | 3.5 | 510.9 | 1.788 5 |
|  | 2 | 3 | 340.6 | 1.022 |
|  | 1.5 | 1.5 | 170.3 | 0.766 5 |
|  | 0 | 1 | 10.218 | 0 |
|  | 0 | 0.5 | 5.109 | 0 |

表 2.9　添加减水剂后 800 目超细水泥在不同水灰比条件下浆液黏度测量结果

| 水灰比 | 转速 $n/(\text{r·min}^{-1})$ | 角度 $\delta/(°)$ | 剪切速率 $\tau/\text{s}^{-1}$ | 剪切力 $\gamma/\text{Pa}$ |
|---|---|---|---|---|
| 0.5 | 600 | 0 | 0 | 0 |
| | 300 | 290 | 510.9 | 148.19 |
| | 200 | 187 | 340.6 | 95.557 |
| | 100 | 84 | 170.3 | 42.924 |
| | 6 | 5 | 10.218 | 2.555 |
| | 3 | 3 | 5.109 | 1.533 |
| 0.6 | 600 | 160 | 1 021.8 | 81.76 |
| | 300 | 77.5 | 510.9 | 39.602 5 |
| | 200 | 50.5 | 340.6 | 25.805 5 |
| | 100 | 24 | 170.3 | 12.264 |
| | 6 | 2 | 10.218 | 1.022 |
| | 3 | 1 | 5.109 | 0.511 |
| 0.7 | 600 | 67 | 1 021.8 | 34.237 |
| | 300 | 31.5 | 510.9 | 16.096 5 |
| | 200 | 20 | 340.6 | 10.22 |
| | 100 | 10 | 170.3 | 5.11 |
| | 6 | 1.5 | 10.218 | 0.766 5 |
| | 3 | 1 | 5.109 | 0.511 |
| 0.8 | 600 | 35 | 1 021.8 | 17.885 |
| | 300 | 17 | 510.9 | 8.687 |
| | 200 | 11.5 | 340.6 | 5.876 5 |
| | 100 | 6 | 170.3 | 3.066 |
| | 6 | 1 | 10.218 | 0.511 |
| | 3 | 1 | 5.109 | 0.511 |
| 0.9 | 600 | 21 | 1 021.8 | 10.731 |
| | 300 | 10 | 510.9 | 5.11 |
| | 200 | 7 | 340.6 | 3.577 |
| | 100 | 3.5 | 170.3 | 1.788 5 |
| | 6 | 1 | 10.218 | 0.511 |
| | 3 | 0.5 | 5.109 | 0.255 5 |

续表 2.9

| 水灰比 | 转速 $n/(\text{r·min}^{-1})$ | 角度 $\delta/(°)$ | 剪切速率 $\tau/\text{s}^{-1}$ | 剪切力 $\gamma/\text{Pa}$ |
|---|---|---|---|---|
| 1.0 | 600 | 17 | 1 021.8 | 8.687 |
| | 300 | 8 | 510.9 | 4.088 |
| | 200 | 5.5 | 340.6 | 2.810 5 |
| | 100 | 3 | 170.3 | 1.533 |
| | 6 | 1 | 10.218 | 0.511 |
| | 3 | 0.5 | 5.109 | 0.255 5 |
| 1.2 | 600 | 11 | 1 021.8 | 5.621 |
| | 300 | 5 | 510.9 | 2.555 |
| | 200 | 4 | 340.6 | 2.044 |
| | 100 | 2 | 170.3 | 1.022 |
| | 6 | 1 | 10.218 | 0.511 |
| | 3 | 1 | 5.109 | 0.511 |
| 1.4 | 600 | 9 | 1 021.8 | 4.599 |
| | 300 | 5 | 510.9 | 2.555 |
| | 200 | 3.5 | 340.6 | 1.788 5 |
| | 100 | 2 | 170.3 | 1.022 |
| | 6 | 1 | 10.218 | 0.511 |
| | 3 | 0.5 | 5.109 | 0.255 5 |
| 1.6 | 600 | 8 | 1 021.8 | 4.088 |
| | 300 | 3.5 | 510.9 | 1.788 5 |
| | 200 | 3 | 340.6 | 1.533 |
| | 100 | 1.5 | 170.3 | 0.766 5 |
| | 6 | 1 | 10.218 | 0.511 |
| | 3 | 0.5 | 5.109 | 0.255 5 |

续表 2.9

| 水灰比 | 转速 $n/(r \cdot min^{-1})$ | 角度 $\delta/(°)$ | 剪切速率 $\tau/s^{-1}$ | 剪切力 $\gamma/Pa$ |
|---|---|---|---|---|
| 1.8 | 600 | 7 | 1 021.8 | 3.577 |
| | 300 | 3 | 510.9 | 1.533 |
| | 200 | 2 | 340.6 | 1.022 |
| | 100 | 1 | 170.3 | 0.511 |
| | 6 | 0 | 10.218 | 0 |
| | 3 | 0 | 5.109 | 0 |
| 2.0 | 600 | 7 | 1 021.8 | 3.577 |
| | 300 | 3.5 | 510.9 | 1.788 5 |
| | 200 | 2 | 340.6 | 1.022 |
| | 100 | 1 | 170.3 | 0.511 |
| | 6 | 0.5 | 10.218 | 0.255 5 |
| | 3 | 0 | 5.109 | 0 |

表 2.10 添加减水剂后 1 250 目超细水泥在不同水灰比条件下浆液黏度测量结果

| 水灰比 | 转速 $n/(r \cdot min^{-1})$ | 角度 $\delta/(°)$ | 剪切速率 $\tau/s^{-1}$ | 剪切力 $\gamma/Pa$ |
|---|---|---|---|---|
| 0.6 | 600 | 255.5 | 1 021.8 | 130.560 5 |
| | 300 | 134 | 510.9 | 68.474 |
| | 200 | 90 | 340.6 | 45.99 |
| | 100 | 48 | 170.3 | 24.528 |
| | 6 | 7 | 10.218 | 3.577 |
| | 3 | 5.5 | 5.109 | 2.810 5 |
| 0.7 | 600 | 98.5 | 1 021.8 | 50.333 5 |
| | 300 | 50 | 510.9 | 25.55 |
| | 200 | 34 | 340.6 | 17.374 |
| | 100 | 19 | 170.3 | 9.709 |
| | 6 | 3.5 | 10.218 | 1.788 5 |
| | 3 | 3 | 5.109 | 1.533 |

**续表 2.10**

| 水灰比 | 转速 $n$/(r·min$^{-1}$) | 角度 $\delta$/(°) | 剪切速率 $\tau$/s$^{-1}$ | 剪切力 $\gamma$/Pa |
|---|---|---|---|---|
| 0.8 | 600 | 41.5 | 1 021.8 | 21.206 5 |
| | 300 | 21.5 | 510.9 | 10.986 5 |
| | 200 | 15 | 340.6 | 7.665 |
| | 100 | 9 | 170.3 | 4.599 |
| | 6 | 2 | 10.218 | 1.022 |
| | 3 | 2 | 5.109 | 1.022 |
| 0.9 | 600 | 28 | 1 021.8 | 14.308 |
| | 300 | 7.7 | 510.9 | 3.934 7 |
| | 200 | 10 | 340.6 | 5.11 |
| | 100 | 5.5 | 170.3 | 2.810 5 |
| | 6 | 1.5 | 10.218 | 0.766 5 |
| | 3 | 1 | 5.109 | 0.511 |
| 1.0 | 600 | 18 | 1 021.8 | 9.198 |
| | 300 | 10 | 510.9 | 5.11 |
| | 200 | 7 | 340.6 | 3.577 |
| | 100 | 4 | 170.3 | 2.044 |
| | 6 | 1.5 | 10.218 | 0.766 5 |
| | 3 | 1 | 5.109 | 0.511 |
| 1.2 | 600 | 12 | 1 021.8 | 6.132 |
| | 300 | 6.5 | 510.9 | 3.321 5 |
| | 200 | 4.5 | 340.6 | 2.299 5 |
| | 100 | 3 | 170.3 | 1.533 |
| | 6 | 1 | 10.218 | 0.511 |
| | 3 | 0.5 | 5.109 | 0.255 5 |

续表 2.10

| 水灰比 | 转速 $n/(\mathrm{r\cdot min}^{-1})$ | 角度 $\delta/(°)$ | 剪切速率 $\tau/\mathrm{s}^{-1}$ | 剪切力 $\gamma/\mathrm{Pa}$ |
|---|---|---|---|---|
| 1.4 | 600 | 9 | 1 021.8 | 4.599 |
| | 300 | 5 | 510.9 | 2.555 |
| | 200 | 3.5 | 340.6 | 1.788 5 |
| | 100 | 2 | 170.3 | 1.022 |
| | 6 | 1 | 10.218 | 0.511 |
| | 3 | 0.5 | 5.109 | 0.255 5 |
| 1.6 | 600 | 7.5 | 1 021.8 | 3.832 5 |
| | 300 | 4 | 510.9 | 2.044 |
| | 200 | 3 | 340.6 | 1.533 |
| | 100 | 1.5 | 170.3 | 0.766 5 |
| | 6 | 0.5 | 10.218 | 0.255 5 |
| | 3 | 0.5 | 5.109 | 0.255 5 |
| 1.8 | 600 | 6 | 1 021.8 | 3.066 |
| | 300 | 3.5 | 510.9 | 1.788 5 |
| | 200 | 2.5 | 340.6 | 1.277 5 |
| | 100 | 1.5 | 170.3 | 0.766 5 |
| | 6 | 0.5 | 10.218 | 0.255 5 |
| | 3 | 0.5 | 5.109 | 0.255 5 |
| 2.0 | 600 | 6 | 1 021.8 | 3.066 |
| | 300 | 3 | 510.9 | 1.533 |
| | 200 | 2.5 | 340.6 | 1.277 5 |
| | 100 | 1.5 | 170.3 | 0.766 5 |
| | 6 | 0.5 | 10.218 | 0.255 5 |
| | 3 | 0.5 | 5.109 | 0.255 5 |

表 2.8～2.10 给出了水泥基浆液添加 0.75%减水剂后 ZNN-D6 型旋转黏度计测量过程中指针转动的角度，由表达式（2.8）和式（2.9）计算可得到添加减水剂后浆液剪切速率与剪切力的关系曲线，如图 2.16 所示。

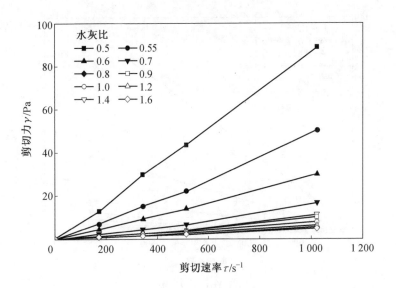

（a）普通 425#水泥

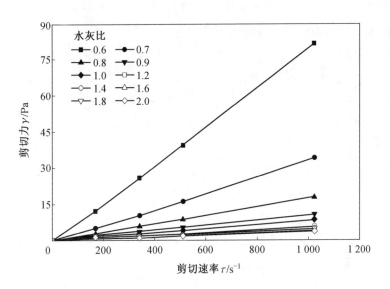

（b）800 目超细水泥

图 2.16　添加减水剂后不同水灰比条件下水泥基浆液的流变曲线

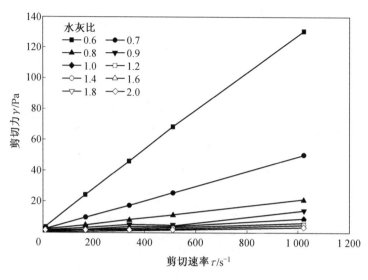

（c）1 250 目超细水泥

续图 2.16

添加减水剂后相同剪切速率条件下浆液剪切力与添加减水剂之前相比明显降低，添加减水剂前后的流变曲线如图 2.17 所示。

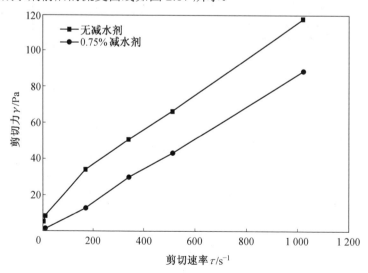

（a）普通 425#水泥（水灰比为 0.5）

图 2.17　添加减水剂前后的流变曲线

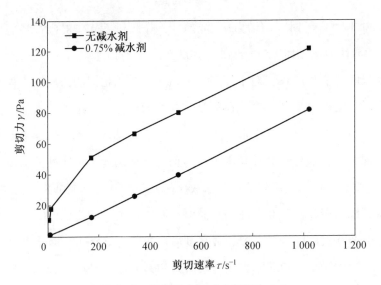

（b）800 目超细水泥（水灰比为 0.6）

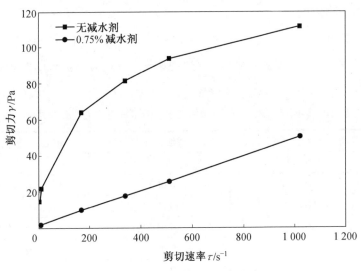

（c）1 250 目超细水泥（水灰比为 0.7）

续图 2.17

　　由图 2.17 可知：对于水灰比为 0.5 的普通 425#水泥，当剪切速率为 1 021.8 s$^{-1}$ 时，剪切力从 117.53 Pa 降低到了 88.66 Pa；当剪切速率为 510.9 s$^{-1}$ 时，剪切力从 66.43 Pa 降低到了 43.44 Pa；当剪切速率为 340.6 s$^{-1}$ 时，剪切力从 50.59 Pa 降低到了 29.64 Pa；

当剪切速率为 170.3 s$^{-1}$ 时，剪切力从 34.24 Pa 降低到了 12.78 Pa；当剪切速率为 10.22 s$^{-1}$ 时，剪切力从 8.18 Pa 降低到了 1.02 Pa；当剪切速率为 5.11 s$^{-1}$ 时，剪切力从 12.78 Pa 降低到了 0.77 Pa。对于超细水泥，在水灰比相同的情况下添加减水剂同样可以降低 ZNN-D6 型旋转黏度计在测量过程中的剪切力。添加减水剂不仅降低了浆液的黏度，同时也改变了浆液的流型。未添加减水剂时，普通 425#水泥水灰比小于等于 0.7 时为幂律流体；添加减水剂后剪切力与剪切速率呈线性关系，水灰比为 0.5～0.6 时水泥基浆液为宾汉姆流体，水灰比为 0.7～2.0 时水泥基浆液为牛顿流体。分析 800 目超细水泥和 1 250 目超细水泥添加减水剂前后的流变曲线均可得到相似的结论，对于 800 目超细水泥，添加减水剂后水灰比为 0.5～1.2 时水泥基浆液为宾汉姆流体，水灰比为 1.4～2.0 时水泥基浆液为牛顿流体；对于 1 250 目超细水泥，添加减水剂后水灰比为 0.5～1.4 时水泥基浆液为宾汉姆流体，水灰比为 1.6～2.0 时水泥基浆液为牛顿流体。

根据表观黏度表达式（2.14）和式（2.15）可计算得到不同水灰比条件下水泥基浆液的表观黏度，为了方便对比分析，取剪切速率为 1 021.8 s$^{-1}$ 时的表观黏度进行研究，见表 2.11。

表 2.11　不同水灰比条件下添加减水剂后水泥基浆液的表观黏度　　　　Pa·s

| 水灰比 | 普通 425#水泥表观黏度 | 800 目超细水泥表观黏度 | 1 250 目超细水泥表观黏度 |
|---|---|---|---|
| 0.5 | 0.086 8 | — | — |
| 0.6 | 0.029 3 | 0.080 0 | 0.127 8 |
| 0.7 | 0.016 0 | 0.033 5 | 0.049 3 |
| 0.8 | 0.010 5 | 0.017 5 | 0.020 8 |
| 0.9 | 0.009 5 | 0.010 5 | 0.014 0 |
| 1.0 | 0.007 5 | 0.008 5 | 0.009 0 |
| 1.2 | 0.006 0 | 0.005 5 | 0.006 0 |
| 1.4 | 0.005 0 | 0.004 5 | 0.004 5 |
| 1.6 | 0.004 5 | 0.004 0 | 0.003 8 |
| 1.8 | | 0.003 5 | 0.003 0 |
| 2.0 | | 0.003 5 | 0.003 0 |

添加减水剂后水泥基浆液的表观黏度如图 2.18 所示。

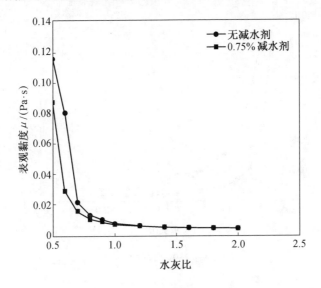

（a）普通 425#水泥

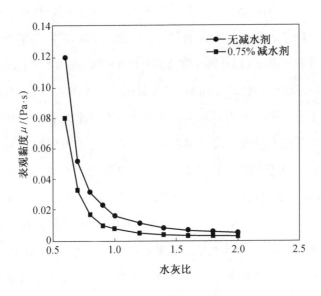

（b）800 目超细水泥

图 2.18　添加减水剂后水泥基浆液的表观黏度

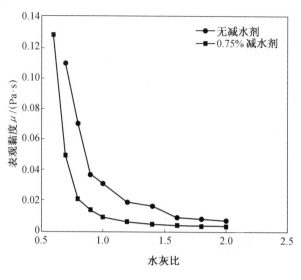

（c）1 250 目超细水泥

续图 2.18

由图 2.18 可知，添加减水剂后可以降低浆液的表观黏度，特别是对于水灰比较小情况下，能明显降低表观黏度的大小。对于普通 425#水泥，当水灰比为 0.5 时，添加减水剂后表观黏度从 0.115 0 Pa·s 降低到 0.086 8 Pa·s；当水灰比为 0.6 时，表观黏度从 0.080 0 Pa·s 降低到 0.029 3 Pa·s；当水灰比大于等于 0.7 时，添加减水剂后浆液表观黏度有所下降，但降幅明显减小；特别是当水灰比大于等于 0.9 时，添加减水剂前后浆液表观黏度几乎没下降，即当水灰比大于等于 0.9 时减水剂对水泥基浆液几乎没什么影响。对于 800 目超细水泥，当水灰比为 0.6 时，添加减水剂后表观黏度从 0.119 Pa·s 降低到 0.08 Pa·s；当水灰比为 0.7 时，表观黏度从 0.051 5 Pa·s 降低到 0.033 5 Pa·s；当水灰比为 0.8 时，表观黏度从 0.032 0 Pa·s 降低到 0.017 5 Pa·s；当水灰比大于等于 0.9 时，添加减水剂后浆液表观黏度有所下降，但降幅明显减小。对于 1 250 目超细水泥，当水灰比在 0.7～1.4 之间时，可以明显降低浆液的表观黏度，例如，水灰比为 0.7 时，浆液表观黏度从 0.109 0 Pa·s 降低到 0.049 3 Pa·s；水灰比为 0.8 时，浆液表观黏度从 0.070 0 Pa·s 降低到 0.020 8 Pa·s；当水灰比大于等于 1.6 时，减水剂的作用明显减弱，对浆液表观黏度的影响也越来越小。由此可以看出，减水剂可以降低浆液的表观黏度，对超细水泥的影响更明显，对普通 425#水泥只在水灰比较小时具有明显的作用。

为了分析减水剂含量对浆液流变性的影响，分别在 3 种不同水泥基浆液中添加质量分数为 0.5%、0.6%、0.7%、0.8%、0.9%、1.0%的减水剂，并在水灰比为 0.7 时计算不同转速下浆液的表观黏度，如图 2.19 所示。由图 2.19 可知，对于普通 425#水泥，减水剂质量分数小于 0.7%时，浆液表观黏度随着减水剂质量分数增加而迅速减小；当减水剂质量分数大于 0.7%时，浆液表观黏度随着减水剂质量分数增加呈现小幅度的波动。对于 800 目超细水泥，当减水剂质量分数小于 0.7%时，浆液表观黏度迅速减小；当减水剂质量分数大于 0.7%时，浆液表观黏度随着减水剂质量分数增加逐渐减小，但变化不大。对于 1 250 目超细水泥，浆液表观黏度随着减水剂质量分数增加而减小，特别是当减水剂质量分数小于 0.7%时，表观黏度随着减水剂质量分数增加迅速减小，之后趋于平缓。由此可知，试验过程中添加的减水剂质量分数应大于等于 0.7%，此时可以有效地增加水泥基浆液的流动性，在本章试验过程中减水剂质量分数取 0.75%。

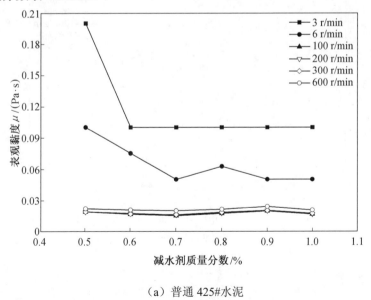

（a）普通 425#水泥

图 2.19　不同转速条件下水泥基浆液表观黏度随着减水剂含量增加的变化曲线

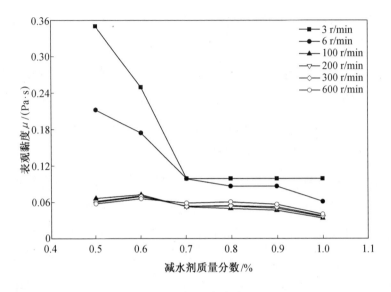

（b）800 目超细水泥

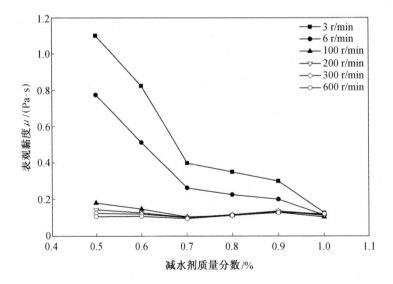

（c）1 250 目超细水泥

续图 2.19

## 2.3　水泥基浆液的析水率试验研究

### 2.3.1　析水率与浆液稳定性

浆液的稳定性是指在静止状态下浆液内所有成分均匀性变化的快慢。在配制水泥基浆液时会对其进行搅拌，在搅拌过程中，水泥颗粒将处于分散和悬浮状态。当浆液配制好并停止搅拌时，浆液中悬浮的颗粒会在重力作用下逐渐下沉，研究表明浆液内颗粒沉降速度与颗粒直径的平方成正比。悬浮液中颗粒沉降后会在浆液上部形成一清水层，这种现象称为浆液的析水现象，析水现象是浆液不稳定的特征表现。据此，浆液的稳定性可以用析水率表示：

$$\alpha = \frac{V_1}{V} \times 100\% \qquad (2.16)$$

式中，$\alpha$ 为浆液的析水率（%）；$V_1$ 为析出水的体积（mL）；$V$ 为浆液的原体积（mL）。

析水率是评价注浆材料优劣的重要指标之一。析水率越小，浆液在静置时不会产生较大的变化，说明析水率越小浆液的稳定性越高，浆液内颗粒悬浮性、分散性就越好，浆液凝固后结实体结构越均匀、密实；反之，析水率越大，浆液在静置后立即产生沉降和分层，浆液稳定性差，会对注浆造成诸多不利影响，以水泥基注浆材料为例，主要表现在以下两个方面：

（1）析水率大的非稳定性水泥基浆液会因沉降造成浓度分布不均，影响浆液黏度和流动规律，同时还容易堵塞裂隙阻止浆液向前流动、扩散，降低浆液扩散半径。

（2）析水率大的非稳定性水泥基浆液会因浆液浓度分布不均导致充填效果不佳，影响注浆效果。

一般认为，将配制好的浆液静置 2 h 后，如果浆液的析水率大于 5%，则认为该浆液为非稳定性浆液。根据现场实践经验和前人的试验结果，单液水泥基浆液具有成本低、结石强度较高、材料来源丰富的优点，但是单液水泥基浆液的析水率很高，凝结时间长，稳定性较差，无法满足日益复杂的地下工程注浆需求，因此一般需在水泥基浆液中添加一定量的稳定剂，也可以采用高分散性的材料或浆液与水泥基浆液配合使用，以达到更好的注浆和加固效果。

由水泥基浆液析水率概念可知，析水率的测量需要知道浆液配制 2～3 h 后析出的清水的体积和原浆液的体积，具体试验步骤如下：

（1）取 100 mL 的量筒，测量并记录空量筒的质量。

（2）取普通 425#水泥，按比例添加稳定剂，按照 2.2.1 节中所述步骤配制水灰比为 1.0 的水泥基浆液。

（3）将配制好的浆液倒入 100 mL 的量筒内，并记录此时的时间和浆液体积，如图 2.20（a）所示。

（4）测量并记录倒入水泥基浆液后的量筒的质量，计算可得水泥基浆液的密度。

（5）2 h 后观测并记录量筒内析出清水的体积，如图 2.20（b）所示，根据记录的体积计算水泥基浆液的析水率。

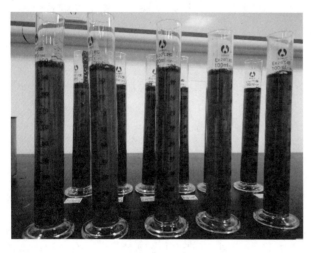 

（a）0 h         （b）2 h

图 2.20　水泥基浆液析水率测量

## 2.3.2　浆液水灰比对浆液析水率的影响

研究表明，析水率不仅会影响浆液在裂隙内的表观黏度和流动规律，降低浆液扩散半径，还会降低裂隙空间的注浆充填效果。为了研究水灰比对浆液稳定性的影响，选取普通 425#水泥，分别配制水灰比为 0.5～2.0 的水泥基浆液，并将 100 mL 水泥基浆液倒入量筒中，记录倒入水泥基浆液前后量筒质量，2 h 后记录量筒中析出的清水的体积，由此可得不同水灰比条件下浆液析水率随着水灰比增加的变化规律，见表 2.12。

表 2.12　不同水灰比条件下浆液析水率

| 水灰比 | 密度/(g·m$^{-3}$) | 析水率$\alpha$/% | 是否为稳定浆液 |
|---|---|---|---|
| 0.5 | 1.468 | 0 | 是 |
| 0.6 | 1.452 | 1 | 是 |
| 0.7 | 1.436 | 4 | 是 |
| 0.8 | 1.426 | 7 | 否 |
| 0.9 | 1.418 | 14 | 否 |
| 1 | 1.412 | 22 | 否 |
| 1.2 | 1.408 | 29 | 否 |
| 1.4 | 1.404 | 37 | 否 |
| 1.6 | 1.392 | 41 | 否 |
| 1.8 | 1.384 | 46.5 | 否 |
| 2.0 | 1.370 | 49 | 否 |

水泥基浆液析水率随着水灰比增加的变化曲线如图 2.21 所示，分界线表示稳定浆液与非稳定浆液的分界线，位于分界线下方的为稳定浆液，位于分界线上方的为非稳定浆液。随着水灰比的增加浆液析水率迅速增加，当水灰比小于等于 0.7 时，浆液析水率小于 5%，此时浆液为稳定浆液；当水灰比大于等于 0.8 时，浆液析水率急剧增加；当水灰比为 1.0 时，浆液的析水率已经超过了 20%。由稳定浆液定义可

知，水灰比大于 0.8 的水泥基浆液为不稳定浆液。

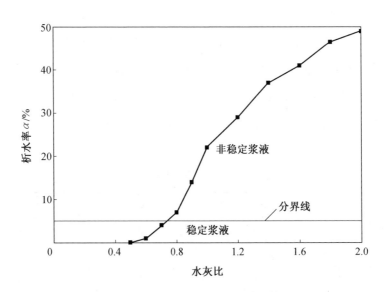

图 2.21　水泥基浆液析水率随着水灰比增加的变化曲线

　　研究表明，在水泥基浆液配制过程中，水不仅参与和水泥颗粒的水化反应，还将水泥颗粒均匀地分散开，并随着浆液中自由水的流动而迅速移动。当浆液中自由水的流动速度降低，被分散的水泥颗粒会在重力作用下逐渐下沉，于是自由水与水泥基浆液产生分层，即析水现象。随着水灰比的增加，浆液中自由水的数量逐渐增多，浆液分层后析出的清水体积增大，析水率明显增加。

### 2.3.3　水泥颗粒粒径对浆液析水率的影响

　　为了研究水泥颗粒粒径对浆液析水率的影响，分别取普通 425#水泥、800 目超细水泥、1 250 目超细水泥配制水灰比为 1.0、1.2、1.4 的水泥基浆液，将 100 mL 水泥基浆液倒入量筒，测量倒入水泥基浆液前后量筒的质量，计算可得水泥基浆液密度，静置 2 h 后记录水泥基浆液析出清水的体积，经计算得到不同颗粒粒径水泥基浆液的析水率，见表 2.13。

表 2.13　不同颗粒粒径水泥基浆液的析水率

| 水泥颗粒粒径 $d_{95}/\mu m$ | 水灰比 | 密度/(g·m$^{-3}$) | 析水率 $\alpha$/% | 是否为稳定浆液 |
|---|---|---|---|---|
| 62.4 | 1.0 | 1.412 | 22 | 否 |
| 20.2 | 1.0 | 1.418 | 1.0 | 是 |
| 11.5 | 1.0 | 1.422 | 0.5 | 是 |
| 62.4 | 1.2 | 1.408 | 29 | 否 |
| 20.2 | 1.2 | 1.411 | 3 | 是 |
| 11.5 | 1.2 | 1.415 | 0.5 | 是 |
| 62.4 | 1.4 | 1.404 | 37 | 否 |
| 20.2 | 1.4 | 1.407 | 5 | 是 |
| 11.5 | 1.4 | 1.409 | 1 | 是 |

水泥基浆液析水率随着水泥颗粒粒径增大的变化曲线如图 2.22 所示，对于同一水灰比的水泥基浆液，浆液析水率随着水泥颗粒粒径的增大而增加。当水灰比为 1.0 时，水泥颗粒粒径 $d_{95}$ 为 11.5 μm 时浆液析水率为 1%，当水泥颗粒粒径 $d_{95}$ 为 20.2 μm 时浆液析水率为 5%，即 20.2 μm 是区分水灰比为 1.0 的水泥基浆液的临界水泥颗粒粒径值，当水泥颗粒粒径 $d_{95}$ 大于 20.2 μm 时水灰比为 1.0 的浆液为不稳定浆液，反之即为稳定浆液。将所得的数据进行拟合，结果表明采用二次多项式拟合的吻合程度最高，水灰比从 1.0～1.4 的拟合方程依次为

$$y = 0.007\ 5x^2 - 0.115\ 3x, \quad R^2 = 0.999\ 5 \tag{2.17}$$

$$y = 0.007\ 7x^2 - 0.018\ 6x, \quad R^2 = 0.999\ 7 \tag{2.18}$$

$$y = 0.008\ 8x^2 + 0.046\ 9x, \quad R^2 = 0.999\ 1 \tag{2.19}$$

由此可以得到水灰比为 1.0、1.2、1.4 时的临界水泥颗粒粒径值分别为 20.2 μm、26.7 μm、34.6 μm，在浆液配制的过程中，水泥颗粒在搅拌器作用下分散悬浮于水泥基浆液中，随着浆液的旋转而不停运动。当浆液配制完成停止搅拌时，除非水灰比足够小，浆液中没有足够的自由水，否则水泥颗粒在重力作用下逐渐下沉，与上层

自由水形成分层析水现象。分析可知，随着水泥颗粒粒径的增大，水泥基浆液的析水率急剧增加，且浆液的析水率与水泥颗粒粒径二次方成正比，该结果也从侧面印证了水泥基浆液在静止时水泥颗粒的沉降速度与颗粒直径的平方成正比。

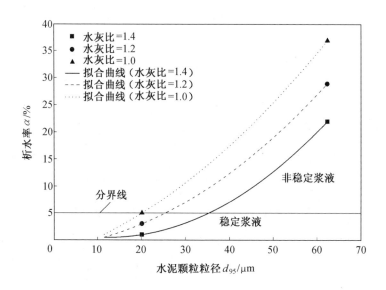

图 2.22　水泥基浆液析水率随着水泥颗粒粒径增大的变化曲线

## 2.3.4　添加剂对浆液析水率的影响

为了增加浆液流动性，浆液内添加 0.75% 的减水剂，此时将配制好的不同水灰比水泥基浆液倒入量筒，按照 2.3.1 节中的方法计算水泥基浆液的析水率，结果如图 2.23 所示，添加减水剂后浆液的析水率明显增加，且所配制的浆液均处于分界线以上，即添加减水剂后所有浆液均为非稳定浆液。

为了获得稳定的水泥基浆液，国内外学者通常在浆液中添加稳定剂膨润土，以提高浆液的稳定性。因此，在加入减水剂的基础上再加入稳定剂膨润土，具体方案为：取普通 425#水泥，配制水灰比为 1.0 的水泥基浆液，并在其中分别添加质量分数（下同）为 1%～5% 的膨润土，为了增加浆液的流动性，在水泥基浆液中添加 0.75% 的减水剂，依据 2.3.1 节中的步骤观测并记录水泥基浆液的析水率，见表 2.14。

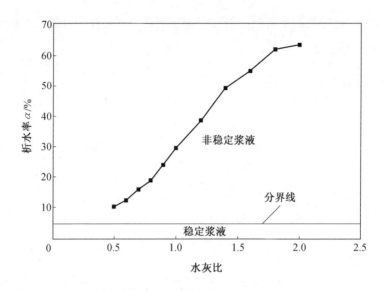

图 2.23　添加减水剂后水泥基浆液的析水率

**表 2.14　添加膨润土后水泥基浆液的析水率**

| 水灰比 | 稳定剂的质量分数/% | 密度/(g·m⁻³) | 析水率 $\alpha$/% | 是否为稳定浆液 |
|---|---|---|---|---|
| 1.0 | 0 | 1.412 | 29.5 | 否 |
| 1.0 | 1 | 1.420 | 15.5 | 否 |
| 1.0 | 2 | 1.423 | 11 | 否 |
| 1.0 | 3 | 1.424 | 6 | 否 |
| 1.0 | 4 | 1.426 | 4 | 是 |
| 1.0 | 5 | 1.427 | 3.5 | 是 |

根据计算结果可知，随着膨润土含量的增加，水泥基浆液析水率明显降低，如图 2.24 所示。当膨润土添加量为 1%时，浆液的析水率从 29.5%下降到 15.5%；当膨润土添加量增加到 4%时，水泥基浆液析水率为 4%，达到稳定浆液标准，即当膨润土添加量大于等于 4%时，普通 425#水泥配制的水灰比为 1.0 的水泥基浆液为稳定浆液。综合考虑浆液的流变性和稳定性等因素，本书在单裂隙注浆渗流试验中使用的水泥基浆液采用普通 425#水泥配制，水灰比为 1.0，在配制过程中添加 0.75%减水剂

和 5%的膨润土，此时经测定所配制的水泥基浆液的表观黏度为 0.007 9 Pa·s，密度为 1 427 kg/m³，析水率为 3.5%。

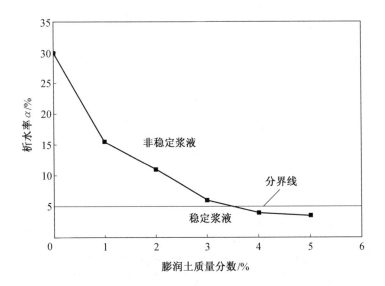

图 2.24    水泥基浆液析水率随着膨润土含量增加的变化曲线

# 2.4   本 章 小 结

注浆不仅能够影响裂隙岩体的微观结构，改善围岩的宏观力学性能，同时还能封堵破裂围岩中的裂隙，提高裂隙岩体的抗渗性，增强围岩的稳定性。水泥基浆液的浆液流型、表观黏度和析水率等参数是影响浆液扩散和注浆效果的主要因素。因此，本章主要通过相关试验，研究了水灰比、水泥颗粒粒径、减水剂、膨润土等因素对水泥基注浆材料的流变特性、表观黏度和稳定性的影响，得到如下结论：

（1）利用普通 425#水泥、800 目超细水泥和 1 250 目超细水泥分别配制不同水灰比的水泥基浆液，通过对不同水灰比浆液的流变特性试验结果进行分析，表明当普通 425#水泥基浆液水灰为 0.5～0.6 时浆液为幂律流体，水灰比为 0.7～2.0 时浆液为宾汉姆流体；当 800 目超细水泥水灰比为 0.6～1.4 时浆液为幂律流体，水灰比为

1.6～2.0 时浆液为宾汉姆流体；当 1 250 目超细水泥水灰比为 0.7～2.0 时浆液为幂律流体。当在水泥基浆液中加入减水剂后，对于普通 425#水泥，水灰比为 0.5～0.6 时浆液为宾汉姆流体，水灰比为 0.7～2.0 时浆液为牛顿流体；对于 800 目超细水泥，水灰比为 0.5～1.2 时浆液为宾汉姆流体，水灰比为 1.4～2.0 时浆液为牛顿流体；对于 1 250 目超细水泥，水灰比为 0.5～1.4 时浆液为宾汉姆流体，水灰比为 1.6～2.0 时浆液为牛顿流体。

（2）基于 3 种不同粒径大小的水泥基浆液的流变性试验，分析了水灰比、水泥颗粒粒径、减水剂等因素对水泥基浆液流变特性的影响，结果表明表观黏度随着浆液水灰比增加逐渐减小，且当水灰比小于 0.7 时，表观黏度随着水灰比增加急速减小；表观黏度随着水泥颗粒粒径 $d_{95}$ 的增加而减小，且水泥颗粒粒径 $d_{95}$ 越小，其对表观黏度影响越大；添加减水剂可降低水泥基浆液的表观黏度，增加浆液流动性，浆液水灰比越小，水泥颗粒粒径 $d_{95}$ 就越小，减水剂效果就越明显。

（3）析水率是影响浆液稳定性的重要因素，通过分析不同水灰比、不同颗粒粒径和不同含量添加剂对水泥基浆液析水率的影响，发现水泥基浆液析水率随着水灰比和水泥颗粒粒径 $d_{95}$ 增大而增加，普通 425#水泥、800 目超细水泥和 1 250 目超细水泥稳定浆液的水灰比分界线分别为 0.7、1.0 和 1.4。添加膨润土可有效降低水泥基浆液析水率，且添加 0.75%减水剂后，若膨润土添加量大于等于 4%则浆液为稳定浆液。

# 第3章 单裂隙可视化注浆试验研究

## 3.1 单裂隙可视化注浆试验系统研制

### 3.1.1 试验系统研制目的及意义

注浆作为封堵围岩裂隙的常用方法，不仅可以降低围岩的渗透性，阻止地下水涌入开挖的巷道、隧道、硐室等地下工程中，而且可以加固围岩，提高破碎围岩的承载能力和地下工程的整体稳定性，保证巷道、隧道、硐室等地下工程的安全，降低工程维护成本。

注浆效果受多方面因素的影响，国内外学者李术才、王连国、刘人太、Houlsby、Warner、Eklund 和 Stille 等做了大量的研究，其中一个重要的方面就是浆液的渗透能力，即对于某个固定裂隙开度的裂隙浆液颗粒能否渗透进去，如果能够渗透进去，那么又能扩散多远。2003 年，Eriksson 和 Stille 提出了一种用于测量和评价浆液渗透性的方法，其原理即为确定浆液的最小裂隙开度 $b_{min}$ 和临界裂隙开度 $b_{critical}$。最小裂隙开度表示当裂隙开度小于该值时浆液无法渗透进入裂隙；而临界裂隙开度表示当裂隙开度大于该值时浆液可以完全通过裂隙。

研究表明，影响浆液渗透性的因素主要有水泥颗粒大小、水泥的絮凝作用、水化反应、水灰比及注浆压力等，其中水泥颗粒大小是影响浆液渗透性的一个重要因素。2008 年，Eklund 和 Stille 研究发现，水泥颗粒的最大尺寸（例如 $d_{95}$）会堵塞渗流通道，进而影响浆液临界裂隙开度。对于普通水泥，临界裂隙开度 $b_{critical}$ 为水泥颗粒粒径 $d_{95}$ 的 4～10 倍。同时研究发现，过小的水泥颗粒在絮凝作用和水化反应的影响下会形成较大的聚合物，进而堵塞渗流通道，影响临界裂隙开度。水泥基浆液流经不同开度裂隙示意图如图 3.1 所示。

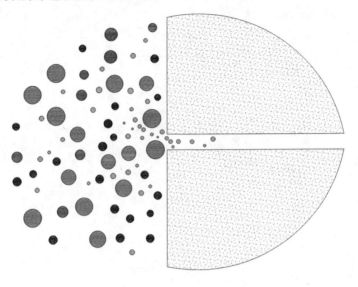

（a）最小裂隙开度

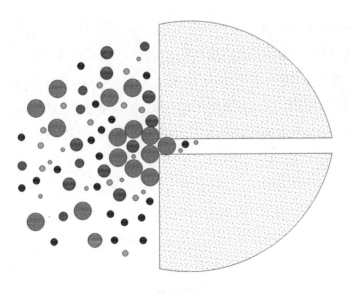

（b）临界裂隙开度

图 3.1　水泥基浆液流经不同开度裂隙示意图

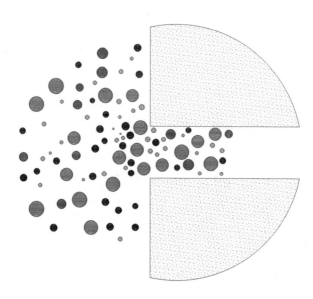

（c）最大裂隙开度

续图 3.1

Draganović 和 Stille 采用金属短槽模拟不同开度裂隙，通过分析从裂隙中涌出的流量随时间的变化，从宏观上间接地研究浆液的临界裂隙开度和渗滤效应，分析不同水泥基浆液的临界裂隙开度。但该方法存在 3 个缺陷：第一，由于裂隙模型由上下两片金属模块组成，无法观测浆液在裂隙中的流动规律和渗滤效应；第二，对临界裂隙开度的确定只能从流量间接判断；第三，裂隙模型精度较差，所得到的临界裂隙开度误差较大。

为了深入研究单裂隙注浆的渗滤效应，更加准确地确定浆液的临界裂隙开度大小，在对已有的注浆渗流试验系统分析的基础上，研发了单裂隙可视化注浆试验系统，与传统注浆渗流试验系统相比，该系统存在如下几点优势：

（1）裂隙模型两侧由透明的钢化玻璃组成，可以直观地观测到浆液在裂隙中的流动方式，也可以看到浆液渗滤效应的形成。

（2）观测系统由长距离显微镜和高速摄像机（CCD）构成，可以从微观层面研究浆液的流动和渗滤效应。

（3）裂隙模型的构成采用高精度的不锈钢垫片，可以较精确地调整裂隙开度大小，从而更加精准地确定浆液的临界裂隙开度。

## 3.1.2　试验系统的设计

### 1. 试验系统的构成

本试验系统需满足稳定压力驱动与调节、可视化的裂隙模型、浆液搅拌与传送、裂隙注浆微观观测、试验结果监测与记录等要求。因此，经过综合分析、论证之后制定出最终的单裂隙可视化注浆试验系统，主要包括注浆系统、可视化注浆裂隙模型、数据采集系统、显微观测系统，如图 3.2 所示。

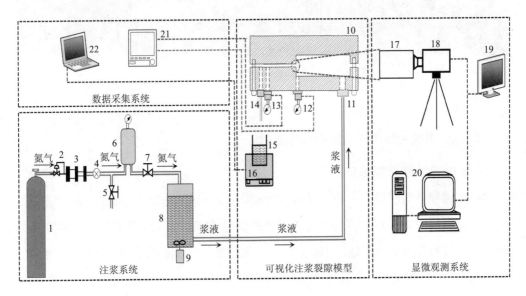

（a）可视化注浆试验系统装配示意图

图 3.2　单裂隙可视化注浆试验系统

1—氮气瓶；2—减压阀；3—增压泵；4—安全阀；5—泄压阀；6—储气罐；7—截止阀；

8—储浆罐；9—搅拌器；10—单裂隙注浆模型；11—进浆口；12、13—压力变送器；

14—出浆口；15—储浆桶；16—电子秤；17—长距离显微镜；18—高速摄像机；

19—长距离显微镜主控制系统；20—计算机；21—无纸记录仪；22—笔记本电脑

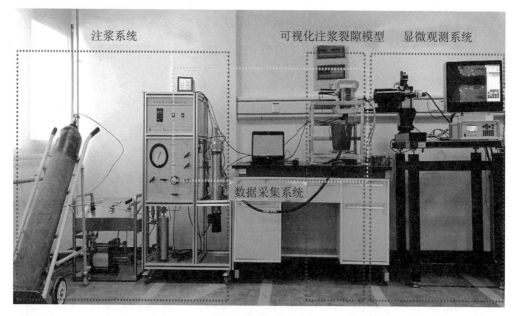

（b）可视化注浆试验系统装配实物图

续图 3.2

## 2. 试验系统主要构件的结构与功能

（1）可视化注浆裂隙模型。

可视化注浆裂隙模型是整套试验装置的核心，也是研究渗滤效应和确定浆液临界裂隙开度的关键设备。可视化注浆裂隙模型由裂隙上盘、裂隙下盘、两侧挡板、垫块及夹持构件等部分组成，裂隙模型上下盘叠加在一起组成表面光滑的一条裂隙，通过在上下两个裂隙面之间放置特定厚度的不锈钢垫片控制裂隙开度大小，裂隙模型上下盘通过螺栓进行紧固，在远离裂隙面的一端放置中间带孔的硅胶垫片，垫片厚度稍大于裂隙宽度，通过拧紧螺栓使垫片夹紧起到密闭左侧端口的作用。整个裂隙模型尺寸长 390 mm，上下两部分使用螺栓连接在一起，整体高度约为 100 mm，裂隙模型内裂隙宽 $b=50$ mm，如图 3.3 所示。

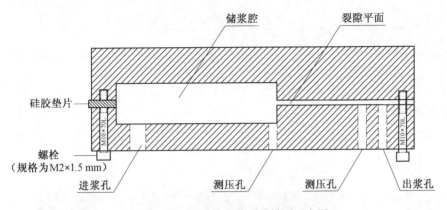

（a）可视化注浆裂隙模型示意图

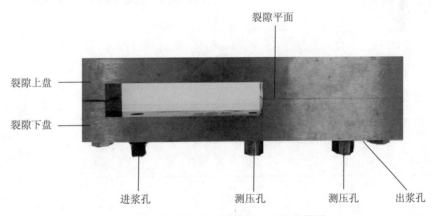

（b）可视化注浆裂隙模型上下盘实物图

图 3.3　注浆裂隙模型

裂隙模型的上下盘材质为 45#钢，制作过程中先经过线切割技术按模型尺寸切割，然后按设计方案在上下盘对应位置开孔，设置进浆孔、出浆孔、测压孔等钻孔，然后在抛光机上打磨抛光，保证模型上下表面的平行度，并尽可能使模型各个表面光滑，裂隙模型的上下盘设计尺寸、各个钻孔位置及上下盘加工后实物如图 3.4 和图 3.5 所示。

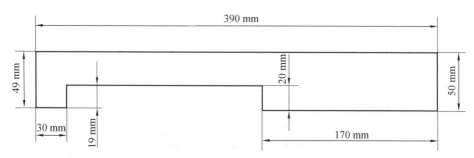

（a）裂隙模型上盘示意图

（b）裂隙模型上盘实物图

图 3.4　注浆裂隙模型上盘

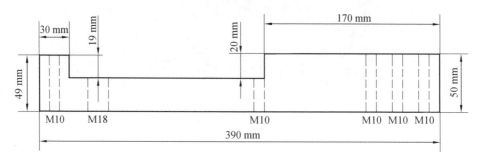

（a）裂隙模型下盘示意图

（b）裂隙模型下盘实物图

图 3.5　注浆裂隙模型下盘

模型裂隙由上下盘叠加装配构成，通过在上下盘之间嵌入特定厚度的不锈钢垫片控制裂隙开度的大小，如图 3.6 所示。

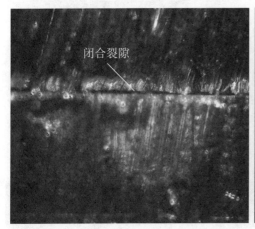

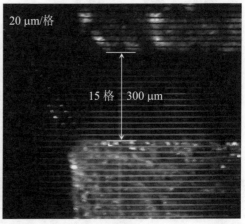

（a）无垫片　　　　　　　　　　　（b）300 μm 垫片

图 3.6　预制裂隙照片

不锈钢垫片为德国进口的超薄精密调节不锈钢垫片，垫片厚度最小为 5 μm，最大为 400 μm，这种不锈钢垫片精度高、硬度大，在承载较大压力情况下不易变形，是裂隙模型垫片的良好选择，如图 3.7 所示，因此裂隙开度可以在 5～400 μm 之间变化。为了确保裂隙开度的稳定，并尽可能降低垫片对注浆过程的影响，所嵌入的垫片直径小于 2 mm，垫片位置设置在裂隙面前中后 3 处，每处左右两侧各垫一块垫片，总计 6 块相同厚度的不锈钢垫片。裂隙模型上下盘安装好后，在长距离显微镜下使用配套的光栅标尺测量裂隙开度，光栅标尺有 3 种不同的测量精度，分别为 20 μm、100 μm、500 μm，如图 3.8 所示，由于裂隙开度的测量由配套的光栅标尺确定，光栅标尺的精度可以达到 20 μm，因此试验所测的临界裂隙开度可以精确到 20 μm，与 Draganović 等所测得的结果相比，精度明显得到了提高。

（a）不锈钢垫片包装　　　　　　　　（b）不锈钢垫圈

图 3.7　不锈钢垫片

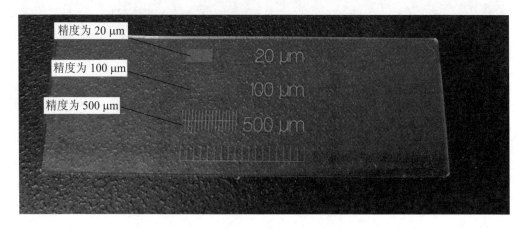

图 3.8　光栅标尺

为了确保模型裂隙的可视化，模型两侧挡板由透明的钢化玻璃制成，如图 3.9 所示。钢化玻璃采用的是厚度达 12 mm 的钢化高硼硅防爆玻璃板，且在玻璃外侧贴上了防爆膜，提高了试验的安全性。为了保证可视化注浆裂隙模型的密闭性，对裂隙模型两侧平面进行磨光处理，并在钢化玻璃和裂隙侧面之间粘贴具有高透明度的 OUPLI 型硅胶垫板，硅胶垫片厚度为 0.5 mm。在钢化玻璃外侧安装 G 型夹，确保可视化注浆裂隙模型的密闭性，防止试验过程中出现漏水、漏气现象。

（a）正视图

（b）俯视图

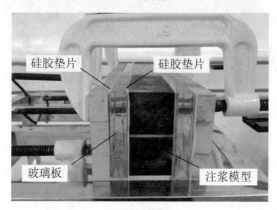

（c）侧视图

图 3.9　可视化注浆裂隙模型

（2）显微观测系统。

显微观测系统用于直观地观测浆液在裂隙内的流动和渗滤效应，并从微观层面揭示浆液渗滤效应产生的原因。系统主要包括长距离显微镜、高速摄像机、云台支架和图像处理系统 4 个部分，如图 3.10 所示。长距离显微镜的工作距离为 15～35 cm，最小分辨率达到 1.1 μm，最大视场范围为 8 mm；高速摄像机像素可达到130 万（1 280×1 024），最大拍摄速度为 2 000 帧/s；云台支架可在 $X$、$Y$、$Z$ 轴方向移动，各个方向行程范围不小于 85 mm，移动步长不大于 15 μm，可以实现自动控制；图像处理系统可对观测到的图像拍照储存，并可在图片上进行简单的计算与统计分析。长距离显微镜配合图像处理系统，能够精确地观察记录和分析裂隙开度大小，以及渗滤过程中浆液的变化；同时，借助高速摄像系统对局部区域（裂隙入口）的浆液渗流全过程进行实时记录。

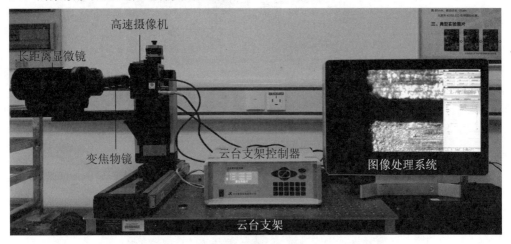

图 3.10　显微观测系统

（3）注浆系统。

注浆系统主要包含 3 个部分，如图 3.11 所示。

第一部分：氮气瓶、减压阀、增压泵、储气罐和输气管道，氮气瓶为注浆系统提供高压气源，气体压力为 12.5 MPa，减压阀限制试验过程中输出压力的最大值，储气罐储存一定量的高压气体，在试验过程补充各种原因造成的压力损失，输气管道联通试验装置的各个部分。

第二部分：高压气源控制系统包括调节稳压阀、截止阀、压力表等装置。

第三部分：储浆罐、搅拌电机和磁耦合搅拌系统。

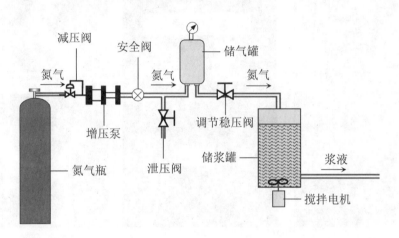

（a）注浆系统示意图

（b）注浆系统实物图

图 3.11　注浆系统试验装置图

储浆罐用于储存注浆用的浆液，搅拌器可以在注浆过程中对水泥基浆液进行搅拌，防止浆液静置时间过长产生析水沉淀，如图 3.12 所示。

（a）储浆罐　　　　　　　（b）浆液搅拌器　　　　　　（c）浆液搅拌

图 3.12　储浆罐及浆液搅拌系统

（4）数据采集系统。

数据采集与分析是研究浆液在单裂隙内渗流和浆液渗滤效应的重要手段之一，数据采集系统主要包括无纸记录仪、压力变送器、电子秤、笔记本电脑等设备。无纸记录仪选用 8 通道单色无纸记录仪，如图 3.13（a）所示，试验过程中选用 3 个通道连接压力变送器实时输出采集到的压力变化试验数据。为了防止浆液颗粒堵塞压力监测设备，监测水泥基浆液进出口压力的压力变送器采用压膜式压力变送器，如图 3.13（b）所示，其技术参数见表 3.1。

流量监测装置如图 3.14 所示，电子秤的量程为 30 kg，精度为 0.2 g，数据采集时间间隔为 1 s。浆液流经裂隙后从出浆孔流出，使用放在电子秤上的储浆桶收集，将电子秤与笔记本计算机连接起来，实时监测流出的浆液质量的变化，实时记录储浆桶中水泥浆的质量，根据水泥基浆液的密度计算得出水泥基浆液流量的变化。

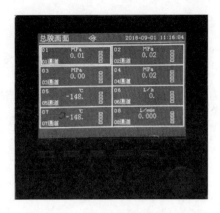

（a）无纸记录仪

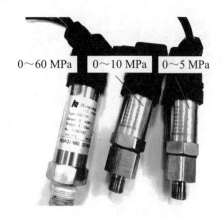

（b）压力变送器

图 3.13 压力监测装置

表 3.1 压力变送器技术参数

| 位置 | 量程/MPa | 输出信号/mA | 精度/MPa |
| --- | --- | --- | --- |
| 储浆罐 | 0~60 | 4~20 | 0.01 |
| 进浆口 | 0~10 | 4~20 | 0.001 |
| 出浆口 | 0~5 | 4~20 | 0.001 |

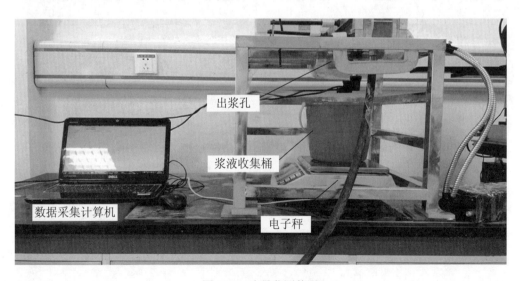

图 3.14 流量监测装置

### 3.1.3　试验系统的检测与调试

为了检测试验模型及测试试验方法的合理性，将裂隙模型裂隙设置为某一特定的开度 $b$，试验压力为 $p$，渗流介质选择流型为牛顿流体的水，开展渗流试验检测模型的准确性。牛顿流体在单一平板裂隙中的流动遵循 Navier-Stokes（NS）方程和质量守恒方程，假定流体在裂隙中流动满足层流、不可压缩等条件，则流体满足立方定律，具体如下：

$$Q = -\frac{wb^3}{12\mu L}\Delta p \tag{3.1}$$

式中，$Q$ 为流量；$w$ 为裂隙宽度；$b$ 为裂隙开度；$\mu$ 为流体的动力黏滞系数；$L$ 裂隙长度；$\Delta p$ 为进出口压差。

在渗流试验过程中，模型裂隙开度分别设置为 30 μm 和 80 μm，注浆压力在 0.2～1.0 MPa 之间变化，试验方案见表 3.2。

表 3.2　渗流试验方案

| 裂隙开度 $b$/μm | 注浆压力/MPa | | | | |
|---|---|---|---|---|---|
| 30 | 0.2 | 0.4 | 0.6 | 0.8 | 1.0 |
| 80 | 0.2 | 0.4 | 0.6 | 0.8 | 1.0 |

试验结果如图 3.15 和图 3.16 所示，模型的累计质量为一条斜线，随着时间延长呈稳定增加的态势。进口处监测到的压力和出口处监测到的压力虽然都表现出了一定程度的波动，但与进口和出口处压力值相比，这点波动可以忽略不计；进出口处监测到的压力均为一条横线，压力随着时间延长基本保持不变，因此可以得出试验过程中水在模型中的渗流都属于稳态渗流的结论。

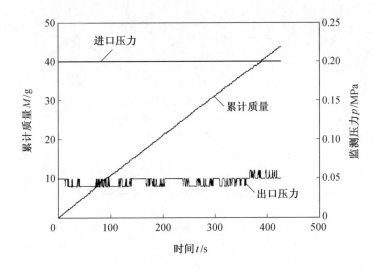

（a）注浆压力为 0.2 MPa

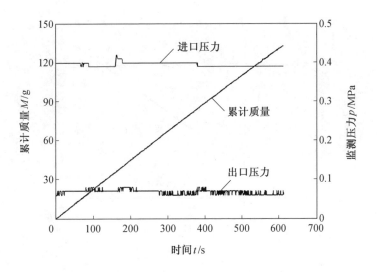

（b）注浆压力为 0.4 MPa

图 3.15　裂隙开度为 80 μm 的试验结果

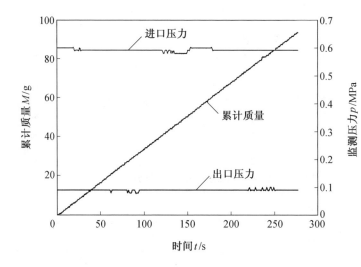

（c）注浆压力为 0.6 MPa

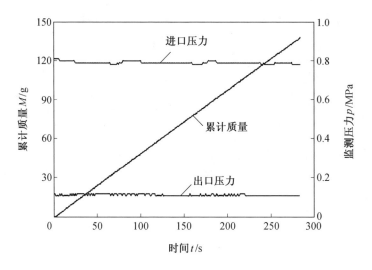

（d）注浆压力为 0.8 MPa

续图 3.15

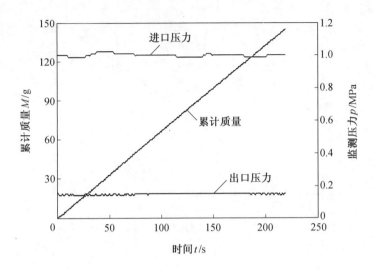

（e）注浆压力为 1.0 MPa

续图 3.15

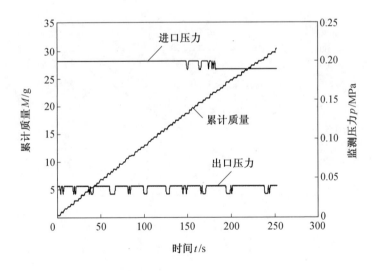

（a）注浆压力为 0.2 MPa

图 3.16　裂隙开度为 30 μm 的试验结果

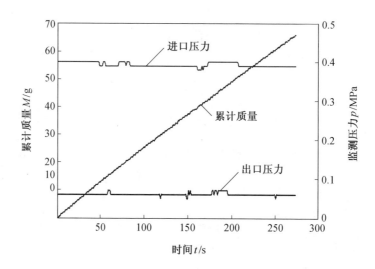

（b）注浆压力为 0.4 MPa

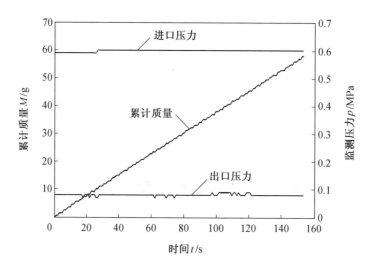

（c）注浆压力为 0.6 MPa

续图 3.16

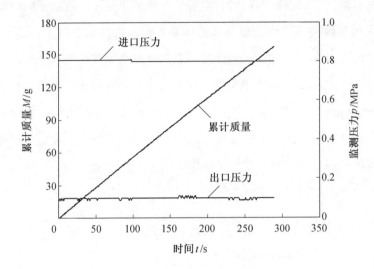

（d）注浆压力为 0.8 MPa

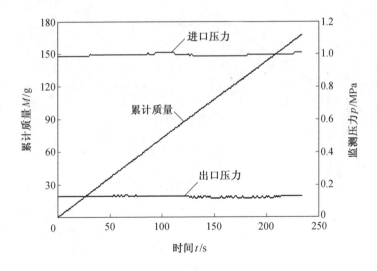

（e）注浆压力为 1.0 MPa

续图 3.16

　　根据试验结果计算得出不同压力差条件下模型的流量，依据不同压差条件下流量数据，采用线性关系拟合流量与压差试验数据，曲线拟合度分别为 0.988 1 和 0.996 9，如图 3.17 所示，模型流量随着压差的升高而呈线性增加。根据立方定律表达式（3.1）可知，满足达西渗流条件的流量与压差之间呈线性关系，将观测获得的裂隙开度 $b$=30 μm 和 $b$=80 μm，裂隙长度 $L$=100 mm，裂隙宽度 $w$=50 mm，水的动力黏滞系数 $\mu$=1×10$^{-3}$ Pa·s 分别代入表达式（3.1），可以得到流量与压差之间的关系式，比较试验拟合曲线和立方定律曲线如图 3.17 所示。

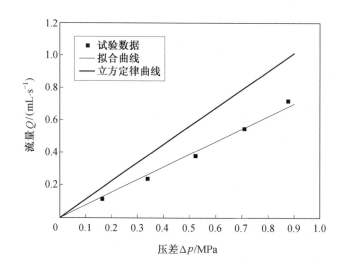

（a）裂隙开度为 30 μm

图 3.17　单裂隙渗流试验结果

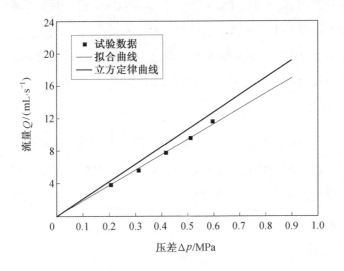

（b）裂隙开度为 80 μm

续图 3.17

　　由图 3.17 可知，渗流试验拟合曲线与通过立方定律绘制的曲线规律相似，流量与压差之间都满足线性正比关系。试验结果与理论曲线之间仍存在偏差，导致这种现象的原因可能有两个：其一，由于模型表面不能保证绝对光滑，流体在裂隙内流动时存在一定程度的水头压力损失，所以试验结果小于理论结果；其二，在裂隙模型开度的测量过程中，由于光栅标尺的精度为 20 μm，代入理论表达式中的裂隙开度值可能存在误差，所以试验结果与理论结果存在一定程度的差异，但这些都在误差允许的范围内。由此可知，该裂隙模型和试验系统可以满足试验的要求，在误差允许的范围内可以对流体的渗流规律进行研究分析。

## 3.2　单裂隙可视化注浆试验方案与步骤

　　为了研究浆液最小裂隙开度和临界裂隙开度大小，分析影响浆液临界裂隙开度的影响因素及产生浆液渗滤效应的原因，设计试验方案如下：调试裂隙模型裂隙开度，从大到小依次为 320 μm、310 μm、300 μm、280 μm、200 μm、180 μm、160 μm、

140 μm 等等，直至找到浆液的最小裂隙开度和临界裂隙开度。若在试验中找到临界裂隙开度后可适当跳过几个开度值，以便尽快找到最小裂隙开度。在试验过程中，浆液的驱动压力为 2 MPa，水泥基浆液的水灰比为 1.0，为了增加浆液的流动性，在水泥基浆液中添加 0.75% 的减水剂。单裂隙可视化注浆试验的主要操作过程如下。

**1. 裂隙模型准备**

在裂隙面上安置一定厚度的垫片，并将裂隙模型上下两盘相对配合，使用螺栓紧固，然后利用显微观测系统观测装配好的裂隙模型，并使用光栅标尺测量（精度为 20 μm）裂隙开度的大小。记录裂隙开度尺寸，然后将裂隙模型两侧挡板通过 G 型夹安装好，放置在试验台上。

**2. 连接注浆系统**

将氮气瓶通过减压阀与增压泵、储气罐、压力控制系统、注浆系统连接，并将储浆罐的出浆孔与裂隙模型的进浆口连接。

**3. 安装监测系统**

在裂隙模型的两个压力监测孔上安装压力变送器，并将压力变送器的信号输出线连接到无纸记录仪上，监测并记录试验过程中进浆口与出浆口处压力变化；在模型出浆孔下放置电子秤和储浆桶，并将电子秤和笔记本计算机连接，监测并记录浆液流量的变化；将高速摄像机连接到前端的长距离显微镜上，并与后端的计算机连接，观测并记录注浆过程。

**4. 浆液制备**

使用电子秤称量干水泥 1 000 g，水 1 000 g，减水剂 7.5 g，将它们倒入搅拌桶中，使用搅拌器搅拌 3 min，然后将制备的水泥基浆液倒入注浆系统的储浆罐中，开启电机搅拌储浆罐中的浆液。

**5. 注浆渗流**

检查并确认注浆系统、可视化注浆裂隙模型、显微观测系统和数据采集系统是否连接完毕，将浆液驱动压力调整为 2.0 MPa，首先记录模型进出口压力及电子秤上储浆桶的质量，然后开启浆液驱动压力注浆，同时点击显微观测系统，观测并记录浆液在裂隙内注浆渗流的过程。

**6. 结束试验**

保存试验数据，拆卸试验模型和试验系统，清洗试验装置，打扫实验室卫生。

## 3.3　单裂隙可视化注浆渗流临界裂隙开度试验

### 3.3.1　注浆压力与流量关系

以普通 425#水泥为试验材料，研究其最小裂隙开度和临界裂隙开度大小。按照试验方案开展普通 425#水泥单裂隙可视化注浆试验，试验过程中裂隙开度分别设置为 310 μm、300 μm、280 μm、230 μm、200 μm、160 μm、140 μm，从而获得 7 组注浆渗流试验数据。进浆口处压力-时间（$p_i$-$t$）、出浆口处压力-时间（$p_o$-$t$）及出口质量-时间（$M$-$t$）关系曲线分别如图 3.18～3.20 所示。

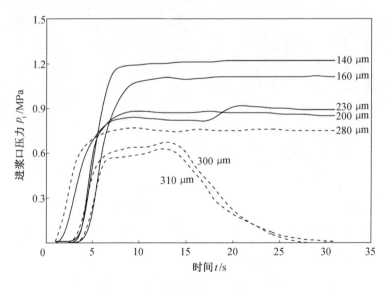

图 3.18　裂隙模型进浆口压力变化曲线

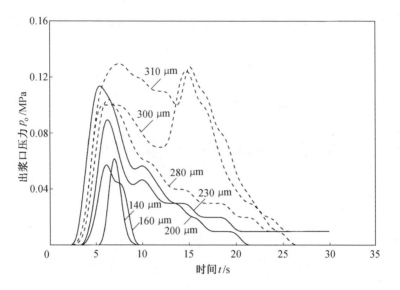

图 3.19　裂隙模型出浆口压力变化曲线

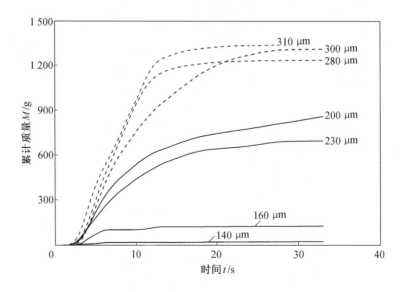

图 3.20　单裂隙注浆累计质量变化曲线

由图 3.18 可知：当裂隙开度为 140 μm 时，随着注浆试验开始，裂隙模型进浆口压力迅速升高至 1.2 MPa，之后便保持压力不再变化；随着裂隙开度的增加，即当裂隙开度为 160 μm、200 μm、230 μm、280 μm 时，进浆口压力在试验开始后迅速增加，但并未直接达到最大值，而是存在一段缓慢增加的过程，之后进浆口压力分别增加到 1.05 MPa、0.82 MPa、0.80 MPa、0.74 MPa 后不再变化；随着裂隙开度继续增加，即当裂隙开度为 300 μm、310 μm 时，进浆口压力在试验开始后迅速增加到 0.60 MPa 和 0.58 MPa，稳定 5 s 后压力迅速降低。

进浆口压力的变化可以间接表明浆液在裂隙进浆口处的流动状态。进浆口压力在试验开始后迅速增加至最高值并不再变化，说明浆液在注浆开始后迅速堵塞进浆口，导致浆液无法从裂隙溢出，压力迅速增大到最大值后不再改变，如图 3.18 中裂隙开度为 140 μm 时浆液压力曲线；进浆口压力先迅速增加，然后又缓慢增加至某一值后保持稳定，说明在试验开始时进浆口可以通过部分水泥浆，但随着时间的延长裂隙逐渐被堵塞，如图 3.18 中裂隙开度为 160 μm、200 μm、230 μm、280 μm 时浆液压力曲线；当进浆口压力先迅速增加，稳定一段时间后又迅速下降，这说明浆液可以通过裂隙，并且可以完全通过裂隙，如图 3.18 中裂隙开度为 300 μm、310 μm 时浆液压力曲线。由此可以从侧面确定普通 425#水泥基浆液的最小裂隙开度为 140 μm，临界裂隙开度为 300 μm，当裂隙开度在 140～300 μm 之间时浆液存在渗滤效应。

由图 3.19 可知：当裂隙开度为 140 μm 时，出浆口监测到的压力只在试验开始时有一次极为短暂的增加，之后就迅速重新归零；当裂隙开度为 160 μm、200 μm、230 μm、280 μm 时，出浆口压力先迅速增加，之后在波动过程中迅速下降；当裂隙开度为 300 μm、310 μm 时，出浆口监测到的压力先迅速增加，达到最大值之后缓慢下降，之后再迅速增加，然后又迅速下降为零。

出浆口监测到的压力也可以从侧面反应浆液在裂隙内的流动状态。若出浆口处监测到的压力只在试验开始时存在一个极为短暂的波动，可以说明浆液基本没有通过裂隙，这个极为短暂的波动只是浆液在管路中前冲时压缩空气造成的，如图 3.19

中裂隙开度为 140 μm 时浆液压力曲线；若出浆口监测到的压力先迅速增加，然后在波动过程中迅速下降，说明浆液在最初可以通过裂隙经出浆口流出，随着时间的延长裂隙逐渐堵塞，导致出浆口处监测到的压力在波动过程中迅速降低，如图 3.19 中裂隙开度为 160 μm、200 μm、230 μm、280 μm 时浆液压力曲线；若裂隙出浆口处压力先增大之后缓慢下降，到达某一值后突然升高，然后又迅速下降为零，这说明浆液在试验初期顺利通过裂隙经出浆口流出，在浆液完全通过之后高压氮气从裂隙中流过，导致在最后阶段出现压力的突然升高和下降，如图 3.19 中裂隙开度为 300 μm、310 μm 时浆液压力曲线。由此可以从侧面估算普通 425# 水泥的最小裂隙开度为 140 μm，临界裂隙开度为 300 μm，这也与进浆口处浆液压力变化分析结果相符；并且当裂隙开度在 160～280 μm 之间时，浆液的堵塞现象也可以间接表明渗流存在渗滤效应。

由图 3.20 可知：当裂隙开度为 140 μm 时，经过裂隙模型从出浆口流出的水泥基浆液很少，且大部分为浆液中的水，因此基本可以忽略不计；当裂隙开度为 160 μm、200 μm、230 μm 时，通过出浆口流出的浆液质量随着时间的延长逐渐增加，但增加的速率逐渐降低，直至最终浆液不再增加，浆液也未能完全通过裂隙；当裂隙开度为 280 μm 时，出浆口流出的浆液的质量曲线变化规律与上述 3 种裂隙开度时的表现一致，但裂隙开度为 280 μm 时浆液最终完全通过了裂隙模型；当裂隙开度为 300 μm 和 310 μm 时，通过出浆口流出的浆液质量迅速增加，且增加的速率基本保持不变，直至浆液完全通过裂隙。

出浆口浆液累计质量的变化规律也是研究临界裂隙开度的重要方法，可以间接地确定浆液的最小裂隙开度和临界裂隙开度。若从出浆口流出的浆液累计质量为零，浆液完全无法通过裂隙，则表明对应的裂隙开度不大于最小裂隙开度，如图 3.20 中裂隙开度为 140 μm 时对应浆液累计质量的曲线；若浆液的累计质量随着时间的延长逐渐增加，但增加速率逐渐降低直至为零，表明浆液渗流过程中逐渐堵塞裂隙，如图 3.20 中裂隙开度为 160 μm、200 μm、230 μm、280 μm 时对应浆液累计质量的曲线；若浆液累计质量随着时间的延长稳定增加，速率基本保持不变直至浆液完全通过裂隙，则表明对应的裂隙开度不小于临界裂隙开度，如图 3.20 中裂隙开度为 300 μm 和 310 μm 时对应浆液累计质量的曲线。由此可以间接地确定，普通 425#水泥基浆液在驱动压力为 2.0 MPa、水灰比为 1.0 情况下的最小裂隙开度为 140 μm，临界裂隙开度为 300 μm，此结果与通过监测分析裂隙模型进浆口和出浆口压力所得的结果一致。

## 3.3.2　单裂隙注浆浆液渗滤机理分析

通过对单裂隙注浆渗流试验中浆液压力和流量的分析，推测当裂隙开度在 140～280 μm 之间时，水泥基浆液在裂隙进浆口处会发生渗滤现象。图 3.21 为裂隙注浆过程中渗滤效应滤饼形成过程。

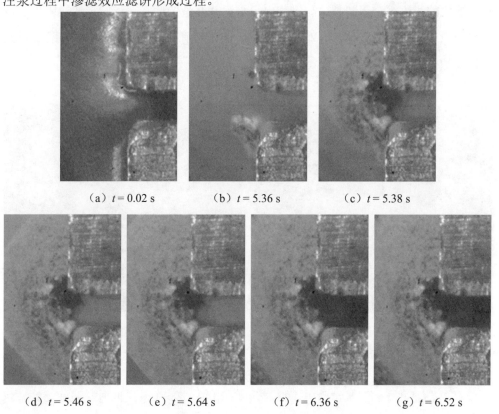

（a）t = 0.02 s　　　　（b）t = 5.36 s　　　　（c）t = 5.38 s

（d）t = 5.46 s　　　（e）t = 5.64 s　　　（f）t = 6.36 s　　　（g）t = 6.52 s

图 3.21　裂隙注浆过程中渗滤效应滤饼形成过程

由图 3.21 可知：初始阶段浆液涌入进浆口并迅速向裂隙内流动，在 $t = 0.02$ s 时，裂隙通道并未拥堵，浆液中的水和水泥颗粒均可进入裂隙空间；随着时间的延长，浆液中的水泥颗粒开始在裂隙进浆口处上下边缘附着并对进入裂隙内的水泥颗粒产生一定的阻碍作用；在 $t = 5.36$ s 时，这种情况对水和粒径较小的水泥颗粒影响不大，但较大的水泥颗粒在通过围岩裂隙时就显得较为困难，渐渐地越来越多的水泥颗粒在裂隙进浆口处聚集并形成一个类似滤饼的隔离带；在 $t = 5.38$ s 时，较小的水泥颗粒也越来越难以通过这个隔离带，随着水泥颗粒在隔离带不断聚集，水泥颗粒完全被阻挡在裂隙之外，只有隔离带内的水才能通过；在 $t = 5.64$ s 时，隔离带内聚集的水泥基浆液逐渐失去自由水，并相互黏结在一起形成一个半圆形的滤饼；在 $t = 6.36$ s 时，形成的滤饼完全阻断裂隙与进浆口内水泥基浆液的联系，半圆形滤饼因失去过多自由水逐渐成为胶凝体，并在模型拆解后未立即消散，而是紧紧附着在裂隙进浆口处，如图 3.22 所示。

（a）正视图　　　　　　　　　　　　　（b）侧视图

图 3.22　渗滤效应形成半圆形滤饼

在单裂隙可视化注浆试验中，裂隙开度在 140～280 μm 之间时，浆液渗滤现象产生的过程相似，但形成半圆形滤饼的时间并不相同；用滤饼隔离水泥基浆液，即裂隙内不再有水泥颗粒向出浆口运动为准，则在单裂隙可视化注浆试验中，裂隙开度为 140 μm、160 μm、180 μm、200 μm、230 μm 的裂隙模型，形成半圆形滤饼的时间分别为 1.72s、2.18 s、2.76 s、3.28 s、6.36 s。滤饼形成时间与裂隙开度的指数关系如图 3.23 所示。

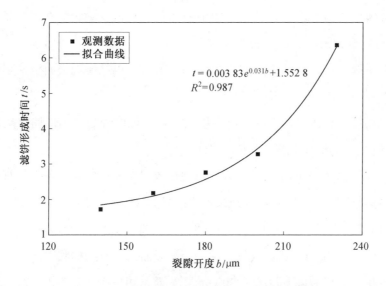

图 3.23　滤饼形成时间与裂隙开度的指数关系

由图 3.23 可知：半圆形滤饼形成的时间随着裂隙开度的增大而延长，且二者成指数关系，拟合曲线方程如下：

$$t=0.003\ 83e^{0.031b}+1.552\ 8 \tag{3.2}$$

## 3.4　本 章 小 结

为了深入研究单裂隙注浆的渗滤效应，更加准确地确定浆液的临界裂隙开度大小，在对已有的注浆渗流试验系统进行分析的基础上，自主研发了单裂隙可视化注浆试验系统，并利用该试验系统对浆液的渗滤效应和临界裂隙开度开展了试验研究，得到了以下结论。

（1）基于 Eriksson 和 Stille 提出的临界裂隙开度的概念，参考已有的注浆渗流试验系统，自行研发了单裂隙可视化注浆试验系统，该试验系统包含 4 个部分：注浆系统、可视化注浆裂隙模型、显微观测系统和数据采集系统。与传统注浆渗流试验系统相比，该系统存在的优势如下：

①裂隙模型两侧由透明的钢化玻璃组成，可以直观地观测到浆液在裂隙中的流动方式，也可以看到浆液渗滤效应的形成。

②观测系统由长距离显微镜和高速摄像机构成，可以从微观层面研究浆液的流动和渗滤效应。

③裂隙模型的构成采用高精度的不锈钢垫片，可以较为精确地调整裂隙开度大小，从而获得更加准确的浆液临界裂隙开度值。

（2）利用自行研发的单裂隙可视化注浆试验系统在恒定压力条件下对水泥基浆液的临界裂隙开度开展试验研究，结果表明：普通 425#水泥基浆液最小裂隙开度 $b_{min}$ 为 140 μm，当裂隙开度小于 140 μm 时浆液无法通过裂隙，导致裂隙模型进浆口处压力迅速上升，出浆口处压力仅仅产生一个波动而后恢复初始状态；临界裂隙开度 $b_{critical}$ 为 300 μm，当裂隙开度大于 300 μm 时，浆液可完全通过裂隙模型，进浆口与出浆口都有压力显示。

（3）基于临界裂隙开度测试试验，当裂隙开度在 160～280 μm 之间时将会产生渗滤现象，通过观测浆液渗滤效应产生的过程对渗滤现象进行分析，揭示了渗滤效应产生半圆形滤饼的微观机理，水泥颗粒先黏附在裂隙进浆口附近，然后大粒径水泥颗粒附着，水泥颗粒集聚形成弧形隔离带，隔离带内水泥基浆液的自由水减少形成半圆形滤饼；通过研究不同裂隙开度条件下滤饼形成的时间，揭示了普通 425#水泥基浆液滤饼形成时间与裂隙开度之间的指数关系，即 $t=0.003\,83e^{0.031b}+1.552\,8$。

# 第4章 粗糙裂隙注浆渗流试验研究

## 4.1 单裂隙注浆渗流试验系统研制

### 4.1.1 单裂隙注浆渗流试验系统的组成

为了更加方便地研究浆液在单一粗糙裂隙内的渗流规律，分析注浆渗流过程中注浆压力与流量的变化规律，开发了一套单裂隙注浆试验装置，该单裂隙注浆渗流试验系统包括注浆系统、单裂隙注浆试验装置、数据采集系统等，如图 4.1 所示，其中注浆系统和数据采集系统与单裂隙可视化注浆试验系统中的试验装置基本相同，在此不再详细叙述。

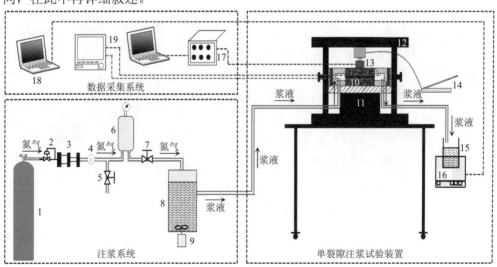

图 4.1 单裂隙注浆渗流试验系统示意图

1—氮气瓶；2—减压阀；3—增压泵；4—安全阀；5—泄压阀；6—储气罐；7—截止阀；8—储浆罐；
9—搅拌器；10—单裂隙注浆模型；11—垫块；12—反力架；13—压力传感器；14—手压千斤顶；
15—储浆桶；16—电子秤；17—静态应变仪；18—笔记本电脑；19—无纸记录仪

## 4.1.2 单裂隙注浆试验装置研制

单裂隙模型是研究裂隙开度、裂隙表面粗糙度等因素对浆液在裂隙内渗流规律影响的核心部件。研究浆液在裂隙内的流动规律，需要实时监测注浆过程中裂隙进浆口、出浆口的注浆压力和裂隙流量的变化。根据试验的要求，设计的单裂隙注浆试验装置示意图如图 4.2 所示。

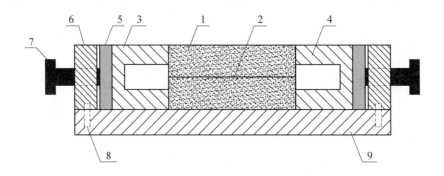

（a）侧视图

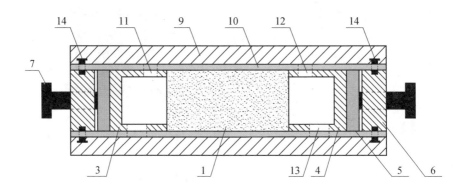

（b）俯视图

图 4.2　单裂隙注浆试验装置示意图

1—裂隙模型；2—模拟裂隙；3—进浆模块；4—出浆模块；5—活动挡板；
6—固定挡板；7—装置紧固螺栓；8—挡板固定螺栓；9—底板；10—侧板；11—模型进浆口；
12—模型出浆口；13—压力变送器接口；14—侧板固定螺栓

由图 4.2 可知，单裂隙注浆试验装置主要由裂隙模型、进浆模块、出浆模块和各种固定模型的挡板、侧板、底板等部件组成。试验装置的所有部件都采用 45# 钢加工而成，为确保各个部件之间能紧密接触，模型的各个接触面都用抛光机打磨光滑。

图 4.3 为单裂隙注浆试验装置中底板的具体尺寸，为了保证底板与其他部件之间紧密配合，底板上表面进行抛光处理。沉孔螺纹连接口可以将底板和固定挡板连接在一起，同时防止了底板因安装螺栓而造成其底面的凸起不平。侧板卡槽是采用线切割技术加工的两条凹槽，其目的是为了安装和固定侧板，凹槽深度为 5 mm。

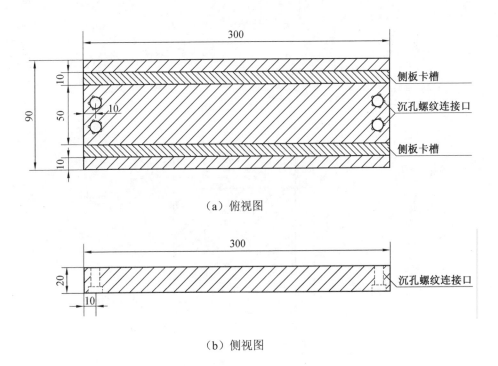

（a）俯视图

（b）侧视图

图 4.3　单裂隙注浆试验装置中的底板（单位：mm）

图 4.4 为单裂隙注浆试验装置中固定挡板的具体尺寸，为了确保固定挡板与底板、侧板之间紧密接触，固定挡板侧面的 4 个面全部抛光，通过底板螺纹连接口与底板连接在一起，通过侧板螺纹连接口与侧板固定在一起，固定挡板螺纹连接口安

装装置紧固螺栓，通过调节装置紧固螺栓可以将裂隙模型与进浆模块和出浆模块挤压在一起。

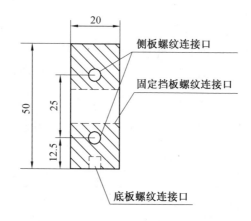

（a）侧视图

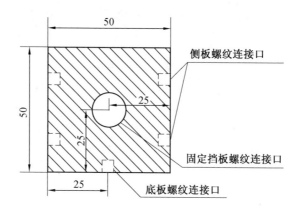

（b）正视图

图 4.4　单裂隙注浆试验装置中的固定挡板（单位：mm）

图 4.5 为单裂隙注浆试验装置中活动挡板（单位：mm），为了确保活动挡板与底板、侧板之间紧密接触，活动挡板侧面的 4 个面全部抛光。活动挡板主要作用是当加载力时（通过装置紧固螺栓），将载荷均匀地传递至进浆模块和出浆模块。

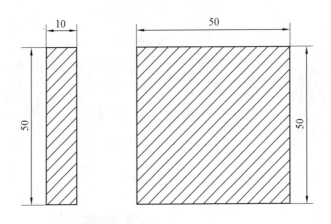

图 4.5　单裂隙注浆试验装置中的活动挡板（单位：mm）

图 4.6 为单裂隙注浆试验装置中进浆模块，为了确保进浆模块与底板、侧板紧密配合，进浆模块侧面的 4 个面全部抛光，进浆口与注浆管连接，浆液从进浆口进入单裂隙注浆试验装置，压力变送器接口连接压力变送器，用于实时监测注浆过程中进浆口处压力的变化情况。由于水泥基浆液为悬浊液，浆液中含有大量的水泥颗粒，因此监测压力的压力变送器采用压膜式压力变送器（图 4.7），压膜式压力变送器没有进液孔，可以防止水泥颗粒堵塞进液孔造成压力测量失败。压力变送器量程为 10 MPa，精度为 0.001 MPa，输出信号为 4～20 mA，可以通过与无纸记录仪连接来实时记录压力数据。密封圈凹槽内可安装硅胶密封圈，当装置紧固螺栓推动活动挡板向中间挤压进浆模块时，密封圈可以保证进浆模块与裂隙模型之间的气密性，在注浆过程中不发生浆液泄漏的现象。

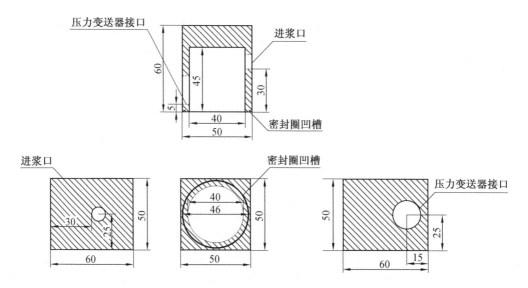

图 4.6 单裂隙注浆试验装置中的进浆模块（单位：mm）

图 4.7 压膜式压力变送器

图 4.8 为单裂隙注浆试验装置中的出浆模块，出浆模块与进浆模块类似，侧面的 4 个面全部抛光，拥有密封圈凹槽和压力变送器接口，唯一不同的是出浆口较进浆口稍微小一点。出浆模块出浆口与出浆导管连接，浆液从进浆模块流过裂隙模型后进入出浆模块，通过出浆口流入出浆导管，最后由出浆导管将流过裂隙模型的水泥基浆液引导入一个储浆桶内（图 4.9）。通过电子秤监测储浆桶内浆液质量的变化，再根据储浆桶内浆液密度等参数计算出浆液在裂隙模型内流动的流量变化。

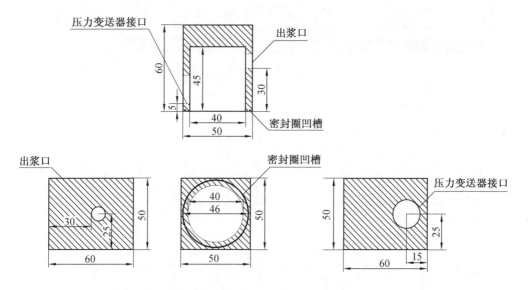

图 4.8　单裂隙注浆试验装置中的出浆模块（单位：mm）

图 4.9　储浆桶及电子秤

　　图 4.10 为单裂隙注浆试验装置中的侧板，为了确保侧板与固定挡板、活动挡板、进浆模块、出浆模块及裂隙模型的紧密配合，2 个侧板的正反两面都进行了抛光处理。侧板与固定挡板通过螺栓连接固定，注浆管通过侧板上的进浆口对穿孔接入进浆模块，出浆导管通过出浆口对穿孔连接出浆模块，压力变送器通过侧板上的压力变送器对穿孔连接进浆模块和出浆模块。

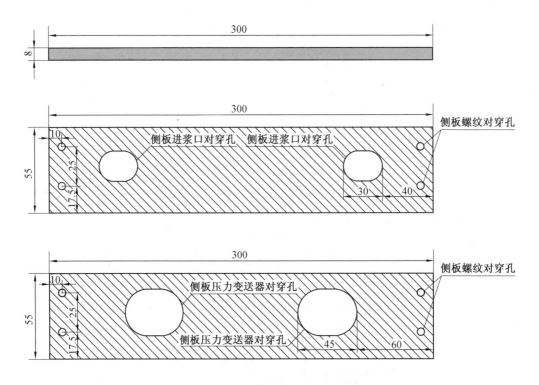

图 4.10 单裂隙注浆试验装置中的侧板（单位：mm）

图 4.11 为单裂隙注浆试验装置中的裂隙模型，可以看到裂隙模型由模型上盘、模型下盘和两侧的调节垫块组成。裂隙模型的材质同样为 45#钢，为了确保裂隙模型与底板、侧板之间紧密接触，模型上下盘除裂隙面外的 5 个面均进行了抛光处理，调节垫块的上下表面与两个侧面也进行了抛光处理，使整个裂隙模型可以与单裂隙注浆试验装置中的其他部件紧密配合。

本章研究浆液在单一粗糙裂隙内的渗流规律时，不考虑裂隙在注浆压力情况下的变形、裂隙面不同岩性及剪切位移对浆液在裂隙内渗流规律的影响，只研究裂隙开度和裂隙表面粗糙度对浆液在裂隙内渗流规律的影响。模型裂隙开度可以由调节垫块的高度调节，如图 4.12 所示，调节垫块与模型上下盘两侧凹槽配合（图 4.11(b)），凹槽长度为 5 mm，深度为 3 mm，调节垫块的宽度为 5 mm，高度为 $h$，试验共加工调节垫块 7 对，对应的高度 $h$ 见表 4.1。

（a）裂隙模型示意图

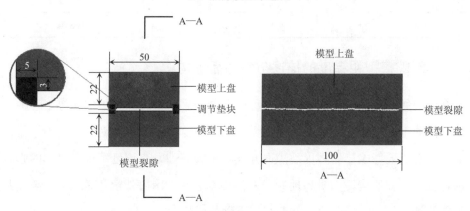

（b）裂隙模型尺寸示意图

图 4.11　单裂隙注浆试验装置中的裂隙模型（单位：mm）

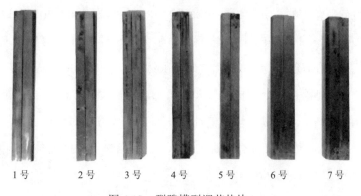

图 4.12　裂隙模型调节垫块

表 4.1　不同调节垫块的高度　　　　　　　　　　　　　mm

| 垫块编号 | 垫块宽度 | 垫块高度 |
|---|---|---|
| 1 | 5 | 6.312 |
| 2 | 5 | 6.387 |
| 3 | 5 | 6.573 |
| 4 | 5 | 6.606 |
| 5 | 5 | 6.712 |
| 6 | 5 | 6.755 |
| 7 | 5 | 6.874 |

### 4.1.3　裂隙模型粗糙度的描述与裂隙面重构

众所周知，在采矿工程、岩土工程、石油开采和核废料地下储存等工程中，岩体裂隙面的粗糙度（roughness）和裂隙面之间开度（aperture）对岩体的力学特征和渗流特性有重要影响。岩体内裂隙面几何特征和裂隙发育程度不仅对岩体的强度和变形特征有重要影响，而且还控制着岩体的渗透性。国内外学者对粗糙裂隙面几何特征的描述进行了大量研究，并取得了丰硕的成果。

Barton 于 1973 年首次提出节理粗糙度系数（JRC）的概念，用于定量地描述结构面的粗糙程度。之后 Barton 又通过对 136 个岩石式样破裂面的研究总结出了 10 条典型的节理轮廓线，并将这些轮廓线的 JRC 值设定为 0～20，用以表征不同节理轮廓线的粗糙度。1978 年，国际岩石力学学会将这种以 JRC 评价节理轮廓线粗糙度的方法作为评估节理粗糙度的标准方法。虽然 JRC 在目前的工程中使用范围最广，但其仍存在不少问题。在定量描述节理面轮廓线粗糙度时，Barton 标准剖面轮廓线法虽然操作简单，不需要进行烦琐的计算，但是这种方法对应用者的经验、工作态度、轮廓线绘制的精细程度都有很高的要求，况且自然界中的岩体结构面千差万别，这 10 条轮廓线很难全部涵盖。

到目前为止，二维裂隙面轮廓线粗糙度定量描述方法主要有统计参数法、分形维数法、综合参数法及直边图解法 4 种。其中，统计参数法和综合参数法对于仪器设备的要求较高，测量工作量很大，并且测量时不是自动连续测量，也有人为因素的影响，会造成较大误差；直边图解法虽然操作方便简单，具有明确的物理意义，但是测量过程中忽视了裂隙面轮廓线上较小突起对于粗糙度系数的影响，因此测量精度不高。对比各种方法的优劣，分形维数法可以作为定量分析二维裂隙面轮廓线粗糙度的有效手段。Mandelbrot 在 1983 年提出的分形维数是描述自然界复杂几何体的有效工具，自然岩石节理表面轮廓线可以看作一条自放射分形曲线，这一点已得到许多学者的认同，并做了大量的研究工作。采用分形维数描述节理裂隙的粗糙程度比 JRC 更具优越性，它可以排除人为因素的影响，更加客观地反映裂隙轮廓线的粗糙程度，而且便于形态模拟和数值分析，可以定量地研究不连续面的形态及其他性质。因此，本章拟采用分形维数来描述二维裂隙面的粗糙度，并将获取的裂隙面轮廓线的分形维数值用于裂隙渗流的分析研究中。

在研究粗糙裂隙性质过程中，粗糙裂隙的模拟和数值分析是不可缺少的研究方法，而分形布朗运动（FBMs）为自然节理裂隙剖面线的模拟和重构提供了一个既方便又可靠的手段。1968 年，Mandelbrot 指出分形布朗运动为一系列自然时间序列问题提供了有用的模型。1992 年，Huang 采用随机中点位移、频谱合成法和确定的分形维数，利用已知的分形维数生成分形布朗运动合成曲线；通过计算合成分形布朗运动曲线的分形维数，并与该曲线的已知分形维数对比，结果表明计算机生成的轮廓线可以模拟自然节理的许多可视的特征。1994 年，Odling 和许宏发等通过分形布朗运动合成了节理裂隙面的轮廓线，并分析了 JRC 和分形维数 $D$ 之间的关系。因此，本章也采用分形布朗运动模型，使用独立分割法生成随机分形曲线，来模拟岩石节理裂隙面的轮廓线。随机分形曲线的生成过程如下：首先，选取一条直线线段；然后，用随机点 $O$ 将这条线段分割为两条线段，将点 $O$ 设置为原点，线段所在直线设置为 $x$ 轴，垂直 $x$ 轴方向为 $y$ 轴，并从原点 $O$ 向线段两端按 $\Delta x$ 等分为多条等长的线段；最后，将各等分点按照以下表达式向 $y$ 轴进行偏移，偏移后的曲线即为所需的随机分形曲线。具体表达式如下：

$$\begin{cases} p(x) = WRx^{H-0.5} & x > 0 \\ p(x) = -WR\,|\,x\,|^{H-0.5} & x < 0 \end{cases} \qquad (4.1)$$

式中，$p(x)$ 为各等分点在 $y$ 轴方向上相对于前一个等分点的偏移量；$W$ 为与振幅有关的参数；$R$ 为高斯分布随机变量（均值为 0，方差为 1）；$H$ 为 Hurst 指数。

为了研究岩石裂隙面不同粗糙度对浆液在单裂隙内渗流的影响，需要准备不同粗糙度的单裂隙模型，即需要不同粗糙度的随机分形曲线。1977 年，Barton 等建议的 10 条岩石表面轮廓线具有代表性，已经得到国际岩石力学协会及众多学者的认可，因此本章将参考 Barton 等推荐的 10 条不同 JRC 值的岩石节理面轮廓线，计算各曲线的 Hurst 指数和振幅，见表 4.2。

表 4.2　10 条不同 JRC 值岩石节理面轮廓线的 Hurst 指数与振幅

| 轮廓线序号 | JRC 值 | Hurst 指数 $H$ | 振幅 $A$ |
|:---:|:---:|:---:|:---:|
| 1 | 0～2 | 0.50 | 0.001 |
| 2 | 2～4 | 0.46 | 0.023 |
| 3 | 4～6 | — | 0.020 |
| 4 | 6～8 | — | 0.059 |
| 5 | 8～10 | 0.7 | 0.039 |
| 6 | 10～12 | 0.83 | 0.041 |
| 7 | 12～14 | 0.80 | 0.056 |
| 8 | 14～16 | 0.85 | 0.076 |
| 9 | 16～18 | 0.75 | 0.088 |
| 10 | 18～20 | — | 0.146 |

选取 JRC 值分别为 0～2、4～6、8～10、12～14、16～18 的 5 条曲线参数，代入分形布朗运动模型，结合表达式（4.1）重构 5 条节理面轮廓线，如图 4.13 所示。由于 Odling 没有给出 JRC 值为 4～6 的轮廓线对应的 Hurst 指数，根据其他曲线的 Hurst 值估测其 Hurst 指数为 0.6。这 5 条曲线的序号分别为 Ⅰ、Ⅱ、Ⅲ、Ⅳ、Ⅴ，

采用码尺法分别测量 5 条曲线的分形维数，并将测量结果与曲线的其他参数一并记录在表 4.3 中。

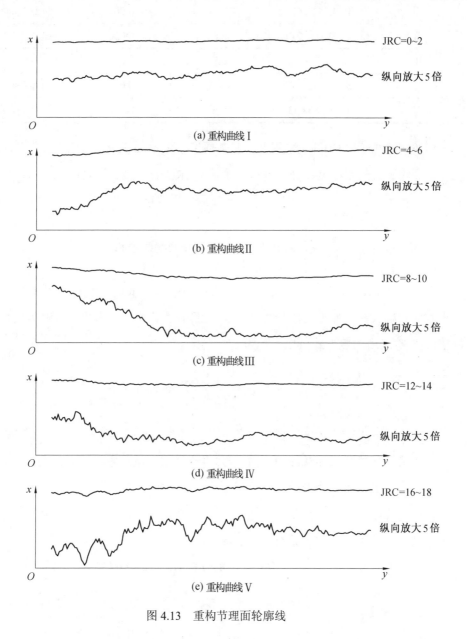

图 4.13　重构节理面轮廓线

表 4.3　重构节理面轮廓线参数

| 重构曲线序号 | JRC 值 | Hurst 指数 $H$ | 振幅 $A$ | 分形维数 $D$ |
|---|---|---|---|---|
| I | 1.243 710 670 | 0.50 | 0.001 | 1.001 681 |
| II | 4.051 082 719 | 0.6 | 0.020 | 1.003 879 |
| III | 7.394 579 262 | 0.7 | 0.039 | 1.005 343 |
| IV | 8.933 782 812 | 0.80 | 0.056 | 1.007 821 |
| V | 16.275 808 330 | 0.75 | 0.088 | 1.013 144 |

1979 年，Tse 和 Cruden 采用 8 个参数研究了 Barton 等提出的 10 条典型的岩石裂隙剖面轮廓线的粗糙度特征，并得到了计算 JRC 的经验表达式：

$$JRC = 32.2 + 32.47 \lg Z_2 \qquad (4.2)$$

式中，$Z_2 = \left[ \dfrac{1}{L} \displaystyle\int_0^L \left( \dfrac{\mathrm{d}y}{\mathrm{d}x} \right)^2 \mathrm{d}x \right]^{\frac{1}{2}}$，其中 $L$ 为节理面轮廓线长度。

本章中参数 $Z_2$ 的计算可以简化一些。根据 Tse 和 Cruden 给出的计算方法，假设节理剖面轮廓线在延伸方向等分为 $N$ 份，每份长度为 $\Delta x$，$y_i$ 为第 $i$ 份中端点的纵坐标值，则 $Z_2$ 采用离散形式可以表示为

$$Z_2 = \left[ \frac{1}{N(\Delta x)^2} \sum_{i=1}^{M} (y_{i+1} - y_i)^2 \right]^{\frac{1}{2}} \qquad (4.3)$$

本章中 $\Delta x = 0.5$，$N=200$，根据每条剖面轮廓线的坐标，采用表达式（4.3）计算可得到生成的随机分形曲线的 JRC 值，并将计算结果填入表 4.3 中。从表 4.3 中的数据可知，生成的随机分形曲线的分形维数与对应的 JRC 值成正相关。将 5 条重构节理剖面轮廓线的分形维数与 JRC 值拟合（如图 4.14 所示），可得 JRC 值与对应分形维数之间的关系（相关系数 $R^2=0.986\,5$）：

$$JRC = 1\,289.007\,4D - 1\,289.643\,2 \qquad (4.4)$$

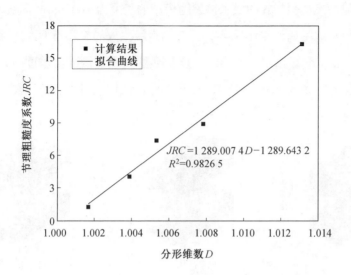

图 4.14　重构裂隙面轮廓线分形维数与 JRC 关系

由表达式（4.4）可以看出，重构曲线的分形维数与对应的 JRC 值之间成良好的线性正相关关系，即采用分形维数（码尺法）可以有效地反映重构裂隙剖面轮廓线粗糙度。因此，本章将利用由分形布朗运动模型生成的 5 条重构的裂隙剖面轮廓线制作单裂隙模型的裂隙面。单裂隙注浆试验只研究浆液在裂隙内做一维流动情况下粗糙度对浆液渗流规律的影响，因此裂隙模型的粗糙度只沿着轮廓线延伸方向变化，裂隙模型粗糙表面示意图如图 4.15 所示。

图 4.15　裂隙模型粗糙表面示意图

结合单裂隙注浆试验装置的要求，裂隙模型的长度为 100 mm，宽度为 50 mm，制作的裂隙模型示意图如图 4.16 所示。结合由直线生成的裂隙模型，按顺序将它们分别命名为 S、R1、R2、R3、R4、R5，其中模型 S 的裂隙表面做过抛光处理，为光滑表面，模型 R1、R2、R3、R4、R5 的裂隙面由线切割技术制作。裂隙模型实物图如图 4.17 所示。

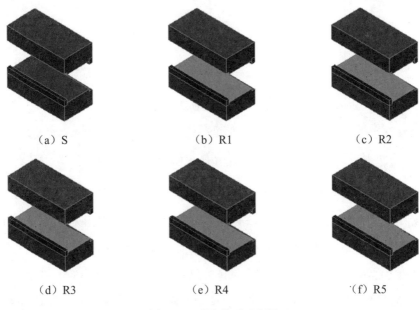

　(a) S　　　　　　　　　(b) R1　　　　　　　　　(c) R2

　(d) R3　　　　　　　　　(e) R4　　　　　　　　　(f) R5

图 4.16　裂隙模型示意图

图 4.17　裂隙模型实物图

## 4.1.4　裂隙模型中裂隙开度测量

裂隙开度是影响裂隙渗流特性的重要因素。裂隙模型中裂隙开度的模拟是通过在裂隙上下盘之间加调节垫块实现的。裂隙模型两侧的凹槽深度和调节垫块的高度直接决定了裂隙模型中裂隙开度的大小。由于切割精度、抛光磨损及模型上下盘与调节垫块之间配合等因素的影响，无法通过简单的计算精确获得模型裂隙开度的大小。

为了获得各个模型精确的裂隙开度大小，本章采用长距离显微镜直接观察测量各个模型的裂隙开度大小，为了消除裂隙模型上下盘与调节垫块之间配合不紧密等因素的影响，需在模型上施加轴向载荷 $F$。因此，将裂隙模型放置在一个反力架中间，并在模型的上部放置一个千斤顶对模型施加载荷，裂隙开度测量试验装置示意图如图 4.18 所示。

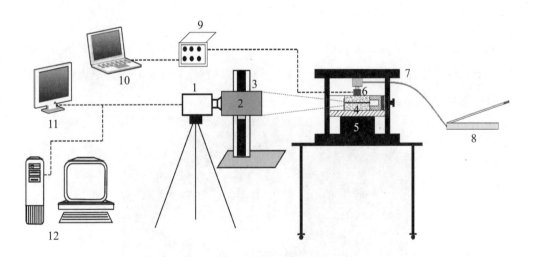

图 4.18　裂隙开度测量试验装置示意图

1—高速摄像机；2—长距离显微镜；3—长距离显微镜支架；4—裂隙模型；5—垫块；
6—压力传感器；7—反力架；8—手压千斤顶；9—静态应变仪；10—笔记本电脑；
11—长距离显微镜操控平台；12—计算机

裂隙模型反力架由底板、顶板和 4 个立柱组成。其中，底板和顶板为 45# 钢并且经淬火处理，增加了其刚度和硬度；立柱为碳纤维材料，能承载较大的拉伸载荷。反力架实物图如图 4.19 所示。

图 4.19　反力架实物图

为了监测模型上施加的载荷大小，在手压千斤顶与裂隙模型之间放置压力传感器，压力传感器直径为 41 mm，量程为 0~30 kN，精度为 0.003 kN，压力传感器实物图如图 4.20 所示。

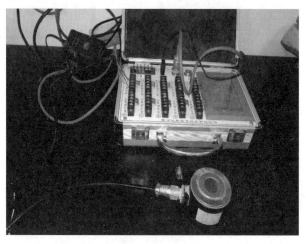

图 4.20　压力传感器实物图

手压千斤顶可以为单裂隙注浆试验装置提供所需载荷，并通过压力传感器作用于裂隙模型上，使模型上下盘与调节垫块之间紧密结合，保证模型的密闭性和裂隙模型开度的稳定性，手压千斤顶实物图如图 4.21 所示。

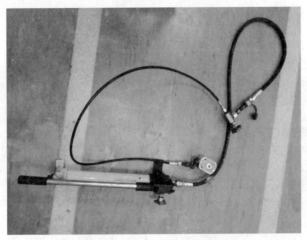

图 4.21　手压千斤顶实物图

裂隙开度测量具体过程如下：

（1）按裂隙开度测量试验装置示意图连接试验装置，其中在裂隙模型与长距离显微镜的一侧不安装固定挡板、活动挡板和进浆模块（出浆模块）。

（2）压力传感器归零，然后利用手压千斤顶将裂隙模型上的载荷缓慢加载至 $F$，并关闭手压千斤顶上的液压阀，保持载荷 $F$ 稳定。

（3）打开高速摄像机和长距离显微镜，在裂隙模型的裂隙前放置测微尺，调节长距离显微镜的焦距，利用长距离显微镜操控平台和计算机观测并拍摄裂隙与测微尺照片。

（4）打开手压千斤顶上的液压阀卸载压力 $F$，调整或更换裂隙模型，重复步骤（1）～（3）的操作，直至所有裂隙模型的裂隙开度测量完成。

（5）关闭高速摄像机和长距离显微镜，用无水乙醇清洗测微尺，拆解所有试验设备并放回原处，打扫实验室卫生。

　　由于裂隙模型上下盘与调节垫块之间配合不紧密，模型上载荷 $F$ 的大小对裂隙开度的大小也有影响。因此，选取裂隙模型 S 和 3 号调节垫块，改变载荷 $F$ 大小并测量裂隙开度。不同载荷条件下裂隙模型 S 和 3 号调节垫块配合的裂隙开度如图 4.22 所示。

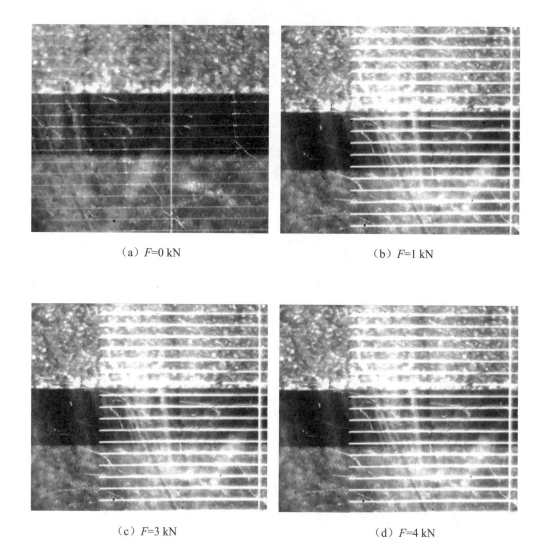

（a）$F$=0 kN　　　　　　　　　　　　（b）$F$=1 kN

（c）$F$=3 kN　　　　　　　　　　　　（d）$F$=4 kN

图 4.22　不同载荷条件下裂隙模型 S 与 3 号调节垫块配合的裂隙开度

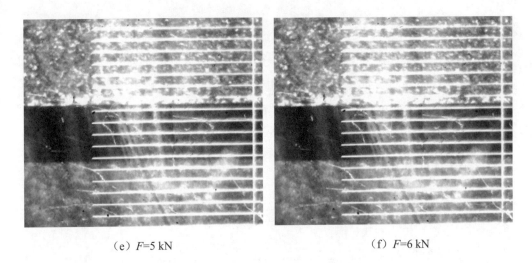

（e）$F$=5 kN　　　　　　　　　　　　　　（f）$F$=6 kN

续图 4.22

　　图 4.22 中测微尺的刻度为每格 100 μm，依据图片像素观测计算裂隙开度具体数值。具体做法为：测量 $N$ 格测微尺距离的像素 $x_1$，测量裂隙对应像素 $x_2$，则可根据下面的表达式计算裂隙开度 $e$ 的大小：

$$e = \frac{x_2}{x_1} N \times 100 \qquad (4.5)$$

裂隙开度计算示意图如图 4.23 所示。

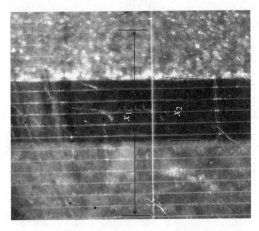

图 4.23　裂隙开度计算示意图

分别计算载荷 $F = 0$ kN、1 kN、2 kN、3 kN、4 kN、5 kN、6 kN 时，裂隙模型 S 与各个调节垫块（1～7 号）配合情况下的裂隙开度大小，将裂隙开度 $b$ 与裂隙模型上载荷 $F$ 绘制成曲线如图 4.24 所示。由图 4.24 可知，裂隙模型承载载荷对模型裂隙开度大小影响主要集中在 0～2 kN 的范围内。当裂隙模型承载载荷小于 2 kN 时，裂隙开度随着裂隙模型承载载荷的增加迅速降低；当裂隙承载载荷大于 4 kN 时，裂隙开度基本保持不变。

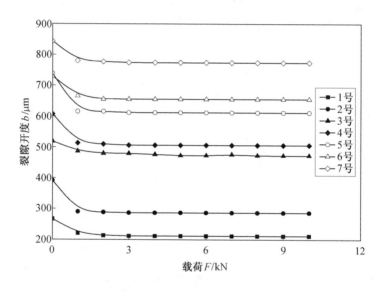

图 4.24　裂隙开度与模型承载载荷关系

取裂隙模型承载载荷 $F=5$ kN，可以得到裂隙模型 S、R1、R2、R3、R4、R5 与各调节垫块配合情况下的裂隙开度照片，图 4.25 为裂隙模型 S 与各调节垫块配合所观测到的照片，根据表达式（4.5）计算可得各裂隙模型 S、R1、R2、R3、R4、R5 与相应的调节垫块配合情况下的裂隙开度大小，将计算结果填入表 4.4 中。

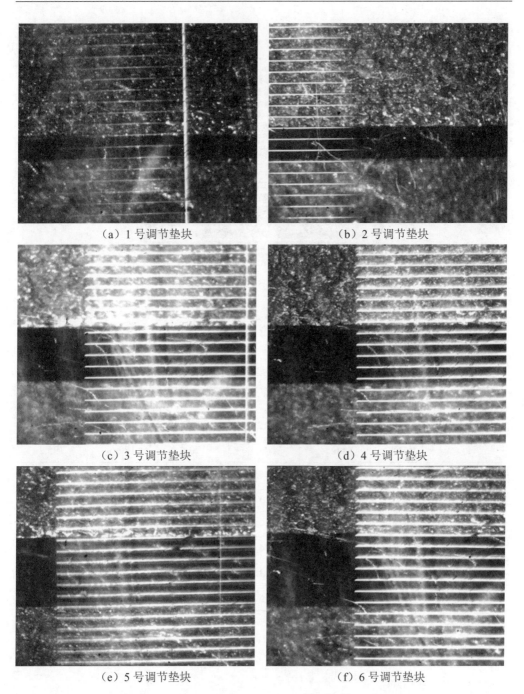

（a）1 号调节垫块　　　　　　　　　（b）2 号调节垫块

（c）3 号调节垫块　　　　　　　　　（d）4 号调节垫块

（e）5 号调节垫块　　　　　　　　　（f）6 号调节垫块

图 4.25　裂隙模型 S 与各调节垫块配合观测到的结果

（g）7 号调节垫块

续图 4.25

**表 4.4　各裂隙模型裂隙开度测量结果**　　　　　　　　　　　　　μm

| 调节垫块编号 | 裂隙模型 | | | | | |
|---|---|---|---|---|---|---|
| | S | R1 | R2 | R3 | R4 | R5 |
| 1 | 211.6 | 66.5 | 166.6 | 170.4 | 187.6 | 195.2 |
| 2 | 286.7 | 132.8 | 224.3 | 243.0 | 258.6 | 279.3 |
| 3 | 472.6 | 310.9 | 420.8 | 449.7 | 453.6 | 490.0 |
| 4 | 505.8 | 322.1 | 469.6 | 476.1 | 484.7 | 512.3 |
| 5 | 611.9 | 439.2 | 574.6 | 558.8 | 617.8 | 613.5 |
| 6 | 655.4 | 485.8 | 613.5 | 592.0 | 641.4 | 674.2 |
| 7 | 774.0 | 611.9 | 735.5 | 718.1 | 776.0 | 798.3 |

## 4.2　单裂隙注浆渗流试验方案及步骤

### 4.2.1　试验材料及试验设备的准备

为了研究水泥基浆液在单裂隙内的渗流规律，首先需要制备水泥基浆液。由第 2 章水泥基浆液的性质研究可知，对于同一种水泥材料，水灰比和添加剂是影响浆液流动性和稳定性的主要因素。考虑到该试验研究的主要目的是分析粗糙度对水泥基浆液在单裂隙内渗流规律的影响，因此本节试验选取的水泥为普通 425#水泥，分析浆液性质试验结果可知，普通 425#水泥水灰比为 1.0，减水剂添加量为 0.75%，膨润土添加量为 5%，此时获得的水泥基浆液的表观黏度为 0.007 9 Pa·s，且在 2 h 内黏度变化不大，吸水率为 3.5%，表现出良好的流动性和稳定性，因此选择其作为单裂隙注浆渗流试验的浆液。由于注浆设备的储浆罐的容积约为 3.5 L，因此制备水泥基浆液时，首先量取清水 2 500 mL，称取普通 425#水泥 2 500 g、减水剂 18.75 g、膨润土 125 g 待用。

单裂隙注浆渗流试验系统示意图如图 4.1 所示，实物图如图 4.26 所示，该试验系统主要由注浆系统、单裂隙注浆试验装置及数据采集系统组成。试验设备的安装首先选取裂隙模型上下盘及调节垫块，并按要求将其与进浆模块、出浆模块、各挡板组装成裂隙模型并放置在反力架上，在裂隙模型上放置压力传感器和手压千斤顶。然后将注浆系统的氮气瓶、减压阀、储气罐、储浆罐等装置连接好，并将储浆罐用注浆管与裂隙模型的进浆口连接，将导浆管连接到裂隙模型的出浆口，并将数据采集系统中的储浆桶与电子秤放置在导浆管下方，同时将压力变送器也连接到裂隙模型上。数据采集系统包括浆液质量（流量）采集、浆液压力采集、裂隙模型上压力采集三部分，浆液质量（流量）采集使用笔记本计算机与导浆管下方的电子秤连接，监测从导浆管流出的浆液质量（流量）变化，浆液压力采集使用无纸记录仪连接压力变送器，监测裂隙模型进浆口与出浆口的压力变化，裂隙模型上压力采集使用笔记本计算机连接静态应变仪，静态应变仪与压力传感器连接监测裂隙模型上压力的变化。

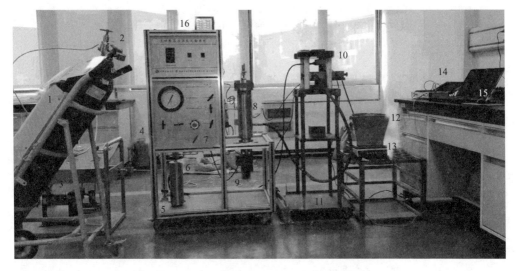

图 4.26　单裂隙注浆渗流试验系统实物图

1—氮气瓶；2—减压阀；3—增压泵；4—安全阀；5—泄压阀；6—储气罐；7—截止阀；
8—储浆罐；9—搅拌器；10—单裂隙注浆模型；11—手压千斤顶；12—储浆桶；
13—电子秤；14—静态应变仪；15—笔记本电脑；16—无纸记录仪

## 4.2.2　试验过程及步骤

单裂隙注浆渗流试验需要多个过程协调进行，因此试验过程需要严格按照试验步骤操作。试验操作过程及步骤如下：

（1）检查所有试验设备是否正常运转，按照单裂隙注浆渗流试验系统示意图安装连接，并仔细检查所有部件是否连接正确。

（2）打开静态应变仪和笔记本计算机，在手压千斤顶施加载荷前将压力传感器归零，然后利用手压千斤顶缓缓加压到 10 kN，保证试验过程中裂隙开度稳定不变。

（3）校对无纸记录仪与笔记本计算机的显示时间，精确到秒，以便在后期处理试验数据时注浆压力与流量等参数在时间上能够对应。

（4）量取清水 2 500 mL，称取普通 425#水泥 2 500 g、减水剂 18.75 g、膨润土 125 g，倒入搅拌容器内，高速搅拌 3 min。在操作过程中操作人员需戴防尘口罩，防止吸入水泥颗粒。

（5）将搅拌好的水泥基浆液倒入储浆罐中，打开储浆罐中的搅拌器，调节转速到最大（1 400 r/min），防止浆液在试验过程中沉降，然后将装置重新连接好。

（6）打开氮气瓶，将减压阀的压力调节到所需试验压力（0.5 MPa、1.0 MPa、1.5 MPa、2.0 MPa、2.5 MPa、3.0 MPa），在试验压力下使储气罐内充满氮气。

（7）将电子秤数据归零，打开无纸记录仪和笔记本计算机，开始记录浆液压力和流量（质量）。

（8）打开截止阀，当浆液完全从储浆罐流入储浆桶后关闭截止阀，保存注浆压力与流量（质量）数据。

（9）当储浆罐及单裂隙注浆试验装置中的气体压力释放完毕，将储浆桶中的浆液重新倒入储浆罐中，然后重复步骤（6）～（8），直至 6 组试验全部结束。

（10）取出储浆桶中的水泥基浆液，测定水泥基浆液的密度和黏度，并记录试验结果。

（11）关闭氮气瓶，小心释放单裂隙注浆试验装置中的气体压力，将水泥基浆液倒入垃圾池，拆卸并清洗储浆罐及单裂隙注浆试验装置，调整或者更换裂隙模型，重复步骤（4）～（10），直至所有试验结束。

（12）关闭氮气瓶，小心释放单裂隙注浆试验装置中的气体压力，将水泥基浆液及其他垃圾分类倒入垃圾池，拆解清洗所有试验装置并分类放好，打扫实验室卫生。

## 4.3  单裂隙注浆渗流试验

为了分析不同注浆压力条件下浆液在裂隙内的渗流规律，在试验过程中不改变水泥基浆液参数（水灰比 1.0，添加 0.75%（质量分数）减水剂和 5%（质量分数）膨润土），分别将驱动压力（氮气压力）$p_n$ 调节为 0.5 MPa、1.0 MPa、1.5 MPa、2.0 MPa、2.5 MPa、3.0 MPa 共 6 个梯度，研究浆液在不同裂隙模型内的渗流规律。

### 4.3.1　单裂隙注浆进出口压力分析

不同裂隙模型（S、R1、R2、R3、R4、R5）和各个调节垫块配合组成相应的浆液渗流裂隙模型，水泥基浆液在不同驱动压力 $p_n$ 下从裂隙进口流入，流经裂隙空间后从裂隙出口流出。在这个过程中，进口注浆压力为 $p_1$，出口处注浆压力为 $p_2$，则浆液渗流裂隙模型进出口注浆压力曲线如图 4.27 所示。

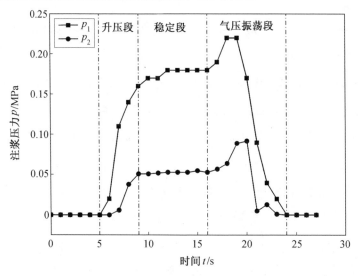

图 4.27　浆液渗流裂隙模型进出口注浆压力曲线

由图 4.27 可知，试验开始后浆液渗流裂隙模型进口注浆压力 $p_1$ 迅速增加并达到某一相对稳定的值，经过一段相对较为稳定的阶段后，压力先增加后迅速降低。在试验后期注浆压力 $p_1$ 均表现出压力迅速增加的现象，这是因为当储浆罐内的浆液全部流出后，驱动气压 $p_n$ 迅速充满浆液渗流裂隙模型，由于 $p_n > p_1$，因此出现了压力迅速增加的现象。在这里，将进口注浆压力 $p_1$ 开始增加到达到某一相对稳定值的这段过程称为"升压段"；将注浆压力 $p_1$ 较为稳定的这段过程称为"稳定段"，将试验后期注浆压力迅速增加而后又迅速下降为零的阶段称为"气压振荡段"。

**1. 浆液渗流裂隙模型进口注浆压力分析**

在浆液渗流过程中记录浆液渗流裂隙模型进口注浆压力 $p_1$，不同驱动压力 $p_n$ 条件下各个裂隙模型进口注浆压力 $p_1$ 随时间变化曲线如图 4.28～4.33 所示。

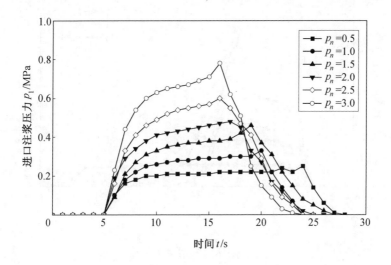

（a）4 号调节垫块

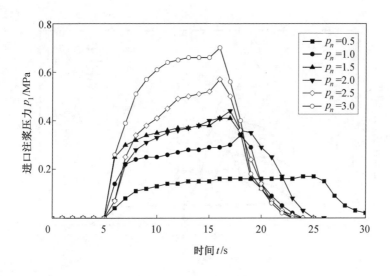

（b）5 号调节垫块

图 4.28　不同驱动压力 $p_n$ 条件下裂隙模型 S 与各调节垫块配合进口注浆压力曲线

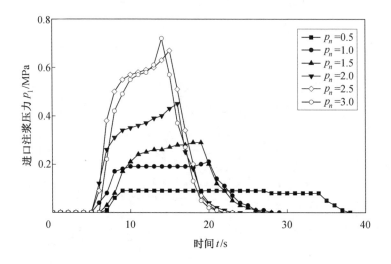

（c）6 号调节垫块

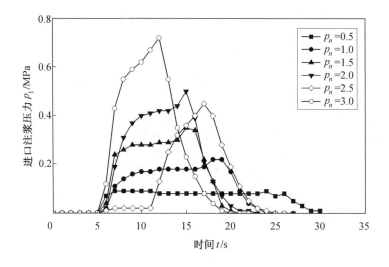

（d）7 号调节垫块

续图 4.28

由图 4.28 可知，试验开始后进浆口处压力迅速增加，一般在试验开始后 2～4 s 内达到稳定值，随着浆液驱动气压增加，进浆口处浆液压力也逐渐增加，但压力稳定时间逐渐缩短，例如，对于 4 号调节垫块，当驱动压力依次为 0.5 MPa、1.0 MPa、1.5 MPa、2.0 MPa、2.5 MPa、3.0 MPa 时，进浆口水泥基浆液的稳定段平均压力依次为 0.213 MPa、0.283 MPa、0.366 MPa、0.445 MPa、0.538 MPa、0.668 MPa，稳定段时间依次为 13 s、11 s、8 s、8 s、6 s、6 s；随着裂隙开度的增加，进浆口处浆液压力逐渐降低，且对于相同压力条件下，稳定段时间也逐渐缩短。对于 5 号调节垫块，随着驱动压力增加，稳定段平均压力依次为 0.151 MPa、0.266 MPa、0.359 MPa、0.371 MPa、0.494 MPa、0.647 MPa，稳定段时间依次为 18 s、11 s、8 s、7 s、5 s、6 s。对于 6 号调节垫块，随着驱动压力增加，稳定段的平均压力依次为 0.087 MPa、0.187 MPa、0.269 MPa、0.377 MPa、0.578 MPa、0.577 5 MPa，稳定段时间依次为 26 s、11 s、9 s、7 s、5 s、4 s。对于 7 号调节垫块，进浆口水泥基浆液的稳定段平均压力依次为 0.083 MPa、0.177 MPa、0.283 MPa、0.41 MPa、0.607 5 MPa，稳定段时间依次为 18 s、9 s、7 s、6 s、4 s。

为了研究浆液在裂隙内的渗流规律，稳定的渗流过程是研究的前提，因此稳定段浆液渗流过程是研究的重点。由图 4.28～4.33 可知，浆液随着注浆压力的增加，稳定段时间逐渐缩短，部分高驱动压力条件下几乎不存在稳定段。在试验过程中，稳定段的注浆压力 $p_1$ 在 0.1～0.7 MPa 范围内变化；在相同驱动压力条件下，稳定段的注浆压力 $p_1$ 随着裂隙开度的增加逐渐减小；当裂隙开度和驱动压力相同时，裂隙粗糙度越大稳定段的注浆压力 $p_1$ 就越大。

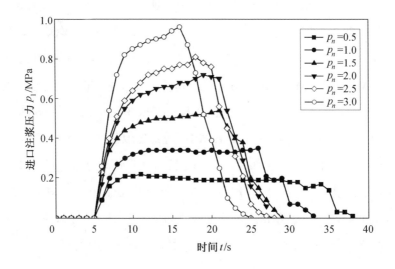

（a）3 号调节垫块

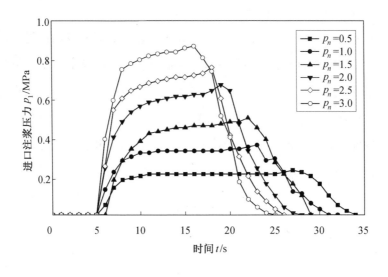

（b）4 号调节垫块

图 4.29　不同驱动压力 $p_n$ 条件下裂隙模型 R1 与各调节垫块配合进口注浆压力曲线

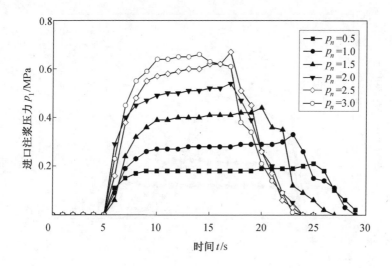

（c）5 号调节垫块

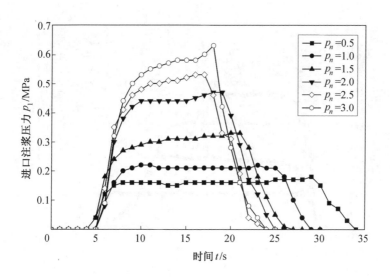

（d）6 号调节垫块

续图 4.29

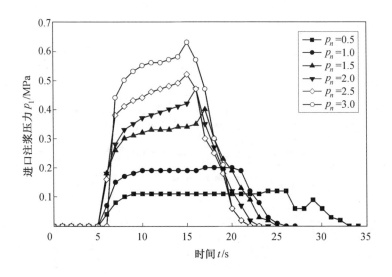

（e）7 号调节垫块

续图 4.29

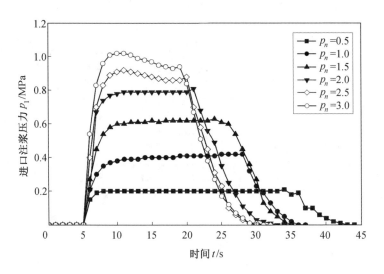

（a）3 号调节垫块

图 4.30　不同驱动压力 $p_n$ 条件下裂隙模型 R2 与各调节垫块配合进口注浆压力曲线

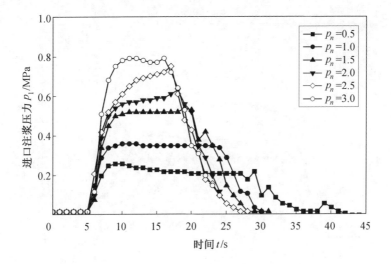

（b）4 号调节垫块

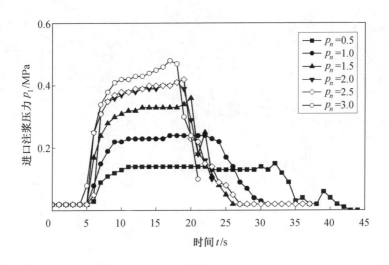

（c）5 号调节垫块

续图 4.30

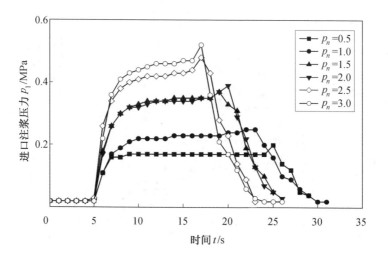

（d）6 号调节垫块

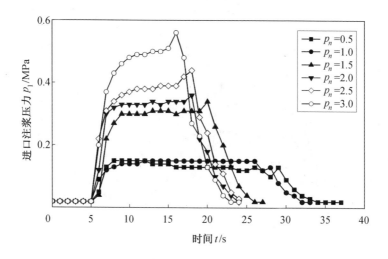

（e）7 号调节垫块

续图 4.30

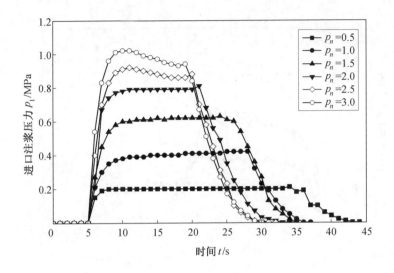

（a）3 号调节垫块

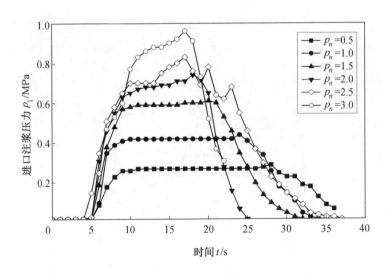

（b）4 号调节垫块

图 4.31　不同驱动压力 $p_n$ 条件下裂隙模型 R3 与各调节垫块配合进口注浆压力曲线

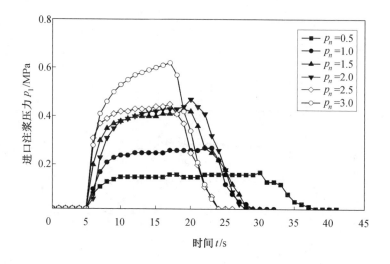

（c）5 号调节垫块

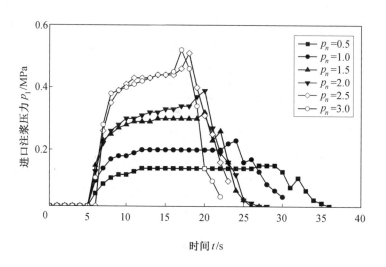

（d）6 号调节垫块

续图 4.31

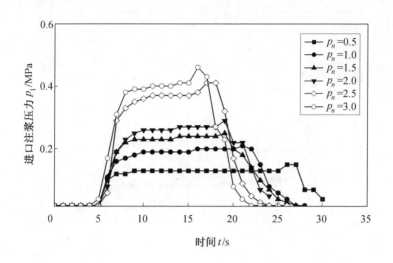

（e）7 号调节垫块

续图 4.31

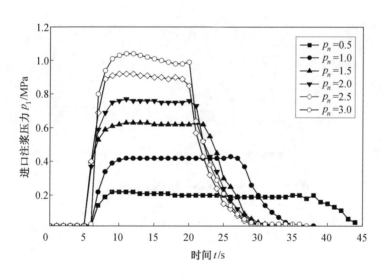

（a）3 号调节垫块

图 4.32　不同驱动压力 $p_n$ 条件下裂隙模型 R4 与各调节垫块配合进口注浆压力曲线

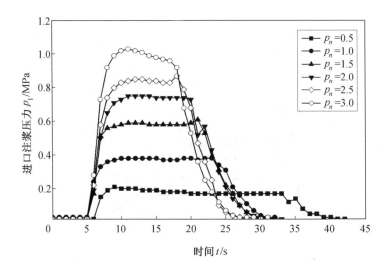

（b）4 号调节垫块

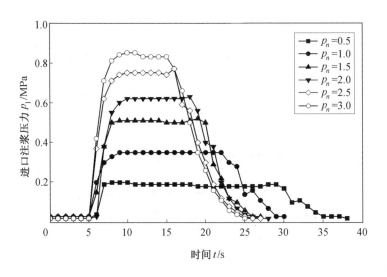

（c）5 号调节垫块

续图 4.32

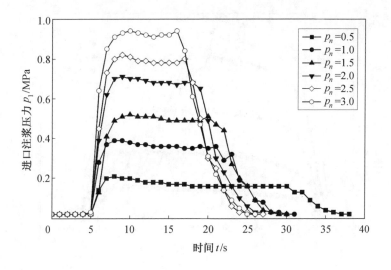

（d）6 号调节垫块

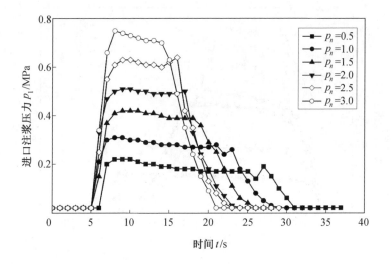

（e）7 号调节垫块

续图 4.32

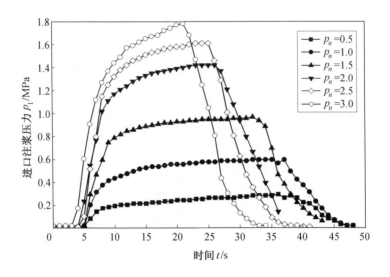

（a）5 号调节垫块

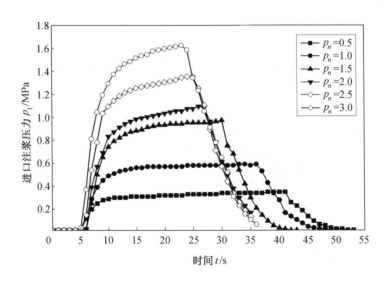

（b）6 号调节垫块

图 4.33　不同驱动压力 $p_n$ 条件下裂隙模型 R5 与各调节垫块配合进口注浆压力曲线

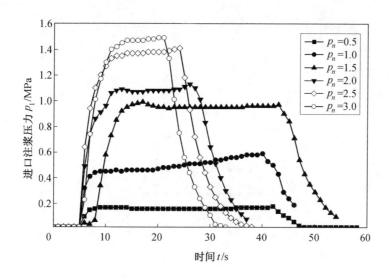

（c）7 号调节垫块

续图 4.33

**2. 浆液渗流裂隙模型出口注浆压力分析**

在浆液渗流过程中记录浆液渗流裂隙模型出口注浆压力 $p_2$，则不同驱动压力 $p_n$ 条件下各个裂隙模型出口注浆压力 $p_2$ 随时间变化曲线如图 4.34～4.39 所示。

由图 4.34～4.39 可知，裂隙模型出口注浆压力 $p_2$ 同样也分为"升压段""稳定段""气压振荡段"。与进口注浆压力 $p_1$ 相比，试验过程中出口注浆压力的"气压振荡段"更明显，这是因为注浆过程中裂隙出浆口处压力值较小，当浆液流完时驱动气体迅速替代浆液充满模型空间，并伴随显著的压力变化；浆液渗流裂隙模型出口注浆压力 $p_2$ 与进口注浆压力 $p_1$ 具有相对应的稳定段的渗流过程，稳定段的出口注浆压力在 0～0.2 MPa 范围内变化。在裂隙开度及粗糙度相同条件下，稳定段时间随着注浆压力增加逐渐缩短。对同一裂隙模型，当驱动压力 $p_n$ 相同时，稳定段的出口注浆压力 $p_2$ 随着裂隙开度的增加而逐渐增加；当驱动压力 $p_n$ 与裂隙开度相同时，稳定段的出口注浆压力 $p_2$ 随着裂隙粗糙度的增加而逐渐减小。

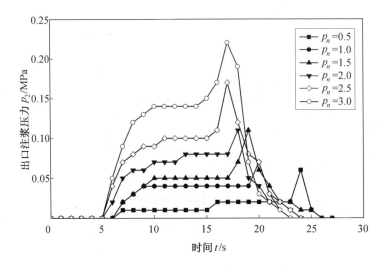

（a）4 号调节垫块

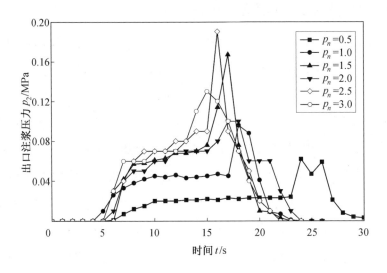

（b）5 号调节垫块

图 4.34　不同驱动压力 $p_n$ 条件下裂隙模型 S 与各调节垫块配合出口注浆压力曲线

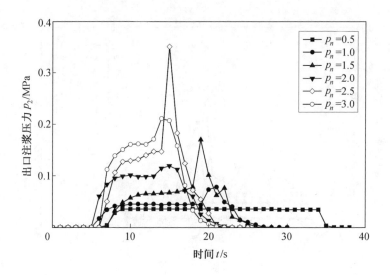

（c）6 号调节垫块

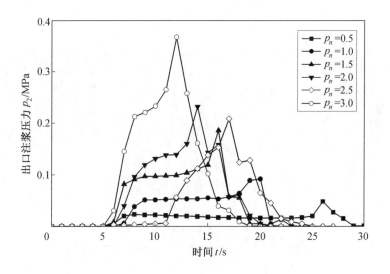

（d）7 号调节垫块

续图 4.34

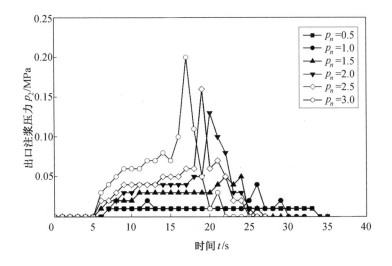

（a）3 号调节垫块

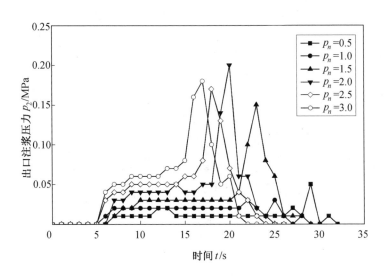

（b）4 号调节垫块

图 4.35　不同驱动压力 $p_n$ 条件下裂隙模型 R1 与各调节垫块配合出口注浆压力曲线

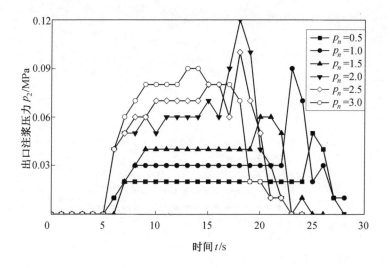

（c）5 号调节垫块

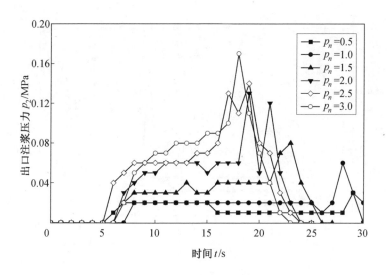

（d）6 号调节垫块

续图 4.35

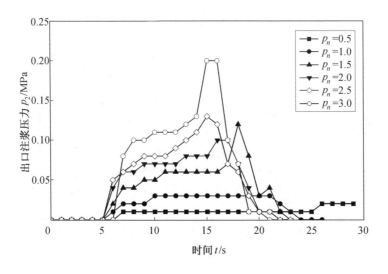

（e）7 号调节垫块

续图 4.35

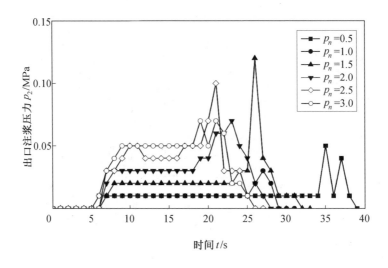

（a）3 号调节垫块

图 4.36  不同驱动压力 $p_n$ 条件下裂隙模型 R2 与各调节垫块配合出口注浆压力曲线

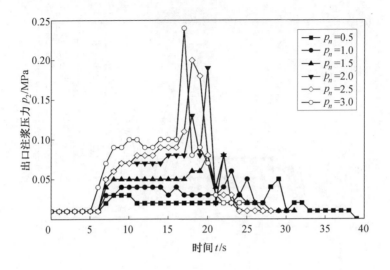

（b）4 号调节垫块

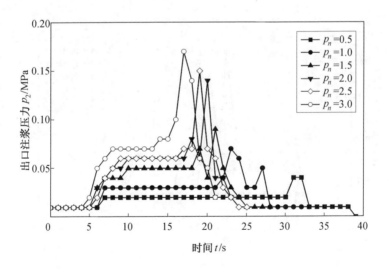

（c）5 号调节垫块

续图 4.36

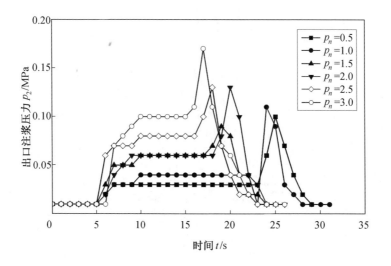

（d）6 号调节垫块

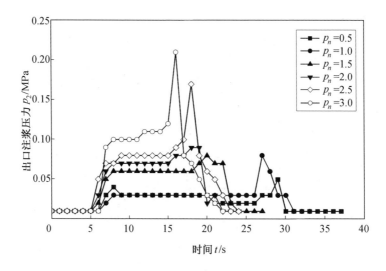

（e）7 号调节垫块

续图 4.36

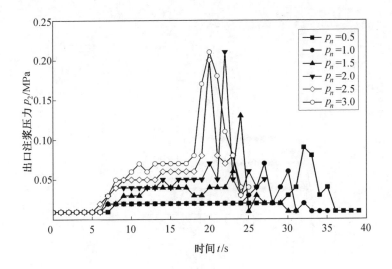

（a）3 号调节垫块

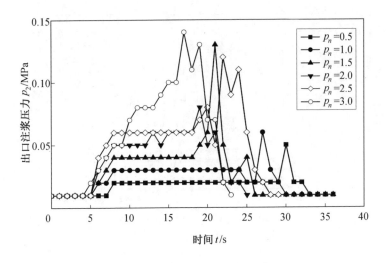

（b）4 号调节垫块

图 4.37　不同驱动压力 $p_n$ 条件下裂隙模型 R3 与各调节垫块配合出口注浆压力曲线

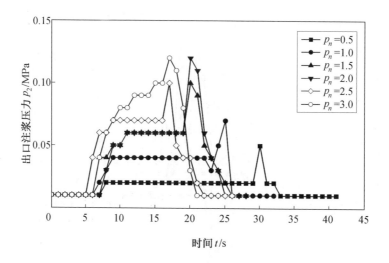

（c）5 号调节垫块

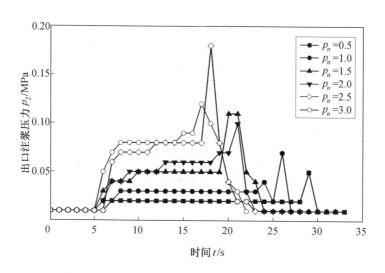

（d）6 号调节垫块

续图 4.37

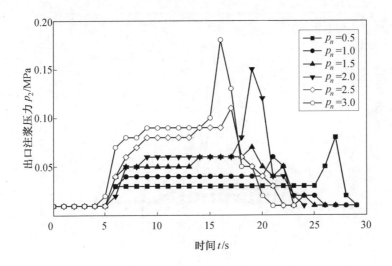

（e）7 号调节垫块

续图 4.37

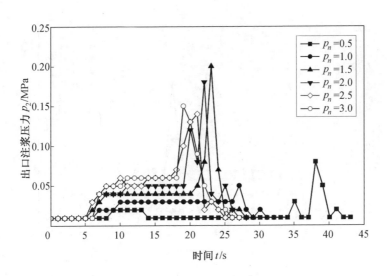

（a）3 号调节垫块

图 4.38 不同驱动压力 $p_n$ 条件下裂隙模型 R4 与各调节垫块配合出口注浆压力曲线

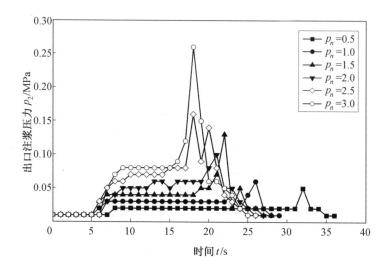

（b）4 号调节垫块

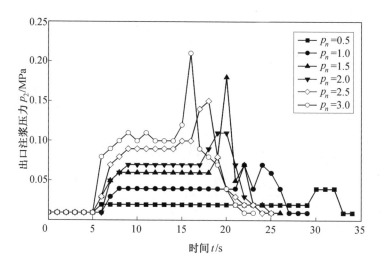

（c）5 号调节垫块

续图 4.38

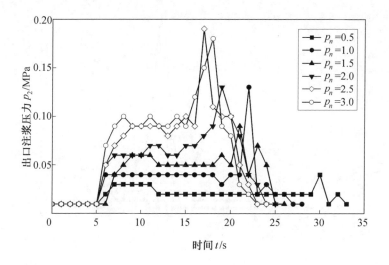

（d）6 号调节垫块

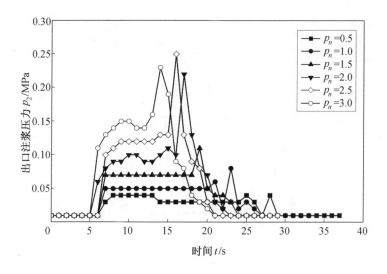

（e）7 号调节垫块

续图 4.38

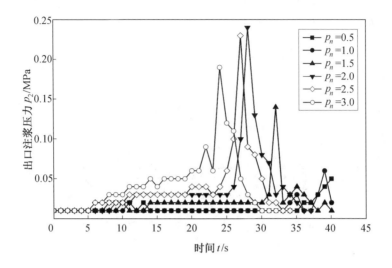

（a）5 号调节垫块

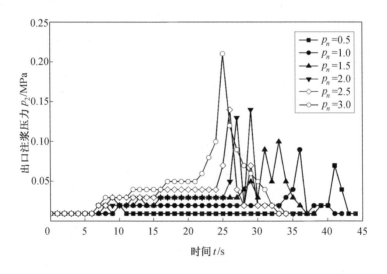

（b）6 号调节垫块

图 4.39　不同驱动压力 $p_n$ 条件下裂隙模型 R5 与各调节垫块配合出口注浆压力曲线

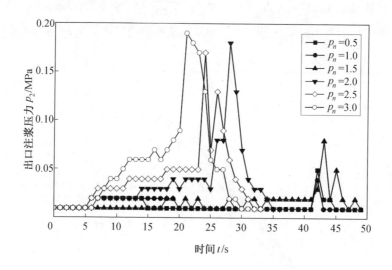

（c）7 号调节垫块

续图 4.39

## 4.3.2　单裂隙注浆流量分析

在试验过程中记录从裂隙模型出口流出的水泥基浆液质量 $M$ 的变化，计算流出的水泥基浆液的密度 $\rho$，则可得到从裂隙模型流出的水泥基浆液的累计流量 $Q$。不同驱动压力 $p_n$ 条件下各个裂隙模型与各调节垫块配合浆液累计流量曲线如图 4.40～4.45 所示。

由图 4.40～4.45 可知，试验开始后出口浆液累计流量 $Q$ 随着时间的延长逐渐增加，在试验初始阶段累计流量 $Q$ 增加速率越来越快，这是因为在初始阶段注浆压力在迅速增加，压力不稳定；之后累计流量 $Q$ 随着时间的延长呈线性增加，此时浆液在裂隙内流动处于稳定状态，浆液流速 $q$ 可以用累计流量 $Q$ 的斜率计算；在试验最后阶段，浆液累计流量 $Q$ 先增加后又降低，这是因为浆液在驱动压力作用下经导浆管流入储浆桶时具有一定流速，会对电子秤产生一定冲击，造成试验记录的累计流量 $Q$ 比实际值稍大；当浆液流动处于稳定状态时，计算流速需要不同时刻累计流量

$Q$ 的差值，差值运算可以抵消流速对电子秤冲击造成的影响；但当流速降低或试验结束时，流速对电子秤的冲击减弱直至消失，因此记录得到的累计流量 $Q$ 会有小幅度降低。

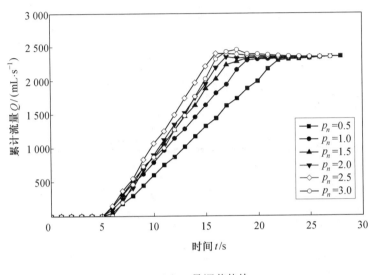

（a）4 号调节垫块

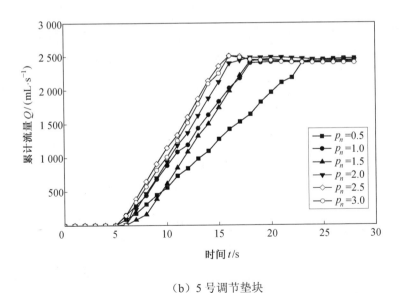

（b）5 号调节垫块

图 4.40　不同驱动压力 $p_n$ 条件下裂隙模型 S 与各调节垫块配合浆液累计流量曲线

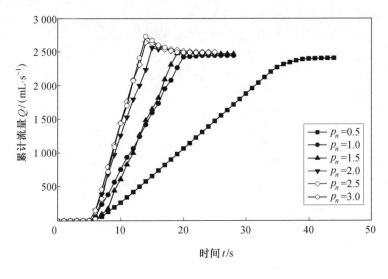

（c）6 号调节垫块

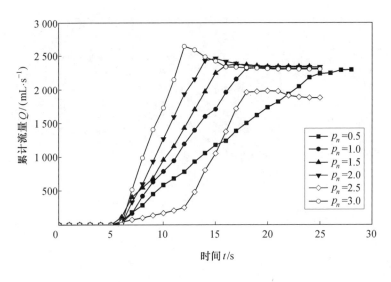

（d）7 号调节垫块

续图 4.40

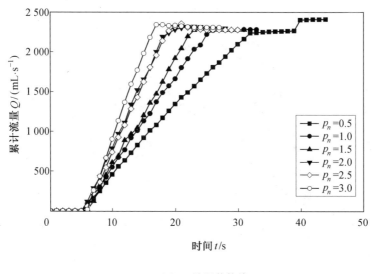

（a）3 号调节垫块

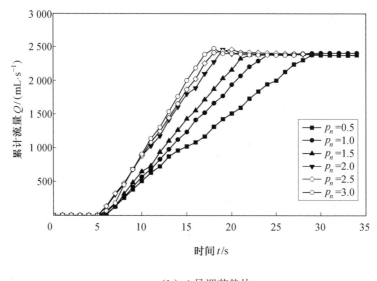

（b）4 号调节垫块

图 4.41　不同驱动压力 $p_n$ 条件下裂隙模型 R1 与各调节垫块配合浆液累计流量曲线

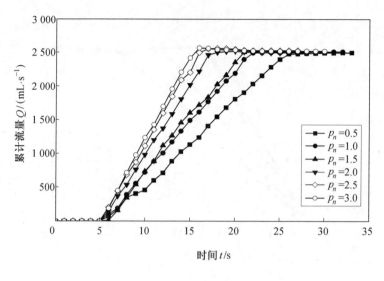

（c）5 号调节垫块

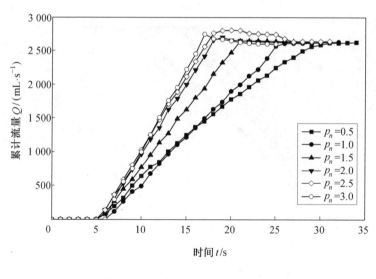

（d）6 号调节垫块

续图 4.41

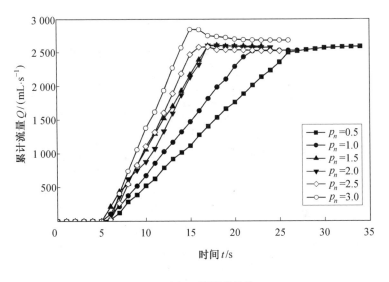

（e）7 号调节垫块

续图 4.41

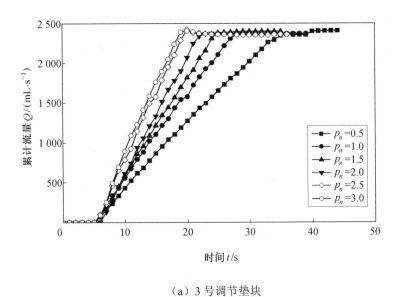

（a）3 号调节垫块

图 4.42　不同驱动压力 $p_n$ 条件下裂隙模型 R2 与各调节垫块配合浆液累计流量曲线

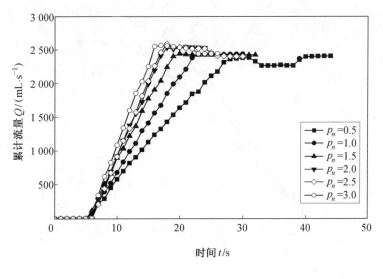

（b）4 号调节垫块

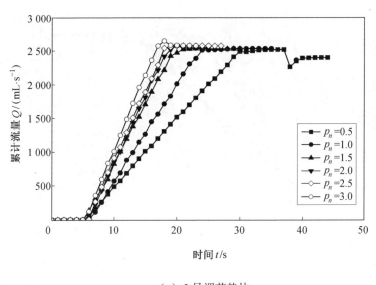

（c）5 号调节垫块

续图 4.42

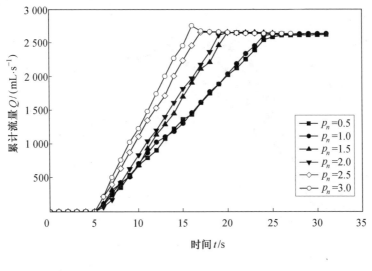

（d）6 号调节垫块

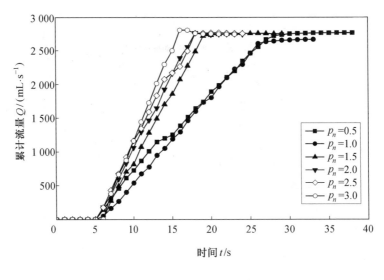

（e）7 号调节垫块

续图 4.42

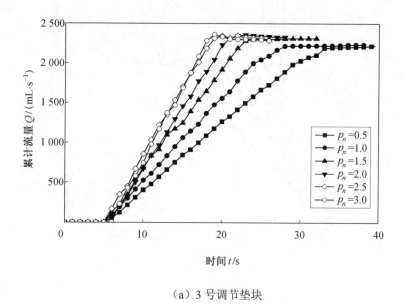

（a）3 号调节垫块

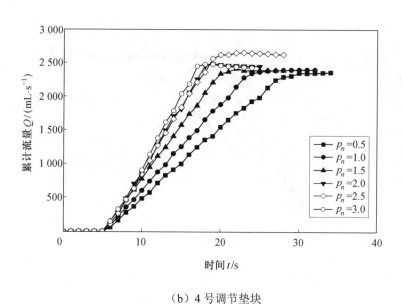

（b）4 号调节垫块

图 4.43　不同驱动压力 $p_n$ 条件下裂隙模型 R3 与各调节垫块配合浆液累计流量曲线

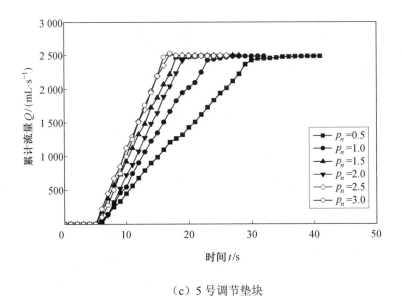

（c）5号调节垫块

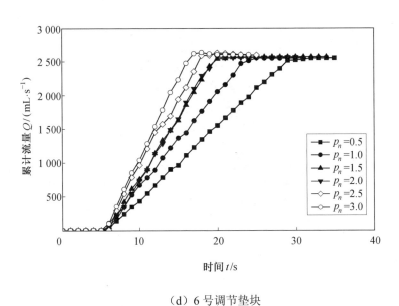

（d）6号调节垫块

续图 4.43

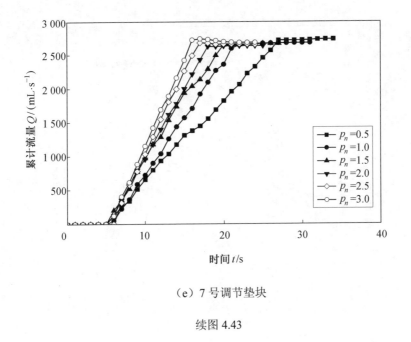

（e）7 号调节垫块

续图 4.43

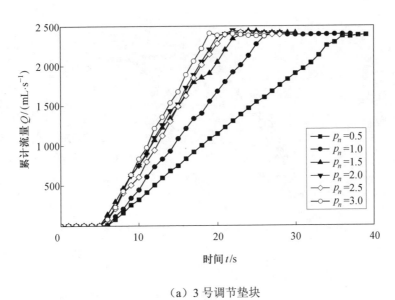

（a）3 号调节垫块

图 4.44　不同驱动压力 $p_n$ 条件下裂隙模型 R4 与各调节垫块配合浆液累计流量曲线

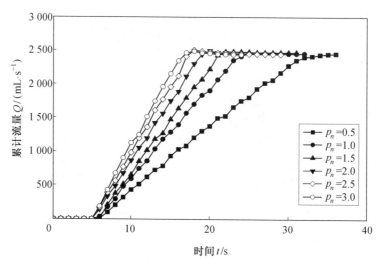

（b）4 号调节垫块

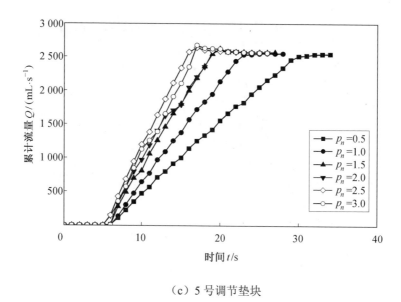

（c）5 号调节垫块

续图 4.44

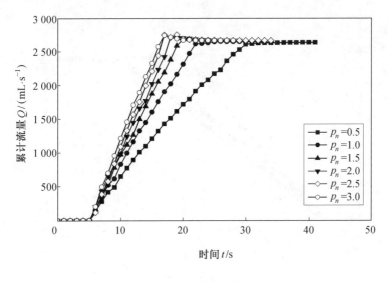

（d）6 号调节垫块

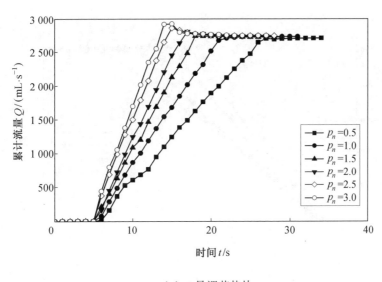

（e）7 号调节垫块

续图 4.44

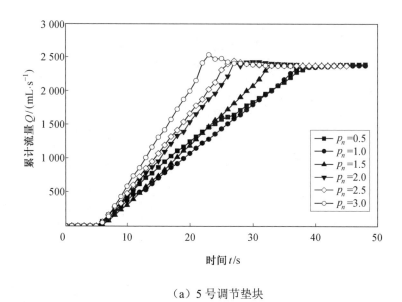

（a）5 号调节垫块

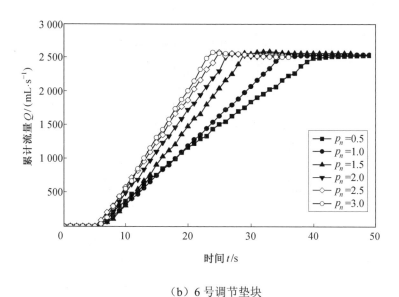

（b）6 号调节垫块

图 4.45　不同驱动压力 $p_n$ 条件下裂隙模型 R5 与各调节垫块配合浆液累计流量曲线

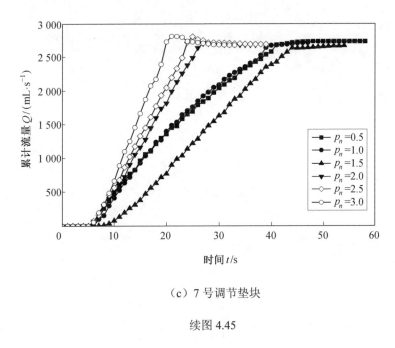

（c）7 号调节垫块

续图 4.45

为了分析浆液在不同裂隙模型内的流动规律，浆液流速 $q$ 是其中重要的参数。对于同一裂隙模型，当裂隙开度不变时浆液流速 $q$ 随着注浆压力增加而增加。当注浆压力相同时，浆液流速 $q$ 随着裂隙开度的增加而增加；在相同的注浆压力与裂隙开度条件下，随着裂隙模型粗糙度的增加，浆液流速 $q$ 逐渐减小。

### 4.3.3　单裂隙注浆压力与流量关系分析

为了分析浆液在裂隙模型内的渗流规律，需要得到试验过程中浆液流速 $q$ 及裂隙模型两端的压差 $\Delta p$。只有在稳定状态下才能获得试验过程中浆液的准确流速 $q$ 和与之对应的压差 $\Delta p$，因此需要确定试验过程中稳定段所对应的累计流量 $Q$、进口注浆压力 $p_1$、出口注浆压力 $p_2$。将试验所得的累计流量 $Q$、进口注浆压力 $p_1$、出口注浆压力 $p_2$ 依据对应的时间绘入图中，如图 4.46 所示，并根据累计流量的斜率和进出口注浆压力波动情况确定稳定段的区间，计算该区间内累计流量的斜率即得到流速 $q$，取区间内进口注浆压力平均值为 $p_1$，出口注浆压力平均值为 $p_2$，则裂隙模型两端压差 $\Delta p = p_1 - p_2$。

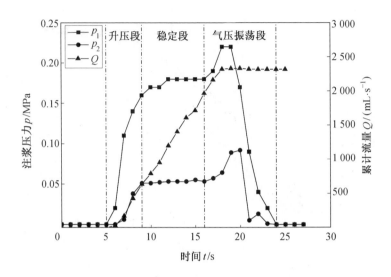

图 4.46　浆液渗流试验累计流量与进出口注浆压力曲线

选取光滑裂隙模型 S 与 4 号调节垫块配合时的试验结果，计算不同驱动压力 $p_n$（0.5 MPa、1.0 MPa、1.5 MPa、2.0 MPa、2.5 MPa、3.0 MPa）条件下稳定段浆液的流速 $q$ 与压差 $\Delta p$，并根据计算结果绘图，如图 4.47 所示。

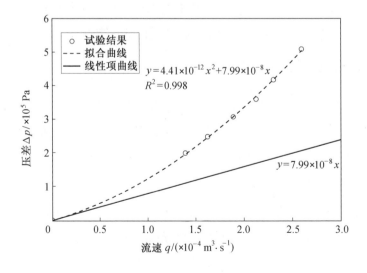

图 4.47　浆液渗流试验压差与流速关系

由图 4.47 可知，压差 $\Delta p$ 与流速 $q$ 之间存在明显的非线性关系，对试验结果进行拟合，当采用方程 $y=ax^2+bx$ 进行拟合时相对误差 $R^2>0.99$，即 $\Delta p=4.41\times10^{-12}q^2+7.99\times10^{-8}q$。此时，若假定浆液在裂隙模型中的流动满足线性达西定律，忽略拟合方程中的二次项，将拟合结果中线性项绘图，对比分析可知，随着流速 $q$ 的增加压差 $\Delta p$ 偏离线性曲线越来越明显，例如当流速 $q$ 为 $1.39\times10^{-4}\,\mathrm{m^3/s}$ 时，试验结果所得压差 $\Delta p$ 为 $2.0\times10^{-5}\,\mathrm{Pa}$，线性项对应压差 $\Delta p$ 为 $1.11\times10^{-5}\,\mathrm{Pa}$，与线性项压差 $\Delta p$ 相比试验所得压差高于线性项 44.43%；当流速 $q$ 增加到 $2.59\times10^{-4}\,\mathrm{m^3/s}$ 时，试验结果的所得压差偏离线性项比例高达 59.24%。由此可知，采用线性方程描述浆液在裂隙模型内的渗流规律已经不合适。因此，本章采用 Bear 在 1972 年提出的 Forchheimer 方程来描述浆液在裂隙模型内的流动规律，此时浆液流速 $q$ 与压差 $\Delta p$ 之间的非线性关系可以表示为

$$\Delta p = Aq + Bq^2 \tag{4.6}$$

式中，$\Delta p$ 为沿浆液流动方向的压差（Pa）；$q$ 为浆液在裂隙内的流速（$\mathrm{m^3}$）；$A$ 和 $B$ 分别为因黏性阻力和惯性效应造成能量损失的系数，$A$ 的单位为 $\mathrm{Pa\cdot s/m^3}$，$B$ 的单位为 $\mathrm{Pa\cdot s^2/m^6}$；$Aq$ 为流体流动过程中压差与流速的线性项；$Bq^2$ 为流体流动过程中压差与流速的非线性项。当 $B=0$ 时，方程（4.6）中只剩线性项，流速 $q$ 与压差 $\Delta p$ 成正比例关系，此时流体在裂隙内的流动满足达西定律。

由以上分析可知，浆液在裂隙内流动因黏性阻力和惯性效应等因素的影响而呈现非线性特征，且流速 $q$ 越大，非线性效应越明显，若当流速 $q$ 足够小，非线性项可以忽略不计时，浆液在裂隙内的流动规律可视为线性流动。为了确定流体在裂隙内流动时线性达西渗流与非线性渗流的分界点，通常采用 2 个无量纲系数进行区分，即雷诺系数 $Re$ 和 Forchheimer 系数 $F_o$。雷诺系数 $Re$ 为流体惯性阻力与黏性阻力的比值，对于流体在单裂隙内的渗流，雷诺系数 $Re$ 可以表示为

$$Re = \frac{\rho v e}{\mu} = \frac{\rho q}{\mu w} \tag{4.7}$$

式中，$v$ 为流体在裂隙内流动的单宽流速（m/s）；$w$ 为裂隙的宽度（m）。

Forchheimer 系数 $F_o$ 是 Forchheimer 方程中非线性项与线性项的比值。2006 年，Zeng 和 Grigg 认为 Forchheimer 系数 $F_o$ 表示流体克服惯性力与黏性力所需的压力梯度之比，并指出达西渗流与非达西渗流的临界值为

$$\alpha = \frac{Bq^2}{Aq + Bq^2} = \frac{F_o}{1 + F_o} = 10\%  \tag{4.8}$$

即 $F_o = 0.11$。即当 Forchheimer 系数 $F_o > 0.11$ 时，流体在介质内的渗流呈非线性特征，压差与流速的关系满足 Forchheimer 方程；当 Forchheimer 系数 $F_o \leqslant 0.11$ 时，流体渗流满足达西渗流规律，压差与流速呈线性特征。2014 年，Ghane 等通过试验指出达西渗流与非达西渗流 Forchheimer 系数 $F_o$ 的临界值分别为 0.31 和 0.40。

众多学者根据临界雷诺系数 $Re_{critical}$ 和临界 Forchheimer 系数 $F_{o\,critical}$ 大小进行了大量研究，结果表明线性渗流与非线性渗流的临界雷诺系数 $Re_{critical}$ 在 0.001～2 300 之间变化，临界 Forchheimer 系数 $F_{o\,critical}$ 在 0.1～0.4 之间变化。流体性质、裂隙的几何特征、渗流介质的渗透特性、渗流压力等因素都会对临界雷诺系数 $Re_{critical}$ 和临界 Forchheimer 系数 $F_{o\,critical}$ 的大小产生影响，即

$$F_o = \frac{Bq^2}{Aq} = \frac{Bq}{A}  \tag{4.9}$$

不同裂隙模型注浆渗流试验压差与流速关系如图 4.48 所示，依据表达式（4.9）计算各个模型流速最小时临界 Forchheimer 系数 $F_{o\,critical}$ 大小，6 个模型对应的最小 $F_{o\,critical}$ 分别为 0.532、1.170、0.673、0.622、3.327、2.169，均大于临界 Forchheimer 系数 $F_{o\,critical}$，因此对各个模型压差 $\Delta p$ 与流速 $q$ 试验结果依据 Forchheimer 方程进行拟合，拟合结果如图 4.48 所示。

由图 4.48 可知，在试验条件下浆液在裂隙内渗流时压差 $\Delta p$ 与流速 $q$ 关系满足 Forchheimer 方程；对于同一模型而言，裂隙开度（调节垫块不同）越大，非线性项 $Bq^2$ 就越小，即裂隙开度越大浆液在裂隙内的渗流越趋近于线性达西渗流；当裂隙开度相同时，随着裂隙表面粗糙度的增加，非线性项越来越大，即裂隙表面越粗糙，

压差$\Delta p$ 与流速 $q$ 关系偏离线性达西方程就越远。

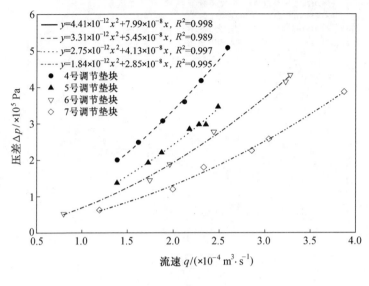

（a）裂隙模型 S

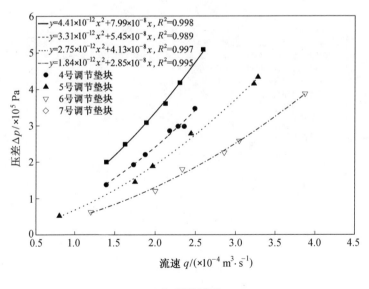

（b）裂隙模型 R1

图 4.48　不同裂隙模型注浆渗流试验压差与流速关系

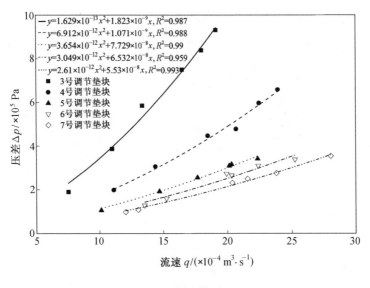

（c）裂隙模型 R2

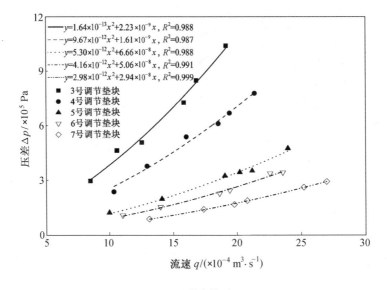

（d）裂隙模型 R3

续图 4.48

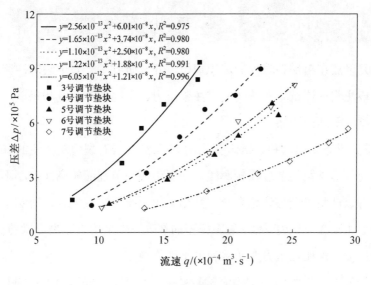

（e）裂隙模型 R4

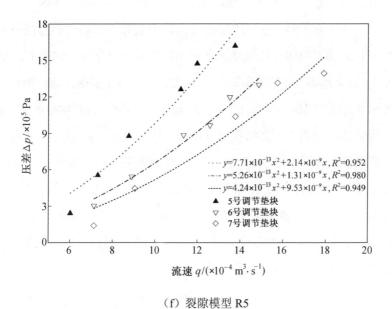

（f）裂隙模型 R5

续图 4.48

# 4.4 本章小结

为了研究浆液在粗糙裂隙内的渗流规律，开发研制了一套单裂隙注浆渗流试验系统，利用该注浆渗流试验系统研究了注浆压力、不同裂隙开度和粗糙度条件下浆液的渗流规律，得到结论如下。

（1）基于分形布朗运动和Barton提出的10条经典岩石裂隙轮廓线的Hurst指数，重构生成不同分形维数的节理面轮廓线，利用生成的节理面轮廓线研制不同粗糙度裂隙模型，将该试验模型与注浆系统、数据采集系统等装置配合，研制了基于分形维数的单裂隙注浆渗流试验系统，裂隙模型的裂隙开度采用长距离显微镜观察测量，注浆压力和流量分别通过压力变送器和电子秤监测。

（2）利用研制的单裂隙注浆渗流试验系统，开展了不同压力、不同开度、不同分形维数条件下浆液的渗流试验，试验结果表明：随着浆液驱动压力 $p_n$ 增加，进口注浆压力 $p_1$ 和出口注浆压力 $p_2$ 也逐渐增加，但压力稳定段的时间逐渐缩短；当驱动压力 $p_n$ 处于同一压力水平时，进口注浆压力 $p_1$ 随着裂隙开度的增加而减小，与之相反出口注浆压力 $p_2$ 随着裂隙开度的增加而增加；随着裂隙开度 $b$ 的增加，裂隙模型进出口压差 $\Delta p$ 越来越小，且随着驱动压力 $p_n$ 增加，浆液在裂隙内渗流时压差 $\Delta p$ 随着裂隙开度 $b$ 增加衰减的速率越来越大；注浆压力 $p_1$、$p_2$ 随着分形维数的增加而减小。

（3）利用试验得到的不同裂隙模型进出口注浆压力 $p_1$、$p_2$ 和累计流量 $Q$，分析计算得到了裂隙模型两端压差 $\Delta p$ 与累计流量 $Q$ 的关系，结果表明在当前使用的试验压力和裂隙模型具备的裂隙开度条件下，浆液的压差与流量成明显的非线性关系，采用Forchheimer方程对试验结果进行拟合，各裂隙模型压差与流量数据拟合度都较高，即浆液在裂隙内渗流扩散规律呈非线性特征，且压差与流量关系满足Forchheimer渗流方程。

# 第 5 章　宾汉姆流体粗糙裂隙渗流机理研究

## 5.1　牛顿流体在单裂隙中的渗流分析

### 5.1.1　牛顿流体光滑裂隙 Darcy 渗流分析

牛顿流体在平行裂隙中作层流流动时，假设流体只沿 $x$ 轴流动，即仅研究牛顿流体在二维裂隙中流动的平面问题。假设裂隙的宽度为 $b$，则牛顿流体在二维裂隙中的流动模型如图 5.1 所示。

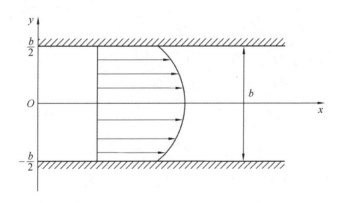

图 5.1　牛顿流体在二维裂隙中的流动模型

作用在流体上的力有使流体流动的压力差、流体黏度引起的阻力。当牛顿流体处于稳定流动状态时，流体两端的压差与总阻力之和相等，对于不可压缩黏性流体的运动方程（纳维尔-斯托克方程，即 N-S 方程）为

$$\begin{cases} \rho \dfrac{\mathrm{d}u}{\mathrm{d}t} = \rho g_x - \dfrac{\partial p}{\partial x} + \mu\left(\dfrac{\partial^2 u}{\partial x^2} + \dfrac{\partial^2 u}{\partial y^2} + \dfrac{\partial^2 u}{\partial z^2}\right) \\[3mm] \rho \dfrac{\mathrm{d}\upsilon}{\mathrm{d}t} = \rho g_y - \dfrac{\partial p}{\partial y} + \mu\left(\dfrac{\partial^2 \upsilon}{\partial x^2} + \dfrac{\partial^2 \upsilon}{\partial y^2} + \dfrac{\partial^2 \upsilon}{\partial z^2}\right) \\[3mm] \rho \dfrac{\mathrm{d}w}{\mathrm{d}t} = \rho g_z - \dfrac{\partial p}{\partial z} + \mu\left(\dfrac{\partial^2 w}{\partial x^2} + \dfrac{\partial^2 w}{\partial y^2} + \dfrac{\partial^2 w}{\partial z^2}\right) \end{cases} \tag{5.1}$$

假设流体在两平行板间的流动是定常的层流流动，流体均质不可压缩，取 $x$ 轴沿浆液流动方向，则浆液流动速度只有 $x$ 轴方向分量 $u$，而 $y$ 轴和 $z$ 轴方向分量 $\upsilon = w = 0$，由不可压缩流体连续方程 $\dfrac{\partial u}{\partial x} + \dfrac{\partial \upsilon}{\partial y} + \dfrac{\partial w}{\partial z} = 0$ 可推得 $\dfrac{\partial u}{\partial x} = 0$。

又假设 $u$ 在 $z$ 轴方向无变化，即 $\dfrac{\partial u}{\partial z} = 0$；又因流体作定常流动，即 $\dfrac{\partial u}{\partial t} = 0$；综上分析，牛顿流体的流动速度 $u$ 仅是 $y$ 的函数，所以有 $u = u(y)$；流体所受质量力仅为重力，在图 5.1 中所取坐标系下，$g_y = -g$，$g_x = g_z = 0$，于是 N-S 方程可简化为

$$\begin{cases} 0 = -\dfrac{\partial p}{\partial x} + \mu\dfrac{\partial^2 u}{\partial y^2} \\[3mm] 0 = \rho g - \dfrac{\partial p}{\partial y} \\[3mm] 0 = -\dfrac{\partial p}{\partial z} \end{cases} \tag{5.2}$$

与流体两端的压差相比，流体本身的重力很小，可以忽略不计，则表达式（5.1）简化为

$$\frac{\mathrm{d}p}{\mathrm{d}x} = \mu\frac{\partial^2 u}{\partial y^2} \tag{5.3}$$

求解次微积分方程，得到流体流速 $u$ 为

$$u = \frac{1}{2\mu}y^2\frac{\mathrm{d}p}{\mathrm{d}x} + \frac{C_1}{\mu}y + \frac{C_2}{\mu} \tag{5.4}$$

式中，$C_1$ 和 $C_2$ 为积分常数。

将边界条件 $y = -\dfrac{b}{2}$，$u = 0$；$y = \dfrac{b}{2}$，$u = 0$ 分别代入表达式（5.4）可得

$$\begin{cases} C_1 = 0 \\ C_2 = -\dfrac{b^2}{8} \cdot \dfrac{\mathrm{d}p}{\mathrm{d}x} \end{cases} \tag{5.5}$$

则牛顿流体在光滑平行板间流动的流速分布方程 $u$ 为

$$u = \left( \frac{1}{2\mu} y^2 - \frac{b^2}{8\mu} \right) \frac{\mathrm{d}p}{\mathrm{d}x} \tag{5.6}$$

而牛顿流体在光滑平行板间流动的平均流速 $q$ 为

$$q = \int_{-\frac{b}{2}}^{\frac{b}{2}} \left( \frac{1}{2\mu} y^2 - \frac{b^2}{8\mu} \right) \frac{\mathrm{d}p}{\mathrm{d}x} \mathrm{d}y = -\frac{b^3}{12\mu} \cdot \frac{\mathrm{d}p}{\mathrm{d}x} \tag{5.7}$$

按照流体在裂隙内的流动方式，则单位时间内流经宽度为 $w$ 的裂隙时的流量为

$$Q = -\frac{b^3 w}{12\mu} \cdot \frac{\mathrm{d}p}{\mathrm{d}x} \tag{5.8}$$

1856 年，法国水利工程师达西（Darcy）为了解决第戎市供水，通过砂的渗流试验获得了渗流力学最基础的达西定律：

$$Q = KA_\mathrm{h} \frac{\Delta H}{L} = K \frac{bw\Delta p}{\rho g L} \tag{5.9}$$

式中，$K$ 为水力传导系数（渗透系数）；$A_\mathrm{h}$ 为管道横截面；$\Delta H$ 为管道两端的水头压差；$L$ 为管道长度；$b$ 为裂隙开度；$\Delta p$ 为管道两端的压力差；$\rho$ 为流体密度；$g$ 为重力加速度。

结合表达式（5.8）和式（5.9），可得牛顿流体在光滑裂隙内渗流的渗透系数 $K$，即

$$K = \frac{\rho g b^2}{12\mu} \tag{5.10}$$

利用单裂隙可视化注浆试验系统，设置裂隙模型的裂隙开度为 60 μm，裂隙长度为 100 mm，开展不同压力情况下的渗流试验，并监测裂隙模型前后端口压力与流量，根据试验结果计算模型压差与流速，如图 5.2 所示，根据试验结果进行拟合可知，牛顿流体在试验构建的光滑裂隙模型内作低速流动时压差与流速的关系满足线性达西定律。经表达式（5.10）计算可知，水在裂隙开度为 60 μm 的单裂隙内流动时的渗透系数 $K=3.0\times10^{-3}$ m/s，则达西渗流曲线如图 5.2 所示，对比试验拟合曲线与标准达西渗流曲线可知，当压差相同时，依据达西定律得到的牛顿流体在裂隙内渗流速率要大于试验结果。这是因为在达西定律理论表达式推导过程中将裂隙面简化为理想光滑平面，并未考虑裂隙面的材质、粗糙度等因素对流体在裂隙内渗流造成的水头损失，因此导致试验结果比理论值偏小。

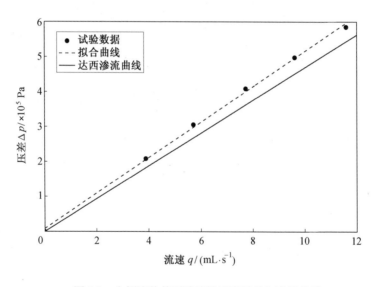

图 5.2　牛顿流体单裂隙线性渗流压差与流速关系

## 5.1.2　牛顿流体裂隙非线性渗流分析

众所周知，线性达西渗流方程并不能描述所有牛顿流体的单裂隙渗流问题。水在拥有自然岩石表面特征的裂隙中流动时就可能表现出明显的非线性特征，non-Darcy 渗流现象与裂隙内流速、裂隙表面的粗糙度和裂隙面局部接触、裂隙开度变化、裂隙阻塞、局部旋涡等因素有关。例如，当流速相对较小时，流体在裂隙内的流动为层流状态，渗流规律满足达西渗流方程；随着流速的增加，流体在裂隙内的流动逐渐向紊流状态转变，流体流动表现出弱惯性效应和强惯性效应，流体流速与压力梯度也呈现明显的非线性特征。本章主要针对裂隙面的粗糙度和裂隙内流速引起的非线性现象进行研究，其他因素对 non-Darcy 渗流的影响将在下一步的研究中分析。Bear 在 1972 年提出采用 Forchheimer 方程来描述流速与压力梯度之间的非线性关系，即

$$-\nabla p = AQ + BQ^2 \tag{5.11}$$

式中，$\nabla p$ 为沿流动方向的压力梯度（Pa/m）；$Q$ 为流体流量（m³/s）；$A$ 和 $B$ 分别为因黏性阻力和惯性效应造成能量损失的系数，$A$ 的单位为 Pa·s/m⁴，$B$ 的单位为 Pa·s²/m⁷；$AQ$ 为流体流动过程中压差与流速的线性项，线性项与达西渗流方程一致；$BQ^2$ 为流体流动过程中压差与流速的非线性项，即流体流动过程中的惯性效应。

Forchheimer 方程不仅广泛用于描述孔隙介质的 non-Darcy 渗流行为，岩石裂隙内流体的非线性流动也被证实可以通过该方程描述。由于 Forchheimer 方程是基于观测气体通过煤层的渗流试验建立的经验方程，non-Darcy 渗流问题的求解不管是采用理论的方法还是数值模拟的方法，都需要确定 Forchheimer 方程中系数 $A$ 和 $B$。然而对于许多实际问题，很难直接通过试验的方法确定系数 $A$ 和 $B$。在这种情况下，可以通过参数化来代替系数 $A$ 和 $B$。对于孔隙介质，普遍采用颗粒直径和介质孔隙度的函数描述系数 $A$ 和 $B$，对于流体在岩石裂隙内的渗流可以从最简单的光滑平板裂隙模型的线性达西渗流问题开始研究。

假设不可压缩牛顿流体在两光滑平行板组成的裂隙内流动如图 5.1 所示，当流体流速较小时，该模型服从一维不可压缩牛顿流体在理想平板裂隙内的达西渗流规律，即

$$Q = -\frac{we^3}{12\mu}\nabla p = -\frac{kA_h}{\mu}\nabla p \tag{5.12}$$

式中，$w$ 为裂隙宽度（m）；$e$ 为理想平行板裂隙开度（m）；$\mu$ 为动力黏度（Pa·s）；

$k$ 为渗透率（$m^2$），表示裂隙模型固有的渗透能力，$k = \dfrac{e^2}{12}$；$A_h$ 为裂隙横截面面积（$m^2$），$A_h = we$。

该表达式即为著名的立方定律，从表达式中可以看出，流量与裂隙开度 $e$ 的三次方成正比。立方定律也被广泛用于描述牛顿流体在粗糙岩石裂隙内的流动，不同的是表达式中裂隙开度 $e$ 采用等效水力开度 $e_h$ 代替。

当流体流速较小时，可以忽略表达式（5.11）中的二次项，联合表达式（5.12）可得

$$A = -\frac{\nabla p}{Q} = \frac{12\mu}{we^3} = \frac{\mu}{kA_h} \tag{5.13}$$

从表达式（5.13）中可以看出，系数 $A$ 与裂隙开度 $e$ 的立方成反比，与介质渗透率 $k$ 成反比，因此可知系数 $A$ 的值代表了裂隙模型固有的渗透特征。

随着渗流速度的增加，流体渗流表现出明显的非线性特征，大量的实践证明 Forchheimer 方程可以很好地描述流体在渗流介质中的非线性流动行为。2006 年 Zeng 和 Grigg，2012 年 Cherubini 等指出 Forchheimer 方程可以用下面表达式表示：

$$-\nabla p = \frac{\mu}{kA_h}Q + \frac{\rho\beta}{A_h^2}Q^2 \tag{5.14}$$

式中，$\mu$ 为动力黏度（Pa·s）；$k$ 为渗透率（$m^2$）；$A_h$ 为流体横截面面积（$m^2$）；$\rho$ 为流体密度（$kg/m^3$）；$\beta$ 为非达西渗流惯性系数（$m^{-1}$），也称为紊流因子、惯性阻尼系数。

由表达式（5.14）可以看出，Forchheimer 方程在实际应用中只要确定黏性项系数 $\dfrac{\mu}{kA_h}$ 和惯性项系数 $\dfrac{\rho\beta}{A_h^2}$ 就可以确定方程的表达式。相对而言，黏性项系数容易获得，但是惯性项系数则较难准确获得。Schrauf 和 Evans 采用量纲分析法将 Forchheimer 方程系数 $A$ 和 $B$ 简化为无量纲系数 $\xi$ 和 $\lambda$，系数 $\xi$ 由参数 $e$ 的定义得到，对于圆管渗流 $e$ 表示圆管直径，此时 $\xi=32$；对于理想平行板裂隙渗流，$e$ 表示两平行板之间的距离，此时 $\xi=12$。因此，对于不可压缩牛顿流体在理想平行板之间的渗流，表达式

（5.11）可以改写为

$$-\nabla p = \frac{12\mu}{e^3 w}Q + \lambda\frac{\rho}{e^3 w^2}Q^2 \tag{5.15}$$

利用单裂隙注浆试验装置中裂隙模型 S 和 4 号调节垫块组装光滑裂隙模型，光滑裂隙模型的裂隙开度为 506 μm，裂隙长度为 100 mm，宽度为 40 mm，选择水作为流动介质开展渗流试验，监测光滑裂隙模型进口与出口处压力及从出口流出的流体累计流量。采用不同压力进行试验，并记录对应条件下光滑裂隙模型进出口处压力与流量，计算模型压差 $\Delta p$ 与流速 $q$ 并绘图（如图 5.3 所示），根据试验结果进行拟合发现，在试验条件下流体在裂隙内流动时压差与流速成二次函数关系，即在试验条件下牛顿流体在试验构建的光滑裂隙模型内流动时压差与流速的关系满足 Forchheimer 渗流规律，流体流动过程中存在非线性项。不考虑非线性项的影响，经表达式（5.10）计算可知，水在裂隙开度为 506 μm 的单裂隙内流动时的渗透系数 $K=2.134\times10^{-2}$ m/s，并根据达西定律绘制压差与流量关系曲线，即不考虑非线性因素影响条件下的渗流曲线。根据非线性拟合曲线流速二次项系数，计算无量纲 $\lambda=0.6569$，将其代入表达式（5.15）可得 Forchheimer 方程的表达式，即

$$-\nabla p = 4.57\times10^9 Q + 5.62\times10^{13} Q^2 \tag{5.16}$$

同时绘制压差与流速曲线，如图 5.3 所示。

由图 5.3 可知，在同一流速条件下，Forchheimer 渗流方程曲线计算所得压差明显小于试验所得结果，造成这一现象的原因主要为试验中的光滑裂隙模型表面因受材质、表面粗糙度等因素影响，不能称之为理想光滑裂隙表面，在试验过程中会造成流体水头损失。对比线性达西渗流曲线与 Forchheimer 渗流方程曲线可知，随着流速的增加，试验结果偏离线性达西渗流曲线越来越明显，即流速越大，Forchheimer 渗流方程非线性项越大。由试验结果拟合得到的曲线方程可知，Forchheimer 渗流方程的线性项系数 $A=1.37\times10^9$ Pa·s/m$^4$，非线性项系数 $B=5.62\times10^{13}$ Pa·s$^2$/m$^7$，经表达式（5.13）计算可知，线性项系数的理论解 $A_0=1.83\times10^9$ Pa·s/m$^4$，$A<A_0$，这是因

为理论表达式推导过程中裂隙面被简化为理想光滑平面，并未考虑裂隙面的材质、粗糙度等因素对流体在裂隙内渗流造成的水头损失，因此导致试验结果比理论值偏大。

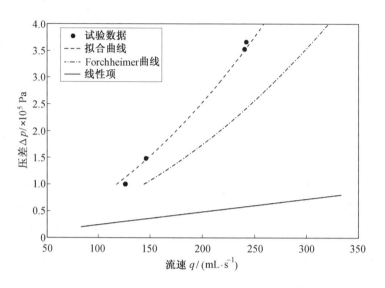

图 5.3　牛顿单裂隙非线性渗流压差与流速关系

## 5.2　宾汉姆流体在光滑裂隙中的渗流分析

将宾汉姆流体流动模型横截面分为上、中、下 3 个部分求出流速，再求出横截面上的平均流速 $\bar{u}$。宾汉姆流体在二维裂隙中的流动模型如图 5.4 所示。

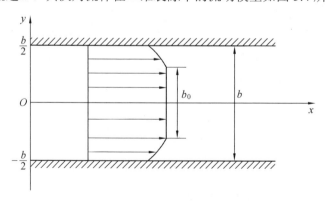

图 5.4　宾汉姆流体在二维裂隙中的流动模型

横截面上流核上半部分任意一点的流速分布表达式为对表达式（5.3）积分获得，即

$$y\frac{\mathrm{d}p}{\mathrm{d}x} + C' = \mu\frac{\mathrm{d}u}{\mathrm{d}y} \tag{5.17}$$

将边界条件 $y = \frac{b_0}{2}$、$\frac{\mathrm{d}u}{\mathrm{d}y} = 0$ 代入表达式（5.17）可得

$$C' = -\frac{b_0}{2} \cdot \frac{\mathrm{d}p}{\mathrm{d}x} \tag{5.18}$$

联合表达式（5.6）和式（5.7）可得

$$\mu\frac{\mathrm{d}u}{\mathrm{d}y} = \left(y - \frac{b_0}{2}\right)\frac{\mathrm{d}p}{\mathrm{d}x}, \quad \frac{b_0}{2} \leqslant y \leqslant \frac{b}{2} \tag{5.19}$$

对表达式（5.19）积分并代入边界条件 $y = \frac{b}{2}$、$u=0$，可得浆液在 $\frac{b_0}{2} \leqslant y \leqslant \frac{b}{2}$ 区间的速度分布表达式：

$$u = \frac{1}{2\mu}\left(y^2 - b_0 y + \frac{b_0 b}{2} - \frac{b^2}{4}\right)\frac{\mathrm{d}p}{\mathrm{d}x}, \quad \frac{b_0}{2} \leqslant y \leqslant \frac{b}{2} \tag{5.20}$$

横截面上流核下半部分任意一点的流速分布表达式为对表达式（5.20）积分获得，与表达式（5.17）相同。

将边界条件 $y = -\frac{b_0}{2}$，$\frac{\mathrm{d}u}{\mathrm{d}y} = 0$；$y = -\frac{b}{2}$，$u=0$ 代入表达式（5.17）可得浆液在 $-\frac{b}{2} \leqslant y \leqslant -\frac{b_0}{2}$ 区间的速度分布表达式：

$$u = \frac{1}{2\mu}\left(y^2 - b_0 y + \frac{b_0 b}{2} - \frac{b^2}{4}\right)\frac{\mathrm{d}p}{\mathrm{d}x}, \quad -\frac{b}{2} \leqslant y \leqslant -\frac{b_0}{2} \tag{5.21}$$

根据宾汉姆流体的特征，流核区内任意一点的流速相等，因此根据流核上下两部分的流速均可推导出流核区域内浆液的流速表达式，即横截面上流核区任一点流速分布表达式为

$$u = \frac{1}{2\mu}\left(-\frac{b_0 b}{2} + \frac{b_0^2}{4} - \frac{b^2}{4}\right)\frac{\mathrm{d}p}{\mathrm{d}x}, \quad -\frac{b_0}{2} \leqslant y \leqslant \frac{b}{2} \tag{5.22}$$

裂隙横截面上浆液的平均流速为

$$\bar{u} = \frac{1}{b}\left[2\int_{\frac{b_0}{2}}^{\frac{b}{2}}\frac{1}{2\mu}\left(y^2 - b_0 y + \frac{b_0 b}{2} - \frac{b^2}{4}\right)\mathrm{d}y + \frac{1}{2\mu}\left(-\frac{b_0 b}{2} + \frac{b_0^2}{4} - \frac{b^2}{4}\right)\right]\frac{\mathrm{d}p}{\mathrm{d}x} \tag{5.23}$$

对表达式（5.23）积分并整理可得

$$\bar{u} = \frac{1}{4\mu}\left(\frac{b_0 b}{2} - \frac{b_0^2}{6} - \frac{b^2}{3}\right)\frac{\mathrm{d}p}{\mathrm{d}x} = -\frac{b^2}{12\mu}\left(1 + \frac{b_0^2}{2b^2} - \frac{3b_0}{2b}\right)\frac{\mathrm{d}p}{\mathrm{d}x} \tag{5.24}$$

流体在裂隙内流动的流量为

$$Q = \bar{u}A = \bar{u}bw = -\frac{b^3 w}{12\mu}\left(1 + \frac{b_0^2}{2b^2} - \frac{3b_0}{2b}\right)\frac{\mathrm{d}p}{\mathrm{d}x} \tag{5.25}$$

由达西定律可知单位时间内流经开度为 $b$、宽度为 $w$ 的裂隙时的流量为

$$Q = -\frac{k}{\mu} \cdot \frac{\Delta p}{L}bw \tag{5.26}$$

联合表达式（5.25）和式（5.26）可得宾汉姆流体在光滑裂隙内渗流的渗透率方程：

$$k = \frac{b^2}{12\mu}\left(1 + \frac{b_0^2}{2b^2} - \frac{3b_0}{2b}\right) \tag{5.27}$$

由 Forchheimer 方程可知，线性项系数 $A$ 可以由下面表达式计算获得

$$A = \frac{\mu L}{bwk} = \frac{12L\mu}{b^3 w} \cdot \frac{3b_0^2 + 2b^2 - 2bb_0}{3b_0^2} \tag{5.28}$$

参考牛顿流体非线性项计算表达式获得宾汉姆流体非线性系数 $B$，可表示为

$$B = \lambda\frac{\rho L}{b^3 w^2} \tag{5.29}$$

则宾汉姆流体在裂隙内渗流的压差 $\Delta p$ 的计算公式为

$$-\Delta p = \frac{12L\mu}{b^3 w} \cdot \frac{3b_0^2 + 2b^2 - 2bb_0}{3b_0^2} Q + \lambda \frac{\rho L}{b^3 w^2} Q^2 \qquad (5.30)$$

式中，$\lambda$ 为无量纲系数。

采用裂隙模型 S 和 4 号调节垫块组装光滑裂隙模型，光滑裂隙模型的裂隙开度为 506 μm，长度为 100 mm，宽度为 40 mm，选择水灰比为 1.0 的水泥基浆液作为渗流介质，水泥基浆液的黏度为 0.007 9 Pa·s，屈服应力为 0.5 Pa，密度为 1 400 kg/m³。记录不同试验条件下裂隙模型进出口压力与流过裂隙模型的浆液累计流量，计算不同注浆压力条件下裂隙模型压差与流速，则可得宾汉姆流体在光滑裂隙内渗流的压差与流量关系，如图 5.5 所示。

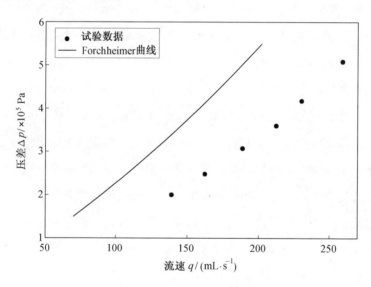

图 5.5　宾汉姆流体非线性渗流压差与流量关系曲线

由于试验数据成非线性关系，因此采用 Forchheimer 方程对试验数据进行拟合。根据拟合结果，经计算非线性项系数 $B = 4.408\,4\times10^{13}$ kg/m$^7$，由试验条件计算可得 $A = 1.829\times10^{9}$ kg/(m$^4$·s)，代入表达式（5.30）可得宾汉姆流体在裂隙内渗流的 Forchheimer 方程，从而获得 Forchheimer 方程压差与流量关系的理论曲线，如图 5.5 所示。

由图 5.5 可知，当流速为 $1.39\times10^{-4}$ m$^3$/s 时，试验监测到裂隙模型两端的压差为 0.20 MPa，而 Forchheimer 曲线对应的压差为 0.34 MPa；当流速为 $1.62\times10^{-4}$ m$^3$/s 时，试验监测到裂隙模型两端的压差为 0.248 MPa，而 Forchheimer 曲线对应的压差为 0.413 MPa；当流速为 $1.89\times10^{-4}$ m$^3$/s 时，试验监测到裂隙模型两端的压差为 0.308 MPa，而 Forchheimer 曲线对应的压差为 0.503 MPa；当流速为 $2.12\times10^{-4}$ m$^3$/s 时，试验监测到裂隙模型两端的压差为 0.36 MPa，而 Forchheimer 曲线对应的压差为 0.588 MPa；当流速为 $2.31\times10^{-4}$ m$^3$/s 时，试验监测到裂隙模型两端的压差为 0.418 MPa，而 Forchheimer 曲线对应的压差为 0.656 MPa；当流速为 $2.59\times10^{-4}$ m$^3$/s 时，试验监测到裂隙模型两端的压差为 0.508 MPa，而 Forchheimer 曲线对应的压差为 0.771 MPa。由此可知，在相同渗流速度条件下，通过试验获得的压差明显小于 Forchheimer 方程对应的理论值。通过分析可知，这是因为组成裂隙模型的上下裂隙面并不是理想光滑表面，浆液在裂隙内流动会因裂隙表面的粗糙不平造成一定的能量损失（即压力下降），从而使相同流速条件下真实裂隙模型浆液进出口对应的压差明显小于理想条件下的压差。流速为 $1.39\times10^{-4}$ m$^3$/s 时，裂隙模型浆液进出口压差的理论值比实际值大 0.14 MPa；当流速增加到 $2.59\times10^{-4}$ m$^3$/s 时，压差的理论值与实际值的差值增到了 0.262 MPa，即随着渗流速度的增加，同一流速对应的裂隙模型浆液进出口压差的 Forchheimer 方程理论值与实际值之间的差值越来越大，这表明流速越大，因裂隙面粗糙等因素造成的能量损失就越大。

## 5.3　宾汉姆流体在粗糙裂隙中的渗流分析

由第 4 章试验结果可知，在当前试验条件下浆液（宾汉姆流体）在粗糙裂隙模型内的渗流都属于非线性渗流，且压差与流量关系满足 Forchheimer 渗流方程。由4.3 和 5.2 节分析可知，宾汉姆流体在裂隙内渗流的试验结果与理论结果有一定偏差，这是由于裂隙模型组成的裂隙并不是理想的光滑裂隙，真实裂隙表面存在一定程度的凸凹不平，即粗糙度，在渗流过程中会造成一定的能量损失，因此在 Forchheimer 渗流方程中应考虑粗糙度对渗流结果的影响。

分析岩石粗糙裂隙面轮廓线特征可知，分形可以作为描述裂隙粗糙度的有效手段，本章将分形维数 $D$ 引入 Forchheimer 渗流方程，并通过试验结果确定 Forchheimer 渗流方程线性项和非线性项的参数，利用有限元数值分析软件 COMSOL 建立单裂隙渗流数值计算模型，分析粗糙度（分形维数 $D$）对宾汉姆流体在单裂隙内渗流规律的影响。

### 5.3.1　基于分形维数的 Forchheimer 渗流方程

假设参数 $a_D$、$b_D$ 分别为分形维数 $D$ 的函数，则有

$$\begin{cases} a_D = f_1(D) \\ b_D = f_2(D) \end{cases} \tag{5.31}$$

考虑到粗糙度对渗流结果的影响，将参数 $a_D$、$b_D$ 分别作为 Forchheimer 渗流方程的线性项和非线性项系数中一变量，其中 $a_D$、$b_D$ 均为分形维数 $D$ 的函数，且令 $b_D = \lambda$，则宾汉姆流体在粗糙裂隙内渗流的 Forchheimer 渗流方程可表示为

$$-\Delta p = a_D \frac{12L\mu}{b^3 w} \cdot \frac{3b_0^2 + 2b^2 - 2bb_0}{3b_0^2} Q + b_D \frac{\rho L}{b^3 w^2} Q^2 \tag{5.32}$$

式中，$a_D$、$b_D$ 均为无量纲系数。

## 5.3.2 宾汉姆流体 Forchheimer 渗流方程系数确定

取浆液（宾汉姆流体）在裂隙模型 S 内渗流时的试验数据，由压差与流量的拟合关系可知（图 4.48），浆液在裂隙内渗流过程中压差与流速关系均满足 Forchheimer 渗流方程，则试验过程中不同调节垫块条件下线性项系数 $A$ 和非线性项系数 $B$ 见表 5.1。由表达式（5.31）计算可得无量纲系数 $a_D$、$b_D$（表 5.1），参数 $a_D$ 并不随裂隙开度的增加而呈现明显变化，不同调节垫块对应的参数值均在 0.5 上下波动，即参数 $a_D$ 与裂隙开度无关，4 次试验后 $a_D$ 的平均值为 0.503。参数 $b_D$ 与参数 $a_D$ 相似，不同调节垫块条件下计算得到的参数 $b_D$ 的平均值为 0.053 2。因此，取此时 $a_D$、$b_D$ 平均值代入表达式（5.32），即可得到宾汉姆流体在裂隙模型内渗流的 Forchheimer 方程：

$$-\Delta p = \frac{6L\mu}{b^3 w} \cdot \frac{3b_0^2 + 2b^2 - 2bb_0}{3b_0^2} Q + 0.053\,2\frac{\rho L}{b^3 w^2} Q^2 \tag{5.33}$$

表 5.1　裂隙模型 S 对应 Forchheimer 渗流方程的线性项系数 $A$ 和非线性项系数 $B$

| 方程系数 | 4 号 | 5 号 | 6 号 | 7 号 |
|---|---|---|---|---|
| $A/(\mathrm{kg\cdot m^{-4}\cdot s^{-1}})$ | $7.99\times10^8$ | $5.45\times10^8$ | $4.13\times10^8$ | $2.85\times10^8$ |
| $a_D$ | 0.436 3 | 0.527 1 | 0.490 7 | 0.557 7 |
| $B/(\mathrm{kg\cdot m^{-7}})$ | $4.41\times10^{12}$ | $3.31\times10^{12}$ | $2.75\times10^{12}$ | $1.84\times10^{12}$ |
| $b_D$ | 0.051 6 | 0.056 6 | 0.054 1 | 0.050 4 |

为了分析粗糙度、裂隙开度、浆液黏度等参数对浆液在裂隙内渗流规律的影响，利用有限元数值分析软件 COMSOL 建立单裂隙渗流数值计算模型（图 5.6），裂隙模型长为 100 mm，裂隙开度 $b$、裂隙面粗糙度（轮廓线分形维数 $D$）等为变量，浆液黏度为 0.007 9 Pa·s，屈服应力为 0.5 Pa，密度为 1 400 kg/m³，裂隙模型上下表面为不透水边界，进浆口压力设置为 $p_1$，出浆口压力设置为 $p_2$，进出口压差 $\Delta p = p_1 - p_2$。则浆液在裂隙模型内的渗流方程可写作：

$$-\Delta p = \left( \frac{6L\mu}{b^3 w} \cdot \frac{3b_0^2 + 2b^2 - 2bb_0}{3b_0^2} + 0.053\,2\,\frac{\rho}{b^3 w^2} Q \right) Q \qquad (5.34)$$

令

$$f(Q) = \frac{6L\mu}{b^3 w} \cdot \frac{3b_0^2 + 2b^2 - 2bb_0}{3b_0^2} + 0.053\,2\,\frac{\rho L}{b^3 w^2} Q \qquad (5.35)$$

则由达西方程可得裂隙模型的等效渗透系数 $K_{\text{eff}}$ 为

$$K_{\text{eff}} = \frac{Q}{J} = \frac{1}{f(Q)} \qquad (5.36)$$

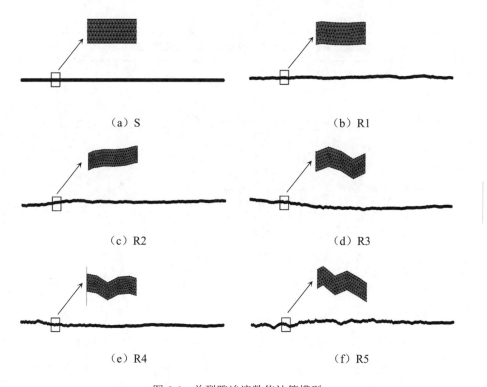

（a）S

（b）R1

（c）R2

（d）R3

（e）R4

（f）R5

图 5.6　单裂隙渗流数值计算模型

浆液在裂隙模型内渗流数值模拟计算流程如图 5.7 所示。

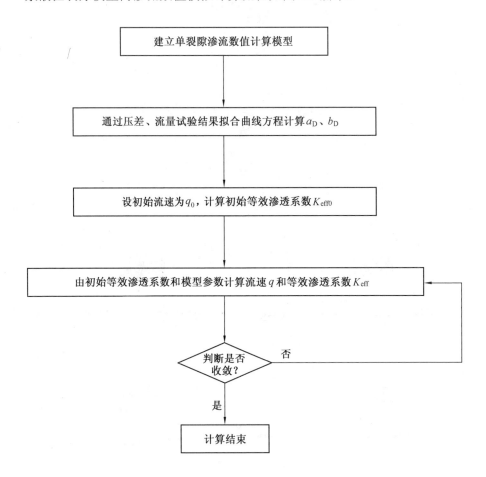

图 5.7　浆液在裂隙模型内渗流数值模拟计算流程

为了验证数值模型的合理性，建立光滑裂隙数值计算模型，裂隙模型开度为 0.5 mm，裂隙模型水平长度为 1 000 mm，模型上下面均采用不透水边界，模型左侧设置固定压力边界（压力分别为 0.15 MPa、0.2 MPa、0.25 MPa、0.3 MPa、0.35 MPa、0.4 MPa、0.45 MPa、0.5 MPa），模型右侧也设置固定压力边界（压力均设置为 0 MPa），裂隙模型设置为均匀渗透介质，等效渗透系数为 $K_{eff}$。浆液在裂隙内的渗流方程为表达式（5.34），分别计算不同压差条件下浆液的渗流规律。通过计算可知，不同压差条件下对应的渗流速度平均值分别为 $1.15 \times 10^{-4}$ m³/s、$1.41 \times 10^{-4}$ m³/s、$1.64 \times 10^{-4}$ m³/s、$1.86 \times 10^{-4}$ m³/s、$2.05 \times 10^{-4}$ m³/s、$2.24 \times 10^{-4}$ m³/s、$2.41 \times 10^{-4}$ m³/s、$2.58 \times 10^{-4}$ m³/s、$2.74 \times 10^{-4}$ m³/s，将数值模拟所得的流速、压差关系与试验结果对比，如图 5.8 所示。由图 5.8 可知，数值模拟结果与试验结果相差不大，吻合度很高，数值模拟能很好地模拟浆液在裂隙内渗流，模拟过程中可以采用表达式（5.34）描述浆液在裂隙模型内的渗流规律。

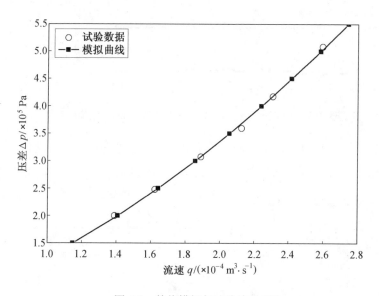

图 5.8　数值模拟与试验结果对比

　　为了分析粗糙度对浆液在裂隙内渗流结果的影响，利用不同分形维数（1.001 681、1.003 879、1.005 343、1.007 821、1.013 144）裂隙轮廓线建立单裂隙渗流数值计算模型 R1、R2、R3、R4、R5（图 5.6），模型中裂隙开度取 500 μm，模型上下边界为不透水边界，浆液在裂隙内的渗流方程为 Forchheimer 渗流方程，即表达式（5.34），浆液黏度为 0.007 9 Pa·s，屈服应力为 0.5 Pa，密度为 1 400 kg/m³，按照图 5.7 所示数值模拟计算流程计算浆液在不同分形维数裂隙模型内的渗流规律。压差为 0.5 MPa 时浆液在不同分形维数裂隙模型内渗流的压力变化云图如图 5.9 所示。

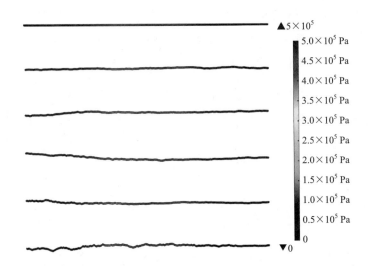

图 5.9　压差为 0.5 MPa 时浆液在不同分形维数裂隙模型内渗流的压力变化云图

由图 5.9 可知，浆液压力在裂隙模型内从左到右逐渐递减，最左端为 0.5 MPa，最右端为 0 MPa，且随着分形维数的增加，压力递减速率加快。不同分形维数对应压差与流速关系曲线如图 5.10 所示。

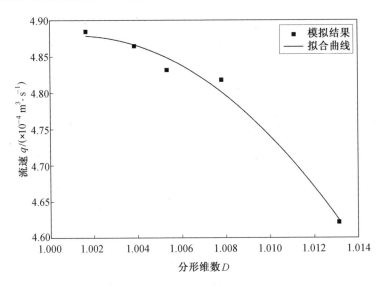

图 5.10　不同分形维数对应压差与流速关系曲线

由图 5.10 可知，当压差为 0.5 MPa 时，分形维数为 1.001 681、1.003 879、1.005 343、1.007 821、1.013 144 的裂隙模型内的渗流流速分别为 $4.88\times10^{-4}$ m³/s、$4.86\times10^{-4}$ m³/s、$4.83\times10^{-4}$ m³/s、$4.82\times10^{-4}$ m³/s、$4.62\times10^{-4}$ m³/s，即随着分形维数 $D$ 的增加浆液在裂隙模型内的渗流流速逐渐降低，采用曲线拟合后可以看出分形维数与浆液流速成二次函数关系，即

$$q=-0.179\ 6D^2+0.359\ 6D-0.179\ 5，\ R^2=0.986 \tag{5.37}$$

根据浆液在不同分形维数裂隙模型内的渗流数值模拟试验结果，可以得到不同分形维数裂隙数值计算模型压差与流速关系曲线，如图 5.11 所示。

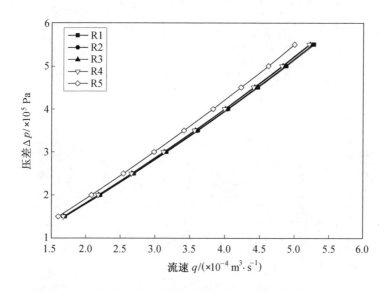

图 5.11　不同分形维数裂隙数值计算模型压差与流速关系曲线

由图 5.11 可知，不同分形维数数值计算模型压差与流速的关系均满足 Forchheimer 渗流方程，且在其他条件相同时，分形维数越大，同一流速对应的裂隙模型渗流流速越小，这是因为裂隙面越粗糙，浆液在裂隙模型内流动造成的能量损失也越大，导致分形维数越大渗流流速就越小。

根据数值模拟压差与流速关系拟合可得线性项系数 $A$ 和非线性项系数 $B$，见表 5.2，则两个系数随着裂隙面分形维数 $D$ 变化的曲线如图 5.12 所示。由图 5.12 可知，Forchheimer 渗流方程的线性项系数 $A$ 和非线性项系数 $B$ 都随裂隙面分形维数 $D$ 的增加而增加，且成二次函数关系。根据表达式(5.33)并基于分形维数 $D$ 的 Forchheimer 渗流方程计算可得无量纲系数 $a_D$、$b_D$，见表 5.2。随着裂隙模型表面粗糙度的增加，其对应的分形维数 $D$ 分别为 1.001 681、1.003 879、1.005 343、1.007 821、1.013 144；由线性项系数 $A$ 计算可得无量纲系数 $a_D$，对应的值分别为 4.253、4.274、4.310、4.325、4.547；由非线性项系数 $B$ 计算可得无量纲系数 $b_D$，对应的值分别为 0.063 56、0.063 87、0.064 41、0.064 63、0.067 95。

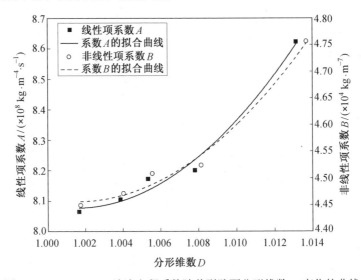

图 5.12　Forchheimer 渗流方程系数随着裂隙面分形维数 $D$ 变化的曲线

表 5.2　不同裂隙模型对应 Forchheimer 渗流方程的线性项系数 $A$ 和非线性项系数 $B$

| 方程系数 | R1 | R2 | R3 | R4 | R5 |
|---|---|---|---|---|---|
| $A/(\mathrm{kg \cdot m^{-4} \cdot s^{-1}})$ | 806 437 682.66 | 810 445 041.64 | 817 181 688.11 | 819 990 385.92 | 862 128 057.90 |
| $a_D$ | 4.253 | 4.274 | 4.310 | 4.325 | 4.547 |
| $B/(\mathrm{kg \cdot m^{-7}})$ | 444 913 665 070.73 | 447 124 534 244.91 | 450 841 159 401.41 | 452 390 725 581.87 | 475 638 184 134.52 |
| $b_D$ | 0.063 56 | 0.063 87 | 0.064 41 | 0.064 63 | 0.067 95 |

改变裂隙开度，其他参数不变，计算不同条件下无量纲系数 $a_D$、$b_D$，则不同裂隙开度条件下裂隙模型无量纲系数 $a_D$、$b_D$ 随着分形维数 $D$ 变化的曲线如图 5.13 所示。

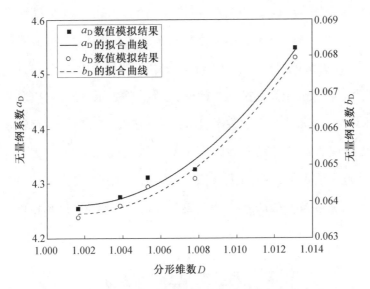

图 5.13　无量纲系数 $a_D$、$b_D$ 随着分形维数 $D$ 变化的曲线

由图 5.13 可知，随着分形维数 $D$ 的增加，无量纲系数 $a_D$ 逐渐减小，根据拟合结果可知无量纲系数 $a_D$ 与分形维数 $D$ 成二次函数关系，且随着分形维数 $D$ 的增加而减小；与之相反，无量纲系数 $b_D$ 随着分形维数 $D$ 的增加而增加，根据拟合结果可知无量纲系数 $b_D$ 与分形维数 $D$ 成二次函数关系，且随着分形维数 $D$ 的增加而增加。

无量纲系数 $a_D$、$b_D$ 与分形维数 $D$ 的二次函数关系如下：

$$a_D = 2\,100.28D^2 - 4\,206.94D + 2\,110.93，\ R^2 = 0.972 \tag{5.38}$$

$$b_D = 31.385D^2 - 62.865D + 31.544，\ R^2 = 0.972 \tag{5.39}$$

## 5.4 深部裂隙岩体注浆液扩散规律分析

### 5.4.1 注浆钻孔浆液渗流模型

为了分析浆液在裂隙岩体内的扩散距离，在距离巷道表面 $l$ 处沿巷道轴线方向取一截面，假设在该截面内岩体的裂隙开度 $b$ 保持不变，建立数值计算模型，如图5.14（a）所示，裂隙模型长×宽为 4 m×4 m，在该模型中心取一直径为 28 mm 钻孔作为注浆孔，注浆孔边界设置为固定压力边界，注浆压力为 $p$，模型上下左右4个边界为自由边界。浆液在平面的渗流规律满足表达式（5.33），则有表达式（5.32）。

由钻孔窥视所得裂隙轮廓线计算可知，围岩裂隙分形维数 $D$ 的平均值为1.008 53，通过表达式（5.38）和式（5.39）可得 $a_D$=4.368，$b_D$=0.065 5，取浆液黏度为 0.007 9 Pa·s，密度为 1 400 kg/m³，由于流核 $b_0$ 远小于裂隙开度 $b$，因此表达式（5.32）可简化为

$$\frac{p}{L} = \left( \frac{0.414\ 1}{b^2} + \frac{91.7}{b}q \right)q \tag{5.40}$$

则等效渗透系数为

$$K_{\text{eff}} = \frac{0.414\ 1}{b^2} + \frac{91.7}{b}q \tag{5.41}$$

数值模拟计算流程如图 5.14（b）所示。

（a）钻孔注浆数值计算模型

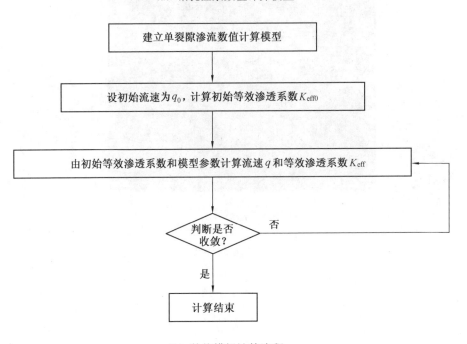

（b）数值模拟计算流程

图 5.14　数值计算模型及计算流程

## 5.4.2　围岩破裂程度对浆液扩散距离的影响

为了分析围岩破裂程度对浆液扩散距离的影响，设巷道表面初始裂隙开度为 $b$，裂隙开度 $b$ 的大小直接反映了围岩的破裂程度。取裂隙开度 $b$ 分别为 0.000 5 m、0.001 m、0.002 m、0.003 m、0.004 m、0.005 m、0.01 m 和 0.015 m，计算浆液在裂隙岩体的渗流规律，注浆时间取 400 s，注浆压力取 3.0 MPa，则不同围岩破裂程度下浆液扩散云图如图 5.15 所示。

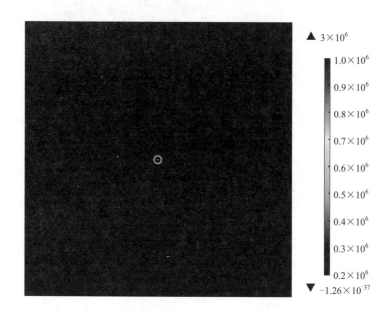

（a）裂隙开度 $b$ 为 0.000 5 m

图 5.15　不同围岩破裂程度下浆液扩散云图

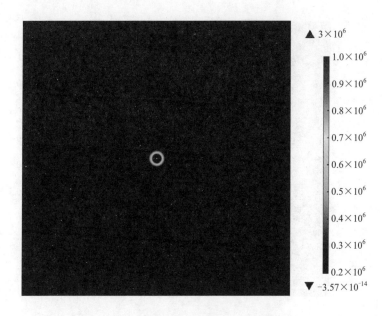

（b）裂隙开度 $b$ 为 0.001 m

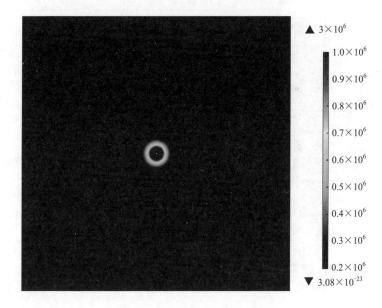

（c）裂隙开度 $b$ 为 0.002 m

续图 5.15

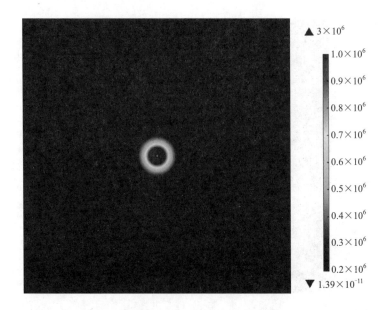

（d）裂隙开度 $b$ 为 0.003 m

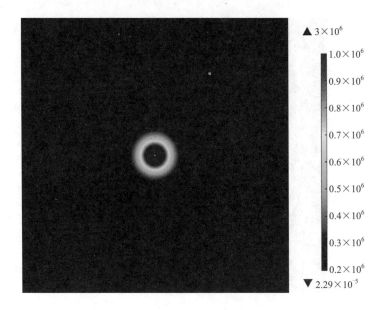

（e）裂隙开度 $b$ 为 0.004 m

续图 5.15

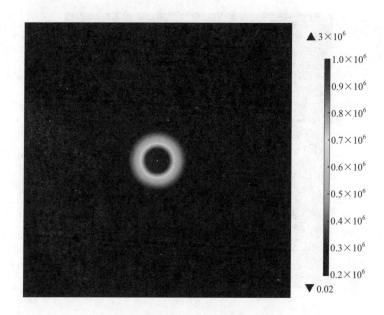

（f）裂隙开度 $b$ 为 0.005 m

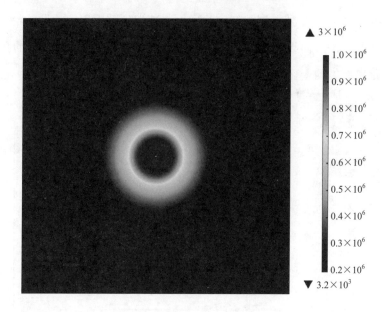

（g）裂隙开度 $b$ 为 0.01 m

续图 5.15

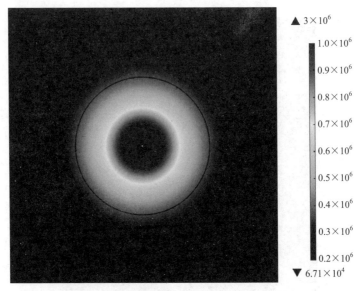

（h）裂隙开度 $b$ 为 0.015 m

续图 5.15

由图 5.15 可知，随着裂隙开度的增加浆液在裂隙围岩中的扩散距离不断增加，沿钻孔边缘水平方向设置一条监测线，则不同裂隙开度条件下浆液的孔隙压力随着与钻孔距离增加的变化曲线如图 5.16 所示。

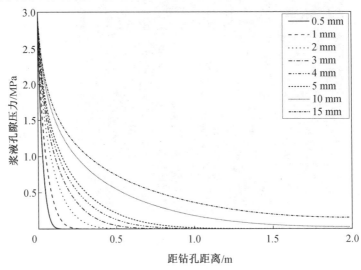

图 5.16　不同裂隙开度条件下浆液孔隙压力随着与钻孔距离增加的变化曲线

设浆液孔隙压力为 0.2 MPa 时可将裂隙完全填充，获得较好的注浆效果，由图 5.16 可知：当裂隙开度为 0.5 mm 时，此时巷道围岩稳定且围岩不存在明显的破裂情况，注浆浆液仅能在巷道表面扩散，扩散距离为 0.067 m；当裂隙开度增加到 1.0 mm 时，巷道围岩表面只有微小的裂纹，浆液只能在巷道表面扩散，无法在深部围岩内扩散，此时浆液的扩散距离为 0.122 m；当裂隙开度增加到 2 mm 时，围岩裂隙开始逐渐向深部延伸，虽然浆液仍然只能在浅部扩散，但浆液扩散距离（0.227 m）较之前明显增大；当裂隙开度一直增加到 5 mm 时，围岩裂隙开始向深部扩展，此时浆液的扩散距离增加到了 0.516 m；当裂隙开度增加到 10 mm 时，围岩裂隙已经较为发育，此时注浆可以使浆液填充围岩裂隙，凝固后提高围岩的稳定性与整体性，此时浆液扩散距离为 0.959 m；当裂隙开度增加到 15 mm 时，围岩裂隙已发育到深部，且裂隙之间相互贯通，已经对巷道稳定产生极大影响，此时注浆浆液扩散距离为 1.483 m。围岩裂隙开度与浆液扩散距离关系的曲线如图 5.17 所示。

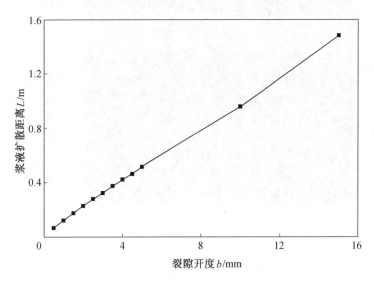

图 5.17　围岩裂隙开度与浆液扩散距离关系的曲线

由图 5.17 可知，浆液扩散距离与围岩裂隙开度成线性相关，即巷道围岩破裂越严重，浆液扩散距离就越大，通过曲线拟合可得浆液扩散距离 $L$ 与巷道围岩裂隙开

度 $b$ 的关系为

$$L = 95.897b + 0.0315，R^2=0.999 \tag{5.42}$$

### 5.4.3 注浆压力对浆液扩散距离的影响

为了研究注浆压力对浆液扩散距离的影响，取巷道表面初始裂隙开度为 10 mm，注浆时间为 400 s，分别计算浆液在注浆压力 $p$ 分别为 0.5 MPa、1.0 MPa、1.5 MPa、2.0 MPa、2.5 MPa、3.0 MPa 时裂隙岩体的渗流规律，则不同注浆压力条件下注浆孔浆液扩散云图如图 5.18 所示。

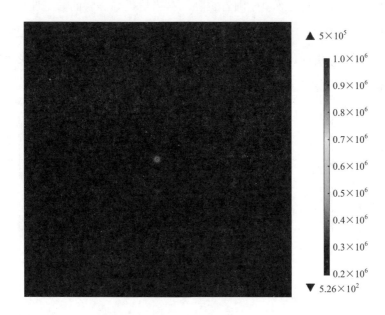

（a）注浆压力 $p$ 为 0.5 MPa

图 5.18　不同注浆压力条件下注浆孔浆液扩散云图

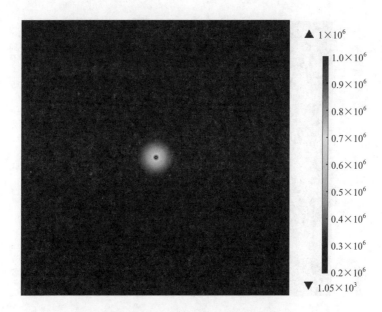

（b）注浆压力 $p$ 为 1.0 MPa

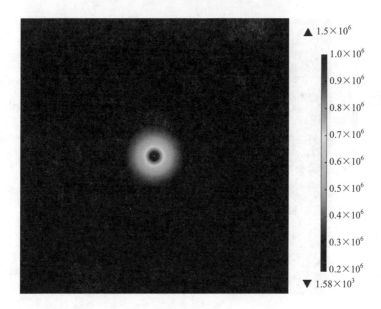

（c）注浆压力 $p$ 为 1.5 MPa

续图 5.18

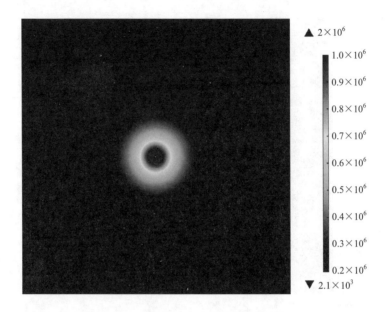

（d）注浆压力 $p$ 为 2.0 MPa

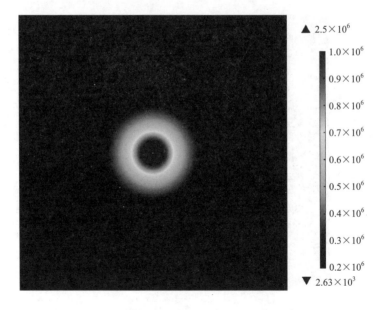

（e）注浆压力 $p$ 为 2.5 MPa

续图 5.18

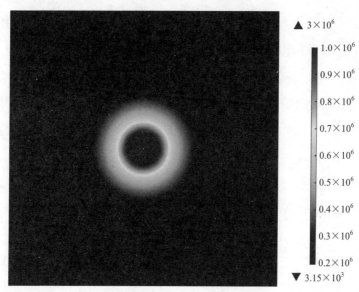

（f）注浆压力 $p$ 为 3.0 MPa

续图 5.18

由图 5.18 可知，随着注浆压力的增加浆液在裂隙围岩中的扩散距离不断增加，沿钻孔边缘水平方向设置一条监测线，则不同注浆压力条件下浆液孔隙压力沿半径方向的变化曲线如图 5.19 所示。

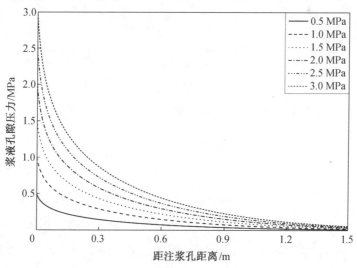

图 5.19　不同注浆压力条件下浆液孔隙压力沿半径方向的变化曲线

设浆液孔隙压力为 0.2 MPa 时可将裂隙完全填充，获得较好的注浆效果，由图 5.19 可知：当注浆压力为 0.5 MPa 时，由于驱动压力过小，浆液无法有效地在围岩裂隙内扩散，此时浆液的扩散距离为 0.174 m；当注浆压力增加到 1.0 MPa 时，由于驱动压力增加，浆液的扩散距离明显增加，达到了 0.457 m；当注浆压力增加到 1.5 MPa 时，浆液在驱动压力作用下迅速向破裂围岩内扩散，扩散距离增加到了 0.645 m；当注浆压力为 2.0 MPa 时，浆液的扩散距离进一步增加，达到了 0.772 m；当注浆压力为 2.5 MPa 时，浆液在裂隙内扩散距离增加到了 0.874 m；当注浆压力为 3.0 MPa 时，浆液的扩散距离增加到了 0.959 m。浆液扩散距离随着注浆压力的变化曲线如图 5.20 所示。

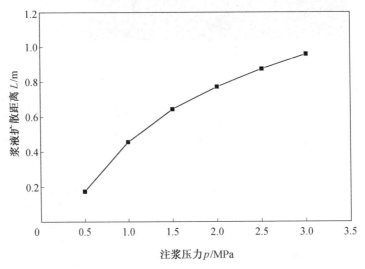

图 5.20　浆液扩散距离随着注浆压力的变化曲线

由图 5.20 可知，注浆压力越大浆液扩散距离越大，且扩散距离的增幅随着注浆压力的增加逐渐减小，即当注浆压力较小时，注浆压力对浆液扩散距离有显著影响，但随着注浆压力的增加，浆液的扩散距离并不会呈现持续的快速增长，而是增加的速率越来越慢。这是因为浆液在平面内属于辐射流，随着扩散距离增加，浆液扩散距离要取得相同的速率就需要更多的浆液，因此浆液扩散距离的增加速率逐渐减小。通过对浆液扩散距离与注浆压力关系进行拟合可得浆液扩散距离 $L$ 与注浆压力 $p$ 的

关系为

$$L = 0.439\,7\ln p + 0.469\,6 \tag{5.43}$$

## 5.4.4　深部巷道裂隙围岩注浆锚杆浆液渗透扩散规律

在巷道开挖之前，岩体在初始地应力场下处于应力平衡状态，其围岩应力为 $\sigma_0$，而当巷道开挖之后，围岩应力得以重新分布，使得巷道周围围岩由内而外出现明显的应力卸压区、支承压力升高区及应力平衡稳定区，其进一步影响着巷道围岩的渗透性能。研究表明，在距巷道表面不同距离处的围岩应力场是不同的，其是距巷道表面距离的函数，巷道围岩中的等效浆液渗透系数 $K$ 也应该是距巷道表面距离的函数。因此，从巷道中心位置选取尺寸为 40 m×40 m 的垂直平面作为研究注浆浆液渗透规律的对象，建立数值计算模型。根据开挖平衡之后的围岩应力 $\sigma$ 和开挖之前的围岩初始应力 $\sigma_0$ 之间存在的差值关系，提取该垂直平面上的应力差（$\sigma - \sigma_0$）数据作为函数拟合的基本数据，其垂直平面上的应力差图如图 5.21 所示。

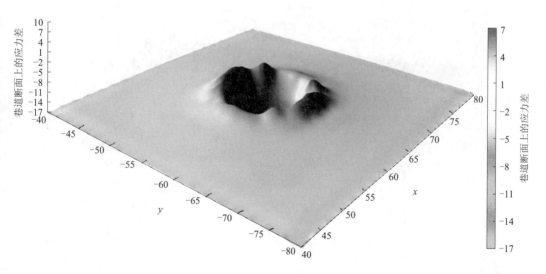

图 5.21　巷道垂直平面上的应力差图

依据所取平面上的应力差数据，采用 Matlab 软件中的曲面拟合方法得到所选取平面上的应力差与坐标的拟合函数关系式，即

$$
\begin{aligned}
f(\sigma - \sigma_0) = {} & 2.789\mathrm{e}^{\left[-\left(\left(\left(\sqrt{(x-60)^2+(y+60)^2}\right)-1.952\right)/13.09\right)^2\right]} + \\
& 9.218\mathrm{e}^{\left[-\left(\left(\left(\sqrt{(x-60)^2+(y+60)^2}\right)-4.077\right)/2.922\right)^2\right]} + \\
& 4.582\mathrm{e}^{\left[-\left(\left(\left(\sqrt{(x-60)^2+(y+60)^2}\right)-5.70\right)/0.776\,6\right)^2\right]} - \\
& 27.37\mathrm{e}^{\left[-\left(\left(\left(\sqrt{(x-60)^2+(y+60)^2}\right)-2.803\right)/2.426\right)^2\right]}
\end{aligned}
\tag{5.44}
$$

式中，$f(\sigma - \sigma_0)$ 为所选取平面上的应力差函数；$x$ 和 $y$ 为所选取平面的坐标。

经拟合函数（5.44）处理后，巷道垂直平面上的应力差函数拟合图如图 5.22 所示。对比图 5.21 可以发现，根据所取巷道平面上的拟合函数绘制的应力差图与实际应力差图较一致，这表明此曲面函数拟合效果较好，其结果是可接受的。

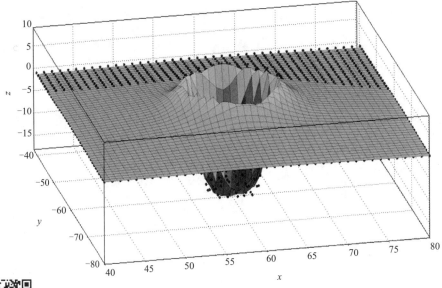

图 5.22　巷道垂直平面上的应力差函数拟合图

在实际巷道的锚注支护工程中，采用注浆锚杆（索）进行注浆的工艺包括钻孔、安装注浆锚杆（索）、封孔止浆、注浆、安设锚杆（索）托盘等 5 个基本步骤。为了能够利用上面建立的等效连续介质注浆渗流基本方程来求解围岩注浆渗流规律，考虑对实际工程中的锚注支护做以下假设：

（1）注浆锚杆（索）中的浆液首先通过出浆孔流入锚杆（索）钻孔中，当整个锚索/锚杆钻孔全部充满浆液以后，浆液开始向围岩中渗透扩散。

（2）锚杆（索）钻孔中浆液压头处处相等，且等于注浆泵提供的注浆压力。

（3）巷道表面为不透浆边界，即巷道表面不会有浆液流出。

同时，选取一巷道断面尺寸，其半圆拱的半径为 2.5 m，巷道直墙高度为 1.5 m。考虑到注浆锚索/锚杆本身的长度及消除模型边界条件对注浆浆液扩散规律的影响，确定基于等效连续介质渗流模型的巷道围岩耦合注浆计算模型如图 5.23 所示，其计算模型尺寸为 40 m×40 m。随着与巷道表面距离的增加巷道围岩的破坏程度有所下降，这表明巷道浅部围岩的裂隙、空隙和裂纹等较巷道深部围岩更发达，从而使巷道围岩在不同深度处岩体中的等效浆液渗透系数 $K$ 不同，进而会影响巷道围岩的注浆扩散距离及注浆加固效果。

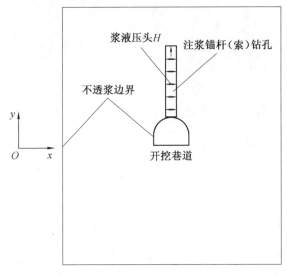

图 5.23　巷道围岩耦合注浆计算模型

研究注浆浆液通过注浆锚杆注入巷道围岩后的扩散规律时，取注浆锚杆尺寸为 $\phi25\,mm\times2\,500\,mm$，且注浆锚杆钻孔从巷道顶板中心位置钻入，其具体的 COMSOL 数值计算网格模型图如图 5.24 所示。在该数值计算模型中，模型外边界和巷道断面内边界的浆液渗透速度为零，满足 Neumann 边界条件；而模型内部注浆锚杆钻孔作用有相等的浆液压头 $H_0$，满足 Dirichlet 边界条件，并且认为整个模型中的初始浆液压头为零。依据此数值计算网格模型，分别重点研究在其他特定条件下围岩渗透系数、注浆压力对单根注浆锚杆注浆之后的浆液在围岩中渗透扩散规律的影响。

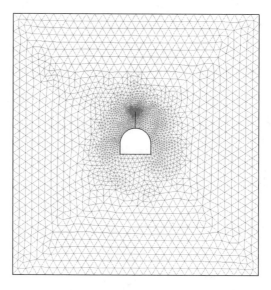

图 5.24 注浆锚杆 COMSOL 数值计算网格模型图

**1. 围岩渗透系数对浆液扩散规律的影响**

在分析围岩渗透性对注浆浆液扩散规律的影响时，考虑固定注浆压力 $p$ 为 2.5 MPa。取巷道开挖扰动之后裂隙围岩的初始浆液渗透系数为 $K_0$，相应的宏观试验参数 $\alpha=0.078\,5$，则巷道注浆锚杆 COMSOL 数值计算网格模型中的近似等效浆液渗透系数为 $K$，其具体分布形式如图 5.25 所示。在利用有限元数值分析软件 COMSOL 进行计算时，采用瞬态模式求解的方法，设定其求解总时间为 600 s，在符合注浆锚杆进行注浆时通常使用的注浆时间为 3～5 min。

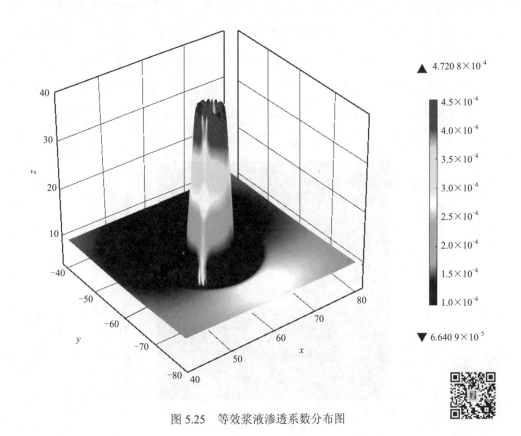

图 5.25　等效浆液渗透系数分布图

在利用有限元数值分析软件 COMSOL 进行计算时，需将注浆压力 $p$ 转化成初始浆液压头 $H_0$，因此在注浆过程中，浆液压头分布的变化将会导致巷道围岩内等效浆液渗透系数 $K$ 的变化，其表达式为

$$K = K_0 b^{[-\alpha(f(\sigma-\sigma_0)-H\gamma)]} \tag{5.45}$$

式中，$H$ 为计算过程中巷道断面内的浆液压头；当 $H=H_0$ 时，即为注浆压力 $p$。

　　经有限元数值分析软件 COMSOL 计算后，巷道全断面内等效浆液渗透系数 $K$ 的分布如图 5.26（a）所示，且其沿着垂直于巷道顶板表面不同距离处的等效浆液渗透系数 $K$ 变化曲线如图 5.26（b）所示。由图 5.26 可知，巷道浅部围岩处由于开挖扰动而使围岩应力下降形成卸压区，导致围岩内部裂隙发育张开，从而使等效浆液渗透系数增大；而在巷道围岩深部区域，围岩应力呈现先增大后逐渐减小到平衡状态的变化趋势，当围岩应力增大时，围岩内部的微裂隙等发生闭合、压密，从而使该区域内的等效浆液渗透系数出现先减小后增大到稳定状态的变化趋势。

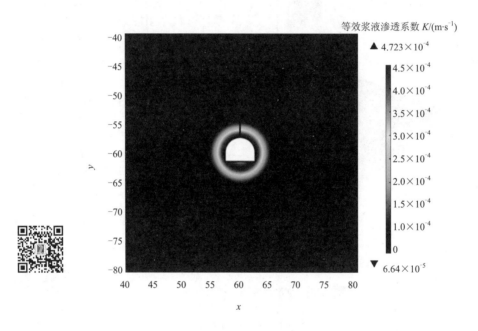

（a）等效浆液渗透系数 $K$ 的分布图

图 5.26　巷道断面内的等效浆液渗透系数 $K$ 的分布图及变化曲线

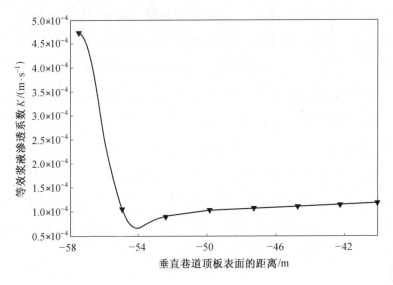

（b）等效浆液渗透系数 $K$ 的变化曲线

续图 5.26

由于考虑巷道开挖对围岩裂隙发育程度的影响，在此以不同的围岩初始渗透系数 $K_0$ 来近似巷道掘进之后的围岩裂隙发育程度。在分析巷道围岩的初始渗透系数 $K_0$ 对注浆浆液扩散规律的影响时，仍然假定注浆压力 $p$ 为 2.5 MPa。选取初始渗透系数 $K_0$ 分别为 $1×10^{-5}$ m/s、$1×10^{-4}$ m/s、$1×10^{-3}$ m/s 和 $1×10^{-2}$ m/s 作为研究对象，而对其各个初始渗透系数下的数值模型采取瞬态模式求解，求解总时间仍选为 600 s。

为了分析巷道围岩的初始渗透系数对注浆浆液扩散规律的影响，取注浆锚杆钻孔中部的浆液扩散情况作为分析对象，并取注浆结束（即 $T$=600 s）时的巷道围岩内的浆液扩散范围作为比较分析对象，以进一步研究围岩初始渗透系数 $K_0$ 对注浆浆液扩散规律的影响。在不同初始浆液渗透系数下，巷道围岩内的注浆浆液压头分布如图 5.27 所示。

由图 5.27 可知，注浆浆液在围岩中的扩散范围呈椭圆形分布，而且随着初始渗透系数的增大，其椭圆形扩散范围变得更大，这表明巷道围岩中的初始渗透系数对注浆浆液的扩散有显著的影响。当巷道围岩初始渗透系数 $K_0$ 达到 $1×10^{-2}$ m/s 时，整个巷道顶板围岩都有浆液扩散，即注浆能够对整个顶板起到加固作用，如图5.27（d）所示。而且当围岩的初始渗透系数增大到一定程度后，注浆浆液将穿过巷道破碎区向围岩深部进一步扩散。但是由于不同深度处巷道围岩的破坏程度不同，即巷道深部围岩的渗透系数较小，从而使浆液在深部围岩内的扩散范围减小，这表明注浆锚杆主要是对巷道浅部裂隙发育的围岩进行加固。

而为了能更直观地得出注浆浆液在巷道围岩内的扩散规律，以评估注浆所能起到的围岩加固效果，从而为巷道内注浆锚杆的布置提供依据。因此，选择以注浆浆液在巷道围岩中的扩散半径作为分析对象。在不同初始渗透系数下，浆液压头随着距钻孔中部表面距离的变化曲线和浆液在围岩内的扩散半径随着注浆时间的变化曲线分别如图 5.28 和 5.29 所示。

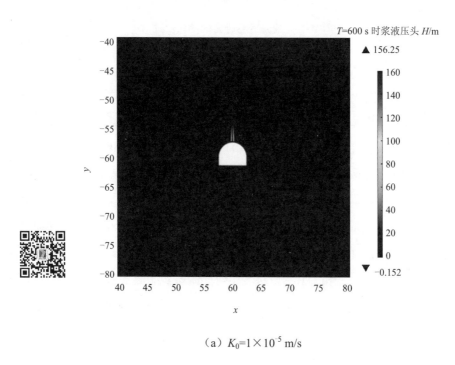

（a）$K_0=1\times10^{-5}$ m/s

图 5.27　不同初始渗透系数下巷道围岩内注浆浆液压头分布图

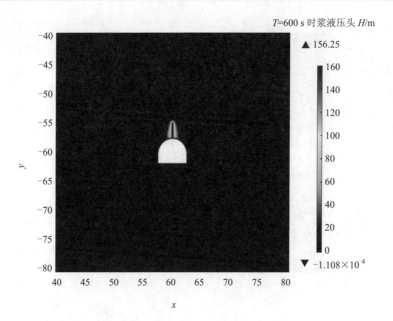

（b）$K_0=1\times10^{-4}$ m/s

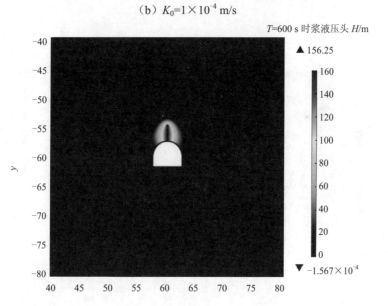

（c）$K_0=1\times10^{-3}$ m/s

续图 5.27

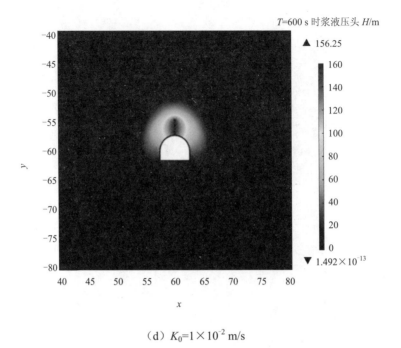

（d）$K_0=1\times10^{-2}$ m/s

续图 5.27

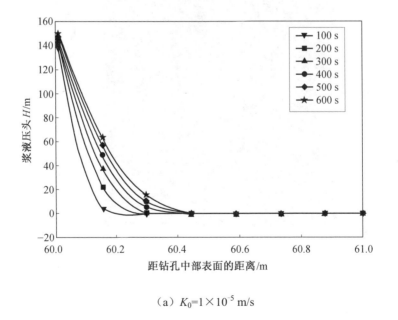

（a）$K_0=1\times10^{-5}$ m/s

图 5.28　不同初始渗透系数下浆液压头随着距钻孔中部表面距离的变化曲线

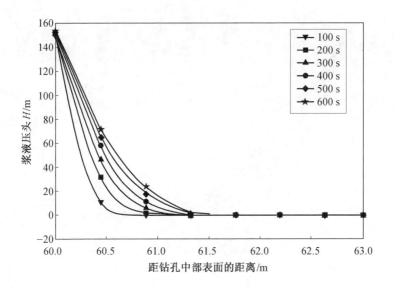

（b）$K_0=1\times10^{-4}$ m/s

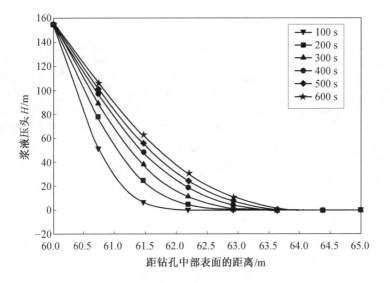

（c）$K_0=1\times10^{-3}$ m/s

续图 5.28

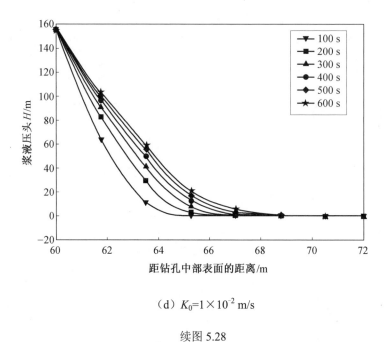

（d）$K_0=1\times10^{-2}$ m/s

续图 5.28

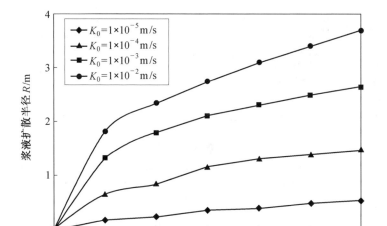

图 5.29  不同渗透系数下浆液扩散半径随着注浆时间的变化曲线

由图 5.28 和图 5.29 可知：随着巷道围岩初始渗透系数的增大，注浆浆液在围岩内的扩散半径也有显著增大，其最大浆液扩散半径从初始渗透系数 $K_0=1\times10^{-5}$ m/s 时的 0.55 m 剧增到 $K_0=1\times10^{-2}$ m/s 时的 3.68 m。而在相同的围岩初始渗透系数下，随着注浆时间的延长，注浆浆液扩散半径也有一定程度的增大，且围岩初始渗透系数越大，浆液扩散半径随着注浆时间延长的变化趋势也越激烈，说明注浆时间对于初始渗透系数较大的围岩内的浆液扩散影响更明显。这主要是因为巷道开挖之后，巷道围岩中的裂隙及微缺陷等将随着时间的延长而不断发生扩展、演化，从而使围岩初始渗透系数增大，增加了注浆浆液在围岩中的扩散半径。而注浆时间的延长，相当于进一步为围岩裂隙发育提供了时间，对注浆浆液的扩散起到了一定的促进作用。在距注浆锚杆钻孔表面同一距离处，注浆时间越长，该处的浆液压头就越大。这说明注浆时间越短，注浆过程中浆液压头损失越快也越严重，从而影响注浆效果。

**2. 注浆压力对浆液扩散规律的影响**

从前文的分析中可知，围岩初始渗透系数和注浆时间同时影响着浆液在巷道围岩中的扩散范围，因此，在分析注浆压力对浆液扩散规律的影响时，为了消除其他因素对结果的干扰，特选定巷道围岩的初始渗透系数 $K_0=1\times10^{-4}$ m/s，浆液在整个巷道断面内的等效渗透系数仍由表达式（5.45）确定，选择注浆时间为 600 s，其在利用有限元数值分析软件 COMSOL 计算时仍采用瞬态求解模式，选取的注浆压力 $p$ 分别为 1.5 MPa、2.5 MPa、3.5 MPa 和 4.5 MPa。不同注浆压力下，注浆结束时的巷道围岩内浆液压头分布如图 5.30 所示。图 5.31 和图 5.32 则分别为不同注浆压力下，注浆锚杆钻孔中部的注浆浆液压头随着距钻孔表面距离的变化曲线和浆液在围岩中的扩散半径随着注浆时间的变化曲线分别如图 5.31 和 5.32 所示。

由图 5.30～5.32 可知：巷道围岩内的浆液压头分布呈椭圆形，而随着注浆压力的增大，浆液扩散形状并未发生明显变化，其仅仅表现在最大和最小浆液压头的变化。同样地，在同一注浆压力条件下，注浆时间的延长可以减缓浆液压头在扩散过程中的损失，从而使浆液在围岩中的扩散半径有一定程度的增大。而且注浆压力越大，延长注浆时间所能起到的减缓扩散初期的浆液压头损失的作用也就越明显，并且能增大浆液在围岩中的扩散半径，如图 5.31 所示。而从图 5.32 中可以更清楚地发现，随着注浆压力的增大，其最大浆液扩散半径从 $p$=1.5 MPa 时的 1.08 m 增加到 $p$=4.5 MPa 时的 2.75 m，这表明注浆压力增加能够增大围岩中的浆液扩散半径。但是，过大的注浆压力则可能使围岩发生破坏，特别是对于强度较低的裂隙岩体，较大的注浆压力更易使岩体发生破坏而阻止浆液的注入。因此，在实际工程中，可以根据现场具体条件及拥有设备情况选择合适的注浆压力，以保证既能达到注浆所要求的压力条件，又能保证浆液的顺利注入，也能最大限度地节约成本。

根据围岩初始渗透系数和注浆压力等因素对围岩中注浆锚杆浆液扩散规律影响的结论发现：在影响注浆浆液扩散范围的因素中，围岩初始渗透系数的影响最大，其次是注浆压力；巷道围岩的初始渗透系数决定着浆液在围岩中的最终扩散半径，控制着注浆锚杆对巷道浅部围岩的加固效果；注浆压力越大，延长注浆时间对减缓扩散初期的浆液压头损失的作用也就越明显，并且能增大浆液在围岩中的扩散半径；注浆锚杆主要对巷道浅部裂隙围岩具有较好的注浆加固控制效果。

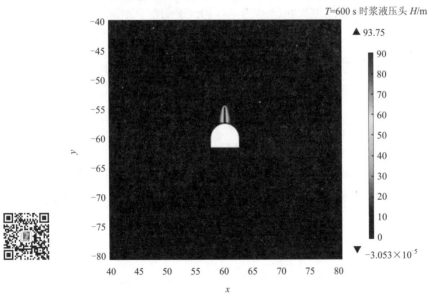

（a）注浆压力 $p$=1.5 MPa

图 5.30　不同注浆压力下注浆结束时的巷道围岩内浆液压头分布图

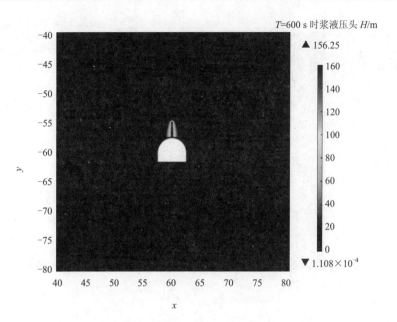

（b）注浆压力 $p$=2.5 MPa

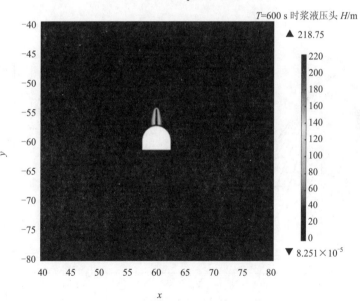

（c）注浆压力 $p$=3.5 MPa

续图 5.30

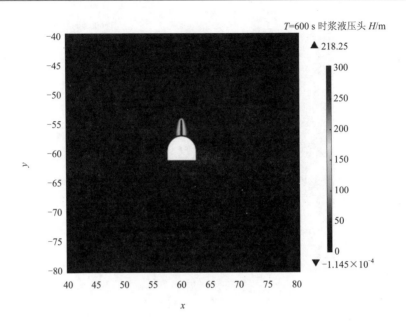

（d）注浆压力 $p$=4.5 MPa

续图 5.30

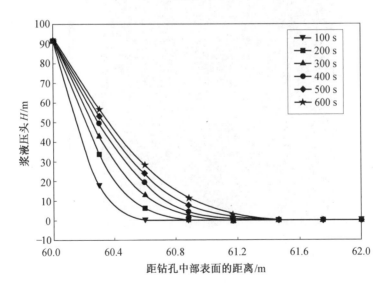

（a）注浆压力 $p$=1.5 MPa

图 5.31　不同注浆压力下浆液压头随着距钻孔表面距离的变化曲线

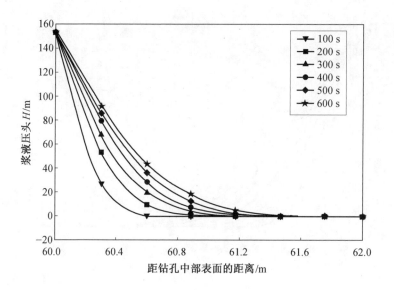

（b）注浆压力 $p$=2.5 MPa

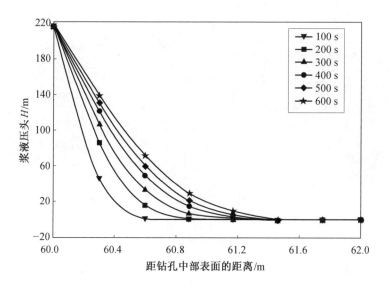

（c）注浆压力 $p$=3.5 MPa

续图 5.31

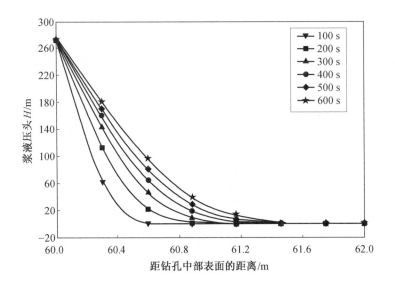

（d）注浆压力 $p$=4.5 MPa

续图 5.31

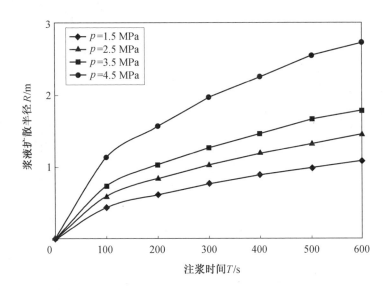

图 5.32  不同注浆压力下钻孔中部的浆液扩散半径随着注浆时间的变化曲线

**3. 深部巷道裂隙围岩锚注支护断面浆液渗透扩散规律**

从分析单根注浆锚杆的浆液在围岩中扩散的结果中可以得到如下规律：锚杆注浆主要是对巷道裂隙围岩进行加固，且随着浅部围岩受开挖扰动影响的加剧，围岩裂隙发育越充分，围岩内的浆液扩散范围就越大。

假设裂隙围岩初始渗透系数 $K_0=1\times10^{-4}$m/s，在此基础上，采用注浆锚杆和注浆锚索联合加固支护，以此达到对深部巷道裂隙围岩进行加固的目的，从而保证巷道的稳定。通过分析影响注浆锚杆浆液扩散的因素，确定注浆锚杆的注浆压力为 2.5 MPa，注浆时间为 300 s；注浆锚索的注浆压力为 6.0 MPa，注浆时间为 700 s。通过将两者耦合布置在巷道断面内来分析浆液的扩散范围，以评估采用不同注浆支护方案时浆液扩散所能达到的效果。

为了研究不同注浆支护方案的浆液扩散效果，以深部裂隙巷道断面为参考，设计以下 4 种锚注支护布置方案，通过对比分析浆液在巷道断面内的扩散范围来确定注浆加固效果，其具体的布置方案如下：

方案一：采用 1 根注浆锚索和 2 根注浆锚杆等间距布置的形式，其具体布置方式及 COMSOL 网格剖分如图 5.33（a）所示。

方案二：采用 2 根注浆锚索和 3 根注浆锚杆等间距布置的形式，其具体布置方式及 COMSOL 网格剖分如图 5.33（b）所示。

方案三：采用 3 根注浆锚索和 6 根注浆锚杆等间距布置的形式，其具体布置方式及 COMSOL 网格剖分如图 5.33（c）所示。

方案四：采用 5 根注浆锚索和 6 根注浆锚杆等间距布置的形式，其具体布置方式及 COMSOL 网格剖分如图 5.33（d）所示。

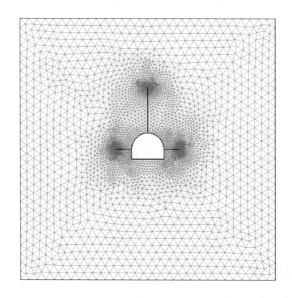

（a）方案一

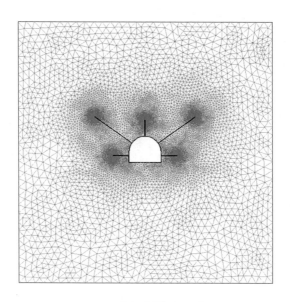

（b）方案二

图 5.33　锚注支护方案及网格剖分图

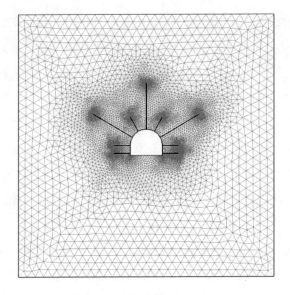

（c）方案三

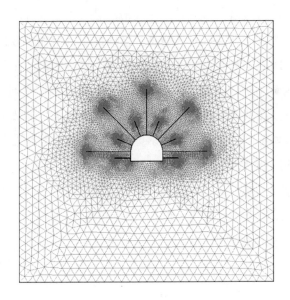

（d）方案四

续图 5.33

在使用有限元数值分析软件 COMSOL 进行计算时，设注浆锚杆的注浆压力为 2.5 MPa，并设注浆锚索的注浆压力为 6.0 MPa，而其求解模式仍为瞬态求解模式。经过数值计算后，最终获得注浆浆液在巷道围岩内的扩散分布状态。4 种数值计算方案下的注浆浆液在围岩内的最终分布云图和等值线图如图 5.34～5.37 所示。

对比分析图 5.34～5.37 所示数值计算结果可知，随着注浆锚杆和注浆锚索数量的增加，注浆浆液在巷道围岩内的扩散范围具有明显差异。在 4 种注浆支护布置形式中，方案一所用的注浆方式不能使浆液在巷道围岩内形成连接的注浆加固拱，因此，其不能对深部巷道裂隙围岩起到加固和提高强度的作用，如图 5.34 所示。相比于方案一，方案二中的注浆浆液在围岩内的扩散范围明显增加，其浅部的注浆锚杆和深部的注浆锚索所注浆液已经发生相互穿透扩散，即其注浆浆液在巷道浅部围岩表面形成了近似的注浆加固拱结构，但是注浆拱的厚度很小，所能起到的加固作用也较小，如图 5.35 所示。而方案三所采用的 3 根注浆锚索和 6 根注浆锚杆布置形式下的浆液扩散半径比方案一和方案二显著增大，且其在巷道浅部围岩内形成的注浆加固拱厚度变大，也最为密实。同时，注浆锚索进一步将浅部围岩内的注浆加固拱与深部围岩相连，通过深部围岩对其的悬吊作用及组合梁作用等来提高巷道围岩结构的整体性，改善围岩的物理力学性能，从整体上增强围岩的抗破坏能力，以保持巷道的稳定，如图 5.36 所示。在方案三的基础上，将注浆锚索的数量增加至 5 根，即方案四，注浆浆液在巷道围岩内的扩散半径进一步增大，其浅部围岩内的注浆加固拱厚度也进一步增大，并且注浆加固拱更加均匀，其对裂隙发育巷道围岩有更强的加固作用，能够维持巷道的稳定，如图 5.37 所示。

由此分析可知，方案三和方案四都能在巷道围岩内形成注浆加固拱，从而起到提高围岩整体性和承载能力的作用。但是方案四的加固作用要明显强于方案三，而且对于围岩强度低、裂隙发育区域的巷道围岩具有更强适应性，其能保证巷道围岩的稳定。

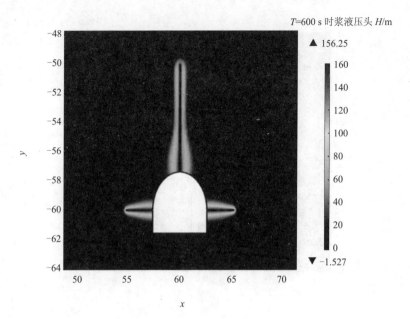

（a）浆液分布云图

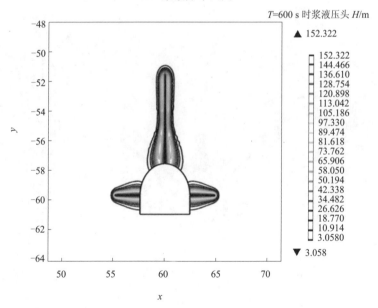

（b）浆液分布等值线图

图 5.34　方案一下的浆液扩散范围

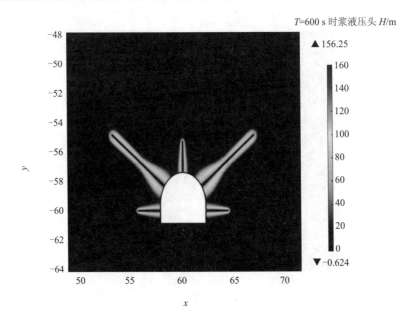

（a）浆液分布云图

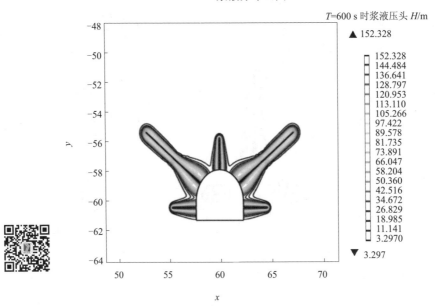

（b）浆液分布等值线图

图 5.35　方案二下的浆液扩散范围

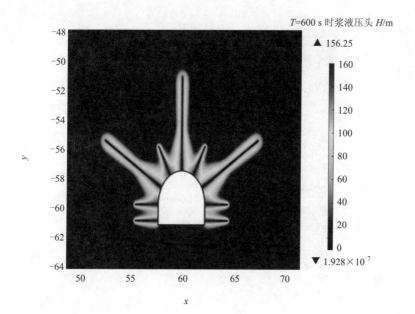

（a）浆液分布云图

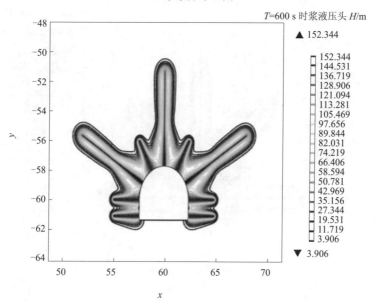

（b）浆液分布等值线图

图 5.36　方案三下的浆液扩散范围

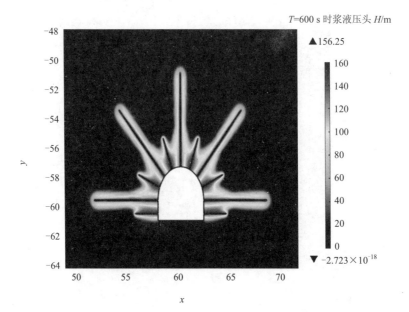

（a）浆液分布云图

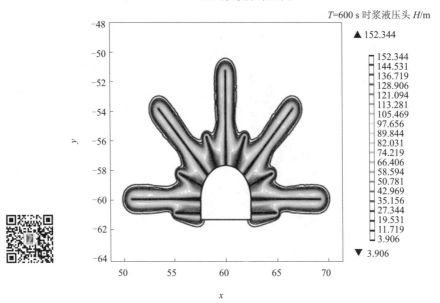

（b）浆液分布等值线图

图 5.37　方案四下的浆液扩散范围

## 5.5　本　章　小　结

为了研究浆液在粗糙裂隙内的渗流机理，推导了牛顿流体和宾汉姆流体在单裂隙内的渗流方程，并结合单裂隙渗流试验结果，研究了宾汉姆流体在粗糙裂隙内的渗流机理，得到结论如下。

（1）基于牛顿流体的本构方程和 N-S 方程，推导了牛顿流体在光滑裂隙内的渗流方程，利用单裂隙可视化注浆试验系统验证发现，相同流速对应压差试验结果比理论值略大；基于非线性渗流的半经验方程 Forchheimer 渗流方程，取其线性项为达西渗流方程系数，非线性项由试验结果拟合，对比试验结果和 Forchheimer 渗流方程结果发现，相同流速对应压差试验结果明显大于理论值。这是由于该试验条件不可能达到完全理想状态，裂隙模型的摩擦阻力引起了部分压头损失。

（2）基于宾汉姆流体的本构方程，推导了平面裂隙内宾汉姆流体的流速分布方程，结合达西渗流方程，得到了宾汉姆流体在光滑平板裂隙内流动时的渗流方程。基于流体在光滑裂隙内渗流的 Forchheimer 渗流方程，通过引入无量纲系数 $a_D$、$b_D$ 来反映流体在真实裂隙内渗流时受到的摩擦阻力，$a_D$、$b_D$ 均为裂隙面分形维数 $D$ 的函数，得到了基于分形维数的 Forchheimer 渗流方程，结合单裂隙渗流试验结果确定方程系数，并根据重构所得粗糙裂隙面轮廓线建立不同分形维数数值计算模型，模型数值模拟结果与试验数据完全吻合。通过数值模拟研究了不同分形维数裂隙模型压差与流量关系，结果表明分形维数与 Forchheimer 渗流方程系数成二次函数关系，与无量纲系数 $a_D$、$b_D$ 也成二次函数关系。

（3）基于浆液的 Forchheimer 渗流方程建立注浆孔浆液渗流模型，通过分析注浆锚杆的浆液扩散规律发现，在影响注浆浆液扩散范围的因素中，巷道围岩初始渗透系数是主要因素，而围岩的初始渗透系数与围岩裂隙开度的三次方成正比。巷道围岩初始渗透系数决定着浆液在围岩中的最终扩散半径，控制着锚注支护对巷道围岩起到的注浆加固效果。

（4）在对单根注浆锚杆浆液扩散规律分析基础上，利用有限元数值分析软件 COMSOL 得到全断面锚注支护的最佳耦合布置方式，并且获得了巷道全断面范围内的注浆加固拱形态，为深部裂隙巷道围岩锚注支护设计与施工提供了参考。

# 第6章　深部裂隙软岩巷道变形破坏特征

## 6.1　深部裂隙软岩巷道基本工程地质特征

软岩是指强度低，孔隙度大，胶结程度差，受构造面切割及风化影响显著或含有大量膨胀性黏土矿物的松、散、软、弱岩层，该类岩石多为泥岩、页岩、粉砂岩和泥质砂岩等单轴抗压强度小于 25 MPa 的岩石，是天然形成的复杂的地质介质。但在工程实践中，随着开采深度的增加，部分在浅部具有硬岩特性的岩石，在深部也表现出了软岩的变形特征，即高应力软岩。高应力软岩的形成条件为：①除少量岩石为较软弱岩石外，组成高应力软岩的大多数岩石均为较坚硬的岩石，单轴饱和抗压强度 $\sigma_c > 30$ MPa。因为岩石强度过低，虽为软岩，但不表现出高应力软岩的特征。②岩体破碎，强度和模量相对较低，流变性强。因为高地应力环境使开挖前的岩体处于高围压环境，岩体结构面处于闭合状态，稳定，有一定的强度和模量；开挖后岩体处于低围压环境，其结构面不再闭合，强度和模量较低。

地应力是存在于地层中的未受工程扰动的天然应力，它是由于地壳岩石变形而引起介质内部单位面积上的作用力，主要是在重力场和构造应力场的综合作用下，有时也是在岩体的物理化学变化及岩浆侵入等作用下所形成的应力状态。地应力的大小和方向随着时间和空间位置的不同而发生变化，构成地应力场。根据澳大利亚盖尔博士的最大水平主应力理论，由于地应力场具有明显的方向性，巷道轴向与最大水平主应力方向呈 90° 角时，受最大水平主应力的影响最大，对巷道的稳定性最不利，随着两者夹角的逐渐减少，最大水平主应力对巷道稳定性的影响逐渐降低；当巷道轴向与最大水平主应力方向呈 0° 角时，最大水平构造应力对于巷道的稳定性影响最小。深部裂隙软岩巷道在高地应力环境中的变形破坏特征主要表现在以下几个方面。

（1）巷道围岩的自稳时间短、来压快，软岩巷道围岩在没有支护的情况下，从暴露到开始失稳仅为几十分钟到几个小时，巷道来压快，要立即支护或超前支护才能保证巷道围岩不致冒落。

（2）围岩变形量大、速度快、持续时间长。一般来说，巷道掘进的第1～2天，变形速度小的为5～10 mm/d，大的为50～100 mm/d；变形持续时间一般为25～60 d，有的长达半年以上仍不稳定。在支护良好的情况下，巷道围岩的变形量一般为60～100 mm，大的甚至达到300～500 mm；如果支护不当，围岩变形量很大，300～1 000 mm的变形量较常见。

（3）围岩四周来压、底臌明显。在较硬岩层中，围岩对支护的压力主要来自顶板，中硬岩层围岩对支护的压力主要来自顶板和两帮，但在高应力软岩巷道中，则是四周来压、底臌明显。巷道开挖后不仅顶板和两帮变形较大，底板也将产生强烈底臌，如巷道支护对底板不加控制，往往出现强烈底臌并引发两帮移近、失脚和破坏，顶板冒落，巷道全部破坏。

（4）普通的刚性支护普遍破坏。软岩巷道变形量大、持续时间长，普通刚性支护所承受变形压力很大，施工后很快就发生破坏，必须再次或多次翻修后才能使用。这是刚性支护不适应软岩巷道变形破坏规律的必然结果。巷道围岩的变形或破坏，主要是由于反力或荷载超过或远远超过围岩或围岩支护的极限承载能力。造成这种破坏的因素往往是多方面的，总的来说主要有以下几个方面。

①岩性的影响。由于矿物组成、岩石结构构造的不同，不同的物理力学性质差别很大。因此，根据岩石特性的不同可将围岩分为塑性围岩和脆性围岩两大类。塑性围岩主要包括各类黏土质岩石、破碎松散岩石及某些易于吸水膨胀岩石，通常具有风化速度快、力学强度低及遇水易于软化和崩解等不良性质，因此对巷道围岩稳定性最不利。脆性围岩主要包括各类坚硬岩体，由于岩石本身的强度远高于结构面的强度，故这类围岩的强度主要取决于岩体结构，岩体性质本身的影响不十分显著。

而我国矿区主要分布于开采新生界第三纪褐煤和开采中生界上侏罗纪的褐煤矿区，煤层顶底板岩石都非常松软破碎，易风化，多属于塑性围岩，因此怕风、怕水、怕振。故岩性是影响围岩稳定性的最基本因素，是物质基础。

②埋藏深度。任何地下工程将受到上覆岩层压力的影响，随着开采深度的增加，上覆岩层压力有增大的趋势。巷道所处地层越深，巷道所受围岩静压就越大。在巷道不受其他因素的影响及其四周围岩静压力均匀的情况下，巷道支护的破坏总会在强度最薄弱的地方开始。由于软岩本身的承载能力差，一旦巷道支护体破坏失效，巷道变形则会急剧加速，严重失修。

③地质构造。不同的地质构造产生的构造应力场不同。松散破碎岩石在原有的应力场中可以保持稳定，但是巷道的开挖使得应力重新分布。在应力重新分布过程中，巷道支护将会产生严重的变形破坏。

④地下水的影响。地下水的活动情况既影响围岩的应力状态，又影响围岩的强度。结构面中空隙水压力的增大能减小结构面上的有效正应力，因而降低了岩体沿结构面的抗滑强度；地下围岩中有含高岭石、伊利石、蒙脱石等黏土矿物成分的岩体，遇水会急剧膨胀，从而产生很大膨胀应力。而且这些岩石遇水很快泥化、变软，在上覆岩层压力作用下出现流变，最终会造成巷道变形过大，给支护带来困难。

## 6.2　深部裂隙软岩巷道围岩变形与破坏特性的流变分析

由于深部大变形软岩巷道围岩具有流变特性，而仅仅使用等强度弹塑性理论对巷道围岩稳定性进行解析不符合实际，因此需要引入围岩的流变理论进行解析。圆形巷道计算模型如图 6.1 所示，巷道 Ⅰ 区为弹性区，Ⅱ 区为塑性区，Ⅲ 区为残余强度区。巷道半径为 $r_0$，$a$ 为弹性区与破坏区边界，$b$ 为塑性区与残余强度区边界。巷道外边界受大小为 $q_0$ 的支护阻力的作用。

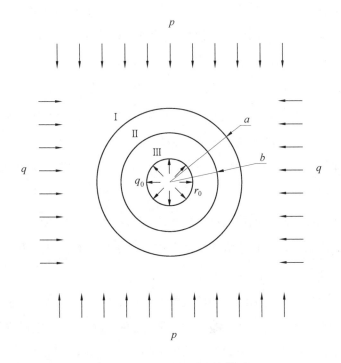

图 6.1　圆形巷道计算模型

## 6.2.1　深部裂隙软岩巷道围岩弹性区流变分析

假定巷道轴向无限长，所处深度较巷道断面尺寸大得多，并假定巷道内有支护。该问题为平面应变问题，原岩垂直应力为 $p$，水平应力为 $q$。由于该问题为轴对称结构受非轴对称载荷问题，为了能够充分利用轴对称问题的简便计算方法，将该问题转化为以下两种情形的叠加形式：

巷道 $x$ 轴、$y$ 轴方向均受 $\dfrac{p+q}{2}$ 的应力（轴对称问题）；巷道 $x$ 轴方向受 $\dfrac{p-q}{2}$ 的应力，$y$ 轴方向受 $\dfrac{q-p}{2}$ 的应力（轴对称结构受非轴对称载荷问题）。两种受力情形经过叠加后，与原受力情形等效。

下面分别计算每种情形的弹性解：

（1）巷道 $x$ 轴、$y$ 轴方向均受 $\dfrac{p+q}{2}$ 的应力（轴对称问题），圆形巷道轴对称载荷计算模型如图 6.2 所示。

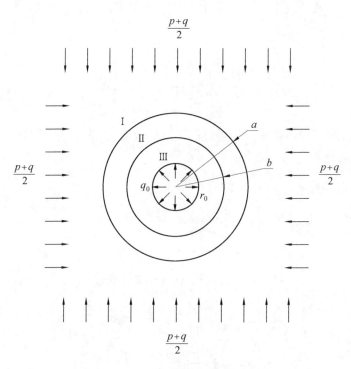

图 6.2　圆形巷道轴对称载荷计算模型

平衡方程为

$$\frac{\mathrm{d}\sigma_r}{\mathrm{d}r} + \frac{\sigma_r - \sigma_\theta}{r} = 0 \tag{6.1}$$

物理方程为

$$\begin{cases} \varepsilon_r = \dfrac{1-\mu^2}{E}\left(\sigma_r - \dfrac{\mu}{1-\mu}\sigma_\theta\right) \\[3mm] \varepsilon_\theta = \dfrac{1-\mu^2}{E}\left(\sigma_\theta - \dfrac{\mu}{1-\mu}\sigma_r\right) \end{cases} \tag{6.2}$$

几何方程为

$$\begin{cases} \varepsilon_r = \dfrac{\mathrm{d}u_r}{\mathrm{d}r} \\[3mm] \varepsilon_\theta = \dfrac{u_r}{r} \end{cases} \tag{6.3}$$

相容方程为

$$\left( \frac{d^2}{\mathrm{d}r^2} + \frac{1}{r} \cdot \frac{d}{\mathrm{d}r} \right)(\sigma_r + \sigma_\theta) = 0 \tag{6.4}$$

式中，$\sigma_r$、$\sigma_\theta$ 分别为径向正应力和切向正应力；$\varepsilon_r$、$\varepsilon_\theta$ 分别为径向正应变和切向正应变；$u_r$ 为径向位移。

内外边界条件为

$$\begin{cases} r \to \infty, \sigma_r = \dfrac{p+q}{2} \\[3mm] r \to a, \sigma_r = \sigma_{re} \end{cases} \tag{6.5}$$

将表达式（6.1）～（6.4）与表达式（6.5）结合求得

$$\begin{cases} \sigma_{r1} = \left( 1 - \dfrac{a^2}{r^2} \right) \dfrac{p+q}{2} + \dfrac{a^2}{r^2}\sigma_{re} \\[3mm] \sigma_{\theta1} = \left( 1 + \dfrac{a^2}{r^2} \right) \dfrac{p+q}{2} - \dfrac{a^2}{r^2}\sigma_{re} \\[3mm] \tau_{r\theta1} = 0 \end{cases} \tag{6.6}$$

式中，$\dfrac{p+q}{2}$ 为模型外边界径向正应力；$a$ 为围岩破坏区的半径；$\sigma_{re}$ 为围岩弹塑性边界处的径向应力。

将表达式（6.6）代入物理方程和几何方程，可解得弹性区的环向位移为零，而径向位移为

$$u_{r1}^e = \frac{r(1+\mu)}{E} \cdot \frac{p+q}{2}\left( 1 - 2\mu + \frac{a^2}{r^2} \right) - \frac{a^2\sigma_{re}(1-\mu^2)}{rE}\left( 1 + \frac{\mu}{1-\mu} \right) \tag{6.7}$$

（2）巷道 $x$ 轴方向受 $\dfrac{p-q}{2}$ 的应力，$y$ 轴方向受 $\dfrac{q-p}{2}$ 的应力（轴对称结构受非轴对称载荷问题），圆形巷道非轴对称载荷计算模型如图 6.3 所示。

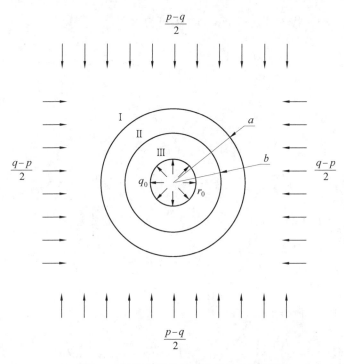

图 6.3　圆形巷道非轴对称载荷计算模型

由于该问题为非轴对称问题，运用弹性力学平面问题基本解法中的应力函数的半逆解法求解。

极坐标形式下，巷道围岩外围（$r \to \infty$）处的应力边界条件为

$$\begin{cases} \sigma_r^{\infty} = \dfrac{p-q}{2}\cos 2\theta \\[2mm] \tau_r^{\infty} = -\dfrac{p-q}{2}\sin 2\theta \end{cases} \tag{6.8}$$

应力分量为 $r$、$\theta$ 的函数，故应力函数也为 $r$、$\theta$ 的函数，由边界条件可知，应力分量与 $\theta$ 成三角函数关系，故初始应力函数为

$$\varphi = f(r)\cos 2\theta \tag{6.9}$$

应力函数需满足双调和方程：

$$\nabla^4 \varphi = 0 \tag{6.10}$$

将表达式（6.9）代入表达式（6.10）中可得

$$\left( \frac{d}{dr^2} + \frac{1}{r} \cdot \frac{d}{dr} - \frac{4}{r^2} \right)^2 f(r) \cos 2\theta = 0 \tag{6.11}$$

解之得

$$f(r) = Ar^4 + Br^2 + C + \frac{D}{r^2} \tag{6.12}$$

式中，$A$、$B$、$C$、$D$ 为待定系数。

将表达式（6.12）代入表达式（6.9）中，则应力函数为

$$\varphi = \left( Ar^4 + Br^2 + C + \frac{D}{r^2} \right) \cos 2\theta \tag{6.13}$$

通过应力函数求得各应力分量为

$$\begin{cases} \sigma_r = \frac{1}{r} \cdot \frac{\partial}{\partial r} + \frac{1}{r^2} \cdot \frac{\partial^2 \varphi}{\partial \theta^2} = -\left( 2B + \frac{4C}{r^2} + \frac{6D}{r^4} \right) \cos 2\theta \\[2mm] \sigma_\theta = \frac{\partial^2 \varphi}{\partial r^2} = \left( 12Ar^2 + 2B + \frac{6D}{r^4} \right) \cos 2\theta \\[2mm] \tau_{r\theta} = \frac{1}{r^2} \cdot \frac{\partial \varphi}{\partial \theta} - \frac{1}{r} \cdot \frac{\partial^2 \varphi}{\partial \theta \partial r} = \left( 6Ar^2 + 2B - \frac{2C}{r^2} - \frac{6D}{r^4} \right) \sin 2\theta \end{cases} \tag{6.14}$$

巷道弹性区域内周（$r = a$）处的边界条件为

$$\begin{cases} \sigma_r^a = \sigma_{re} \\[2mm] \tau_{r\theta}^a = \tau_{r\theta e} \end{cases} \tag{6.15}$$

式中，$\sigma_{re}$、$\tau_{r\theta e}$ 分别为弹塑性边界处的径向应力与切应力。

将表达式（6.8）和式（6.15）代入表达式（6.14）中，并求解可得

$$\begin{cases} A = 0 \\ B = \dfrac{p-q}{4} \\ C = \dfrac{a^2}{2}\left( \dfrac{\tau_{r\theta e}}{\sin 2\theta} - \dfrac{\sigma_{re}}{\cos 2\theta} - p + q \right) \\ D = \dfrac{a^4}{6}\left( \dfrac{\sigma_{re}}{\cos 2\theta} - \dfrac{2\tau_{r\theta e}}{\sin 2\theta} + \dfrac{3}{2}p - \dfrac{3}{2}q \right) \end{cases} \tag{6.16}$$

将表达式（6.16）代入表达式（6.14）中，得到的应力分量为

$$\begin{cases} \sigma_{r2} = -\dfrac{p-q}{2}\left( 1 - \dfrac{4a^2}{r^2} + \dfrac{3a^4}{r^4} \right)\cos 2\theta - \left( \dfrac{a^4}{r^4} - \dfrac{2a^2}{r^2} \right)\sigma_{re} + \left( \dfrac{2a^4}{r^4} - \dfrac{2a^2}{r^2} \right)\tau_{r\theta e}\cot 2\theta \\ \sigma_{\theta 2} = \dfrac{p-q}{2}\left( 1 + \dfrac{3a^4}{r^4} \right)\cos 2\theta + \dfrac{a^4}{r^4}\sigma_{re} - \dfrac{2a^4}{r^4}\tau_{r\theta e}\cot 2\theta \\ \tau_{r\theta 2} = \dfrac{p-q}{2}\left( 1 + \dfrac{2a^2}{r^2} - \dfrac{3a^4}{r^4} \right)\sin 2\theta + \left( \dfrac{a^2}{r^2} - \dfrac{a^4}{r^4} \right)\sigma_{re}\tan 2\theta + \left( \dfrac{2a^4}{r^4} - \dfrac{a^2}{r^2} \right)\tau_{r\theta e} \end{cases} \tag{6.17}$$

极坐标形式下的平面应变问题物理方程为

$$\begin{cases} \varepsilon_r = \dfrac{1-\mu^2}{E}\left( \sigma_r - \dfrac{\mu}{1-\mu}\sigma_\theta \right) \\ \varepsilon_\theta = \dfrac{1-\mu^2}{E}\left( \sigma_\theta - \dfrac{\mu}{1-\mu}\sigma_r \right) \\ \gamma_{r\theta} = \dfrac{2(1+\mu)}{E}\tau_{r\theta} \end{cases} \tag{6.18}$$

几何方程为

$$\begin{cases} \varepsilon_r = \dfrac{\partial u_r}{\partial r} \\ \varepsilon_\theta = \dfrac{u_r}{r} + \dfrac{1}{r}\cdot\dfrac{\partial u_\theta}{\partial \theta} \\ \gamma_{r\theta} = \dfrac{1}{r}\cdot\dfrac{\partial u_r}{\partial \theta} + \dfrac{\partial u_\theta}{\partial r} - \dfrac{u_\theta}{r} \end{cases} \tag{6.19}$$

由表达式（6.17）～（6.19）可求得该非轴对称情形下的巷道位移。

$$
\begin{cases}
u_{r2}^e = \dfrac{r(1+\mu)}{E}\left[-1+\dfrac{a^4}{r^4}+\dfrac{4a^2(\mu-1)}{r^2}\right]\dfrac{p-q}{2}\cos2\theta + \dfrac{r(1+\mu)}{3E}\left[\dfrac{a^4}{r^4}+\dfrac{6a^2(\mu-1)}{r^2}\right]\sigma_{re} - \\[3mm]
\qquad \dfrac{r(1+\mu)}{3E}\left[\dfrac{2a^4}{r^4}-\dfrac{3a^2(\mu-1)}{r^2}\right]\tau_{r\theta e}\cot2\theta \\[6mm]
u_{\theta2}^e = \dfrac{r(1+\mu)}{E}\left[\dfrac{a^4}{r^4}+\dfrac{2a^2(1-2\mu)}{r^2}+1\right](p-q)\sin2\theta + \dfrac{r\theta(1+\mu)}{3E}\left[\dfrac{2a^4}{r^4}+\dfrac{6a^2(1-2\mu)}{r^2}\right]\sigma_{re} + \\[3mm]
\qquad \dfrac{r(1+\mu)\left[-\dfrac{4a^4}{r^4}+\dfrac{6a^2(2\mu-1)}{r^2}\right]}{3E}\tau_{r\theta e}\ln(\sin2\theta)
\end{cases}
\tag{6.20}
$$

将前两部分的应力、位移叠加，可得到：

$$
\begin{cases}
\sigma_r = \left(1-\dfrac{a^2}{r^2}\right)\dfrac{p+q}{2} - \dfrac{p-q}{2}\left(1-\dfrac{4a^2}{r^2}+\dfrac{3a^4}{r^4}\right)\cos2\theta - \left(\dfrac{a^4}{r^4}-\dfrac{3a^2}{r^2}\right)\sigma_{re} + \left(\dfrac{2a^4}{r^4}-\dfrac{2a^2}{r^2}\right)\tau_{r\theta e}\cot2\theta \\[3mm]
\sigma_\theta = \left(1+\dfrac{a^2}{r^2}\right)\dfrac{p+q}{2} + \dfrac{p-q}{2}\left(1+\dfrac{3a^4}{r^4}\right)\cos2\theta + \left(\dfrac{a^4}{r^4}-\dfrac{a^2}{r^2}\right)\sigma_{re} - \dfrac{2a^4}{r^4}\tau_{r\theta e}\cot2\theta \\[3mm]
\tau_{r\theta} = \dfrac{p-q}{2}\left(1+\dfrac{2a^2}{r^2}-\dfrac{3a^4}{r^4}\right)\sin2\theta + \left(\dfrac{a^2}{r^2}-\dfrac{a^4}{r^4}\right)\sigma_{re}\tan2\theta + \left(\dfrac{2a^4}{r^4}-\dfrac{a^2}{r^2}\right)\tau_{r\theta e}
\end{cases}
\tag{6.21}
$$

$$
\begin{cases}
u_r^e = \dfrac{r(1+\mu)}{E}\cdot\dfrac{p+q}{2}\left(1-2\mu+\dfrac{a^2}{r^2}\right) + \dfrac{r(1+\mu)}{E}\left[-1+\dfrac{a^4}{r^4}+\dfrac{4a^2(\mu-1)}{r^2}\right]\dfrac{p-q}{2}\cos2\theta + \\[3mm]
\qquad \dfrac{r(1+\mu)}{3E}\left[\dfrac{a^4}{r^4}+\dfrac{3a^2(2\mu-1)}{r^2}\right]\sigma_{re} - \dfrac{r(1+\mu)}{3E}\left[\dfrac{2a^4}{r^4}-\dfrac{3a^2(\mu-1)}{r^2}\right]\tau_{r\theta e}\cot2\theta \\[6mm]
u_\theta^e = \dfrac{r(1+\mu)}{E}\left[\dfrac{a^4}{r^4}+\dfrac{2a^2(1-2\mu)}{r^2}+1\right](p-q)\sin2\theta + \dfrac{r\theta(1+\mu)}{3E}\left[\dfrac{2a^4}{r^4}+\dfrac{6a^2(1-2\mu)}{r^2}\right]\sigma_{re} + \\[3mm]
\qquad \dfrac{r(1+\mu)\left[-\dfrac{4a^4}{r^4}+\dfrac{6a^2(2\mu-1)}{r^2}\right]}{3E}\tau_{r\theta e}\ln(\sin2\theta)
\end{cases}
\tag{6.22}
$$

当 $a = 0$ 时，即为巷道开挖前的位移：

$$u_r^0 = \frac{r(1+\mu)}{E} \cdot \frac{p+q}{2}(1-2\mu) - \frac{r(1+\mu)}{E} \cdot \frac{p-q}{2}\cos 2\theta \tag{6.23}$$

故巷道开挖后的弹性区位移为

$$\left\{ \begin{aligned} u_r^{e'} &= u_r^e - u_r^0 = \frac{r(1+\mu)}{E} \cdot \frac{p+q}{2} \cdot \frac{a^2}{r^2} + \frac{r(1+\mu)}{E}\left[\frac{a^4}{r^4} + \frac{4a^2(\mu-1)}{r^2}\right]\frac{p-q}{2}\cos 2\theta + \\ &\quad \frac{r(1+\mu)}{3E}\left[\frac{a^4}{r^4} + \frac{3a^2(2\mu-1)}{r^2}\right]\sigma_{re} - \frac{r(1+\mu)}{3E}\left[\frac{2a^4}{r^4} - \frac{3a^2(\mu-1)}{r^2}\right]\tau_{r\theta e}\cot 2\theta \\[2mm] u_\theta^{e'} &= \frac{r(1+\mu)}{E}\left[\frac{a^4}{r^4} + \frac{2a^2(1-2\mu)}{r^2} + 1\right](p-q)\sin 2\theta + \frac{r\theta(1+\mu)}{3E}\left[\frac{2a^4}{r^4} + \frac{6a^2(1-2\mu)}{r^2}\right]\sigma_{re} + \\ &\quad \frac{r(1+\mu)\left[-\dfrac{4a^4}{r^4} + \dfrac{6a^2(2\mu-1)}{r^2}\right]}{3E}\tau_{r\theta e}\ln(\sin 2\theta) \end{aligned} \right. \tag{6.24}$$

选用 Burgers 模型对巷道围岩进行黏弹性蠕变分析。Burgers 模型元件如图 6.4 所示。

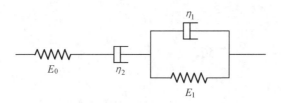

图 6.4　Burgers 模型元件

Burgers 模型的本构方程为

$$\sigma + \left(\frac{E_0 + E_1}{\eta_1} + \frac{E_0}{\eta_2}\right)\sigma + \frac{E_1}{\eta_1} \cdot \frac{E_2}{\eta_2}\sigma = E_0\varepsilon + \frac{E_0 E_1}{\eta_1}\varepsilon \tag{6.25}$$

该模型的蠕变方程为

$$\varepsilon = \frac{\sigma}{E_0} + \frac{\sigma}{\eta_2}t + \frac{\sigma}{E_1}\left(1 - e^{-\frac{E_1}{\eta_1}t}\right) \tag{6.26}$$

在三维形式下的蠕变方程为

$$e_{ij} = \frac{s_{ij}}{2G_0} + \frac{s_{ij}}{2H_2}t + \frac{s_{ij}}{2G_1}\left(1 - e^{-\frac{G_1}{H_1}t}\right) \tag{6.27}$$

式中，$G_i$、$H_i$ 分别为各元件三维剪切弹性系数和三维黏滞系数。

由表达式（6.27）可得

$$\begin{cases} \varepsilon_r - \varepsilon_m = (\sigma_r - \sigma_m)\left[\dfrac{1}{2G_0} + \dfrac{1}{2H_2}t + \dfrac{1}{2G_1}\left(1 - e^{-\frac{G_1}{H_1}t}\right)\right] \\[4mm] \varepsilon_\theta - \varepsilon_m = (\sigma_\theta - \sigma_m)\left[\dfrac{1}{2G_0} + \dfrac{1}{2H_2}t + \dfrac{1}{2G_1}\left(1 - e^{-\frac{G_1}{H_1}t}\right)\right] \end{cases} \tag{6.28}$$

由广义平面应变问题得到：

$$\sigma_m = \frac{1+\mu}{3\mu}\sigma_z \tag{6.29}$$

又由 $\sigma_m = \dfrac{\sigma_r + \sigma_\theta + \sigma_z}{3}$ 得到：

$$\sigma_m = \frac{1+\mu}{3}(\sigma_r + \sigma_\theta) \tag{6.30}$$

将表达式（6.30）代入 $\varepsilon_m = \dfrac{1-2\mu}{E}\sigma_m$ 中得到：

$$\varepsilon_m = \frac{1+\mu}{3} \cdot \frac{1-2\mu}{E}(\sigma_r + \sigma_\theta) \tag{6.31}$$

将表达式（6.21）、式（6.30）和式（6.31）代入表达式（6.28）中，对 $r$ 积分并省略高阶小量后整理得到：

$$u_r = A\tau_{r\theta e} + \left[\left[\frac{1}{2G_0} + \frac{1}{2H_2}t + \frac{1}{2G_1}\left(1-e^{-\frac{G_1}{H_1}t}\right)\right]\left[\frac{1}{3}\cdot\frac{a^4}{r^3} - \frac{3a^2}{r} + \frac{2}{3}\cdot\frac{a^2}{r}(1+\mu)\right] - \frac{2}{3}(1+\mu)\frac{1-2\mu}{E}\cdot\frac{a^2}{r}\right]\sigma_{re} +$$

$$\left[\frac{1}{2G_0} + \frac{1}{2H_2}t + \frac{1}{2G_1}\left(1-e^{-\frac{G_1}{H_1}t}\right)\right]\left[\frac{p+q}{2}\left(r+\frac{a^2}{r}\right) - \frac{p-q}{2}\left(r+\frac{4a^2}{r} - \frac{a^4}{r^3}\right)\cos 2\theta - \qquad (6.32)\right.$$

$$\frac{1+\mu}{3}\left[(p+q)r - \frac{p-q}{2}\cdot\frac{4a^2}{r}\cos 2\theta\right] + \frac{1+\mu}{3}\cdot\frac{1-2\mu}{E}\left[(p+q)r - \frac{p-q}{2}\cdot\frac{4a^2}{r}\cos 2\theta\right]$$

式中，$A = \left[\frac{1}{2G_0} + \frac{1}{2H_2}t + \frac{1}{2G_1}\left(1-e^{-\frac{G_1}{H_1}t}\right)\right]\left[\left(\frac{2a^2}{r} - \frac{2a^4}{3r^3}\right)\cos t2\theta - \frac{1+\mu}{3}\cdot\frac{2a^2}{r}\cos t2\theta\right] +$

$$\frac{1+\mu}{3}\cdot\frac{1-2\mu}{E}\cdot\frac{2a^2}{r}\cos 2\theta \, 。$$

## 6.2.2　深部裂隙软岩巷道围岩破坏区流变分析

巷道围岩从弹性区向外，依次为塑性区和残余强度区。在弹塑性边界（$r=a$），岩体服从 Mohr-Coulumb 强度准则，且当 $1 \leqslant \dfrac{q}{p} \leqslant 3$ 时，有

$$\sigma_r + \sigma_\theta = 2p + (q-p)\cos 2\theta \qquad (6.33)$$

与 Mohr-Coulumb 强度准则联立，即

$$\begin{cases} \sigma_{re} + \sigma_{\theta e} = 2p + (q-p)\cos 2\theta \\ \sigma_{\theta e} = K\sigma_{re} + \sigma_c \end{cases} \qquad (6.34)$$

式中，$K = \dfrac{1+\sin\phi}{1-\sin\phi}$；$\sigma_c = \dfrac{2c\cos\phi}{1-\sin\phi}$；$\phi$、$c$ 分别为岩体内摩擦角和黏聚力。

解得

$$
\begin{cases}
\sigma_{re} = \dfrac{[2p+(q-p)\cos 2\theta]-\sigma_c}{1+K} \\[4mm]
\sigma_{\theta e} = \dfrac{[2p+(q-p)\cos 2\theta]K+\sigma_c}{1+K} \\[4mm]
\tau_{r\theta e} = 0
\end{cases}
\tag{6.35}
$$

将表达式（6.35）代入表达式（6.21）和式（6.24）中即可得到弹性解的简化形式：

$$
\begin{cases}
\sigma_r = \left(1-\dfrac{a^2}{r^2}\right)\dfrac{p+q}{2}-\dfrac{p-q}{2}\left(1-\dfrac{4a^2}{r^2}+\dfrac{3a^4}{r^4}\right)\cos 2\theta-\left(\dfrac{a^4}{r^4}-\dfrac{3a^2}{r^2}\right)\dfrac{[2p+(q-p)\cos 2\theta]-\sigma_c}{1+K} \\[4mm]
\sigma_\theta = \left(1+\dfrac{a^2}{r^2}\right)\dfrac{p+q}{2}+\dfrac{p-q}{2}\left(1+\dfrac{3a^4}{r^4}\right)\cos 2\theta+\left(\dfrac{a^4}{r^4}-\dfrac{a^2}{r^2}\right)\dfrac{[2p+(q-p)\cos 2\theta]-\sigma_c}{1+K} \\[4mm]
\tau_{r\theta} = \dfrac{p-q}{2}\left(1+\dfrac{2a^2}{r^2}-\dfrac{3a^4}{r^4}\right)\sin 2\theta+\left(\dfrac{a^2}{r^2}-\dfrac{a^4}{r^4}\right)\dfrac{[2p+(q-p)\cos 2\theta]-\sigma_c}{1+K}\tan 2\theta
\end{cases}
\tag{6.35（a）}
$$

$$
\begin{cases}
u_r^e = \dfrac{r(1+\mu)}{E}\cdot\dfrac{p+q}{2}\left(1-2\mu+\dfrac{a^2}{r^2}\right)+\dfrac{r(1+\mu)}{E}\left[-1+\dfrac{a^4}{r^4}+\dfrac{4a^2(\mu-1)}{r^2}\right]\dfrac{p-q}{2}\cos 2\theta+ \\[4mm]
\qquad \dfrac{r(1+\mu)}{3E}\left[\dfrac{a^4}{r^4}+\dfrac{3a^2(2\mu-1)}{r^2}\right]\dfrac{[2p+(q-p)\cos 2\theta]-\sigma_c}{1+K} \\[4mm]
u_\theta^e = \dfrac{r(1+\mu)}{E}\left[\dfrac{a^4}{r^4}+\dfrac{2a^2(1-2\mu)}{r^2}+1\right](p-q)\sin 2\theta+ \\[4mm]
\qquad \dfrac{r\theta(1+\mu)}{3E}\left[\dfrac{2a^4}{r^4}+\dfrac{6a^2(1-2\mu)}{r^2}\right]\dfrac{[2p+(q-p)\cos 2\theta]-\sigma_c}{1+K}
\end{cases}
\tag{6.35（b）}
$$

**1. 对塑性区围岩进行应力、位移分析**

（1）塑性区位移分析。考虑围岩屈服时的扩容效应，并假定扩容梯度为定值时，根据塑性流动法则，塑性区岩体的径向应变和切向应变的关系如下：

$$
\eta\varepsilon_{\theta p}+\varepsilon_{rp}=0
\tag{6.36}
$$

式中，$\eta$ 为塑性区围岩扩容梯度（$\eta \geqslant 1$），当无扩容梯度时 $\eta = 1$。

$\eta$ 可由岩石的应力-应变试验得到。由于扩容梯度受围压的影响很大，所以取值时可取最大与最小扩容梯度的平均值。

假定破坏区中的应变呈轴对称分布，表达式（6.36）可写成：

$$\eta \frac{u_{rp}}{r} + \frac{\mathrm{d}u_{rp}}{\mathrm{d}r} = 0 \tag{6.37}$$

利用弹塑性分界面上的位移连续条件，得到塑性区中的位移为

$$u_{rp} = r^{-\eta} a^{\eta+1} M \tag{6.38}$$

式中，$M = \dfrac{1+\mu}{6E(1+K)}\{3(p+q)(1+K) + 3(4\mu-3)(p-q)(1+K)\cos 2\theta +$

$2(6\mu-2)[2p+(q-p)\cos 2\theta - \sigma_c]\}$ 。

（2）塑性区应力分析。研究表明，岩体的应变软化效应主要由岩体凝聚力的降低引起，其内摩擦角在屈服前后变化较小，忽略内摩擦角软化后的岩体强度的软化模量表示为

$$Q = \frac{\sigma_c - \sigma_{cs}}{\varepsilon_{\theta ps} - \varepsilon_{\theta ep}} = \frac{c - c_s}{\varepsilon_{\theta ps} - \varepsilon_{\theta ep}} \tag{6.39}$$

得到的塑性软化阶段岩体的抗压强度为

$$\sigma_{cp} = \sigma_c - MQ\left[\left(\frac{a}{r}\right)^{1+\eta} - 1\right] \tag{6.40}$$

此时塑性区中 Mohr-Coulumb 强度准则可表示为

$$\sigma_{\theta p} = K\sigma_{rp} + \sigma_{cp} \tag{6.41}$$

代入平衡微分方程，并利用弹塑性分界面上应力连续条件得到塑性区的应力：

$$\begin{cases} \sigma_{rp} = \left[ \dfrac{2p + (q-p)\cos 2\theta - \sigma_c}{1+K} + \dfrac{\sigma_{cp}}{K-1} \right] \left( \dfrac{a}{r} \right)^{1-K} + \dfrac{\sigma_{cp}}{1-K} \\[4mm] \sigma_{\theta p} = K \left[ \dfrac{2p + (q-p)\cos 2\theta - \sigma_c}{1+K} + \dfrac{\sigma_{cp}}{K-1} \right] \left( \dfrac{a}{r} \right)^{1-K} + \dfrac{\sigma_{cp}}{1-K} \end{cases} \tag{6.42}$$

式中，$\sigma_{cp} = \sigma_c - MQ \left[ \left( \dfrac{a}{r} \right)^{1+\eta} - 1 \right]$；$Q = \dfrac{c - c_s}{\varepsilon_{\theta ps} - \varepsilon_{\theta ep}}$。

**2. 对残余强度区围岩进行应力、位移分析**

残余强度区围岩满足 Mohr-Coulumb 准则和平衡微分方程，即

$$\begin{cases} \sigma_{\theta s} = K\sigma_{rs} + \sigma_{cs} \\[3mm] \dfrac{\mathrm{d}\sigma_{rs}}{\mathrm{d}r} + \dfrac{\sigma_{rs} - \sigma_{\theta s}}{r} = 0 \end{cases} \tag{6.43}$$

因巷道外周有均匀支护压力 $q_0$，则外边界条件：

$$\sigma_{rs}^{r_0} = q_0 \tag{6.44}$$

将表达式（6.43）和式（6.44）联立解得

$$\begin{cases} \sigma_{rs} = \dfrac{(K-1)q_0 - \sigma_{cs}}{K-1} \left( \dfrac{r_0}{r} \right)^{1-K} - \dfrac{\sigma_{cs}}{K-1} \\[4mm] \sigma_{\theta s} = K \dfrac{(K-1)q_0 - \sigma_{cs}}{K-1} \left( \dfrac{r_0}{r} \right)^{1-K} + \dfrac{1}{K-1}\sigma_{cs} \end{cases} \tag{6.45}$$

式中，$\sigma_{cs}$ 为破坏区岩体的残余抗压强度。

同塑性区相似，残余强度区围岩位移满足：

$$\eta' \varepsilon_{\theta s} + \varepsilon_{rs} = 0 \tag{6.46}$$

式中，$\eta'$ 为残余强度区围岩的扩容梯度。

仍然利用破坏区变形轴对称假设，可得

$$\eta' \frac{u_{rs}}{r} + \frac{\mathrm{d}u_{rs}}{\mathrm{d}r} = 0 \tag{6.47}$$

根据塑性区与残余强度区边界（$r = b$ 处）位移连续条件，可得塑性残余区围岩位移：

$$u_{rs} = Ma^{1+\eta} b^{\eta' - \eta} r^{-\eta'} \tag{6.48}$$

式中，$r = a$ 时为围岩弹破坏区边界；$r = b$ 时为围岩塑性区与残余强度区边界。

研究表明，线黏弹性边值问题的求解方程在拉普拉斯空间的变换形式与线弹性问题完全相同。通常将线黏弹性与线弹性问题所具有的这种关系称为弹性-黏弹性相应原理。因此，对于可获得已知边界条件弹性问题的解，只需将弹性解进行拉普拉斯变换后的表达式中的材料参数替换，并做拉普拉斯逆变换便可获得同一问题的黏弹性解。

由对应性原理，对表达式（6.25）进行拉普拉斯变换后得到对应的算子函数为

$$\begin{cases} P(s) = 1 + \left( \dfrac{\eta_2}{G_0} + \dfrac{\eta_1 + \eta_2}{G_1} \right) s + \dfrac{\eta_2 \eta_1}{G_0 G_1} s^2 \\[3mm] Q(s) = \eta_2 s + \dfrac{\eta_1 \eta_2}{G_1} s^2 \end{cases} \tag{6.49}$$

则有

$$\bar{G}(s) = \frac{Q(s)}{P(s)} = \cfrac{\eta_2 s + \dfrac{\eta_1 \eta_2}{G_1} s^2}{1 + \left( \dfrac{\eta_2}{G_0} + \dfrac{\eta_1 + \eta_2}{G_1} \right) s + \dfrac{\eta_2 \eta_1}{G_0 G_1} s^2} \tag{6.50}$$

又因为弹性剪切模量 $G$、弹性体积模量 $K_V$ 与弹性模量 $E$ 和泊松比 $\mu$ 之间的关系为

$$\begin{cases} E = \dfrac{9GK_V}{3K_V + G} \\[3mm] \mu = \dfrac{3K_V - 2G}{2(3K_V + G)} \end{cases} \tag{6.51}$$

故根据所求得的破坏区中围岩的弹性解答，由黏弹性问题的一般求法，只需在弹性解中，以 $\bar{G}(s)$ 代替 $G$，然后经过拉普拉斯逆变换，即可得到该问题的黏弹性解。

（1）塑性区围岩流变解答。将围岩塑性区位移的弹性解答表达式（6.38），按照上述步骤进行一次拉普拉斯变换和一次拉普拉斯逆变换后得到黏弹性解答：

$$u'_{rp} = \frac{1}{12G_0(1+K)} r^{-\eta} a^{\eta+1} \left[ 1 + \frac{G_0}{\eta_2} t + \frac{G_0}{\eta_1} \left( 1 - e^{-\frac{G_1}{\eta_1} t} \right) \right] \{ 3(p+q)(1+K) + \tag{6.52}$$

$$3(4\mu - 3)(p-q)(1+K)\cos 2\theta + 2(6\mu - 2)[2p + (q-p)\cos 2\theta - \sigma_c] \}$$

（2）残余强度区围岩流变解答。将围岩残余强度区位移的弹性解答表达式（6.48），按照上述步骤进行一次拉普拉斯变换和一次拉普拉斯逆变换后得到黏弹性解答：

$$u'_{rs} = \frac{1}{12G_0(1+K)} r^{-\eta'} a^{\eta+1} b^{\eta'-\eta} \left[ 1 + \frac{G_0}{\eta_2} t + \frac{G_0}{\eta_1} \left( 1 - e^{-\frac{G_1}{\eta_1} t} \right) \right] \{ 3(p+q)(1+K) + \tag{6.53}$$

$$3(4\mu - 3)(p-q)(1+K)\cos 2\theta + 2(6\mu - 2)[2p + (q-p)\cos 2\theta - \sigma_c] \}$$

（3）塑性区和残余强度区半径。利用塑性区和残余强度区边界处应力连续条件，以及 $r$ 为 $b$ 时 $\sigma_{cp} = \sigma_{cs}$，可求得

$$a = r_0 \left[ \frac{(K-1)q_0 - \sigma_{cp}}{(K-1)(2p + (q-p)\cos 2\theta - \sigma_c) + \sigma_{cp}} \right]^{\frac{1}{1-K}} \tag{6.54}$$

岩体强度软化模量的定义为

$$Q = \frac{\sigma_c - \sigma_{cs}}{\varepsilon_{\theta ps} - \varepsilon_{\theta ep}} \tag{6.55}$$

轴对称情形下破坏区临界应变为

$$\begin{cases} \varepsilon_{\theta ep} = M \\ \varepsilon_{\theta ps} = Ma^{1+\eta}b^{-1-\eta} \end{cases} \tag{6.56}$$

将表达式（6.54）～（6.56）联立可求得

$$b = \frac{1}{a}\left[\frac{\sigma_c - \sigma_{cs}}{QM}+1\right]^{\frac{1}{-1-\eta}} =$$

$$\frac{1}{r_0}\left[\frac{(K-1)q_0 - \sigma_{cp}}{(K-1)(2p+(q-p)\cos 2\theta - \sigma_c)+\sigma_{cp}}\right]^{\frac{1}{K-1}}\left[\frac{\sigma_c - \sigma_{cs}}{QM}+1\right]^{\frac{1}{-1-\eta}} \tag{6.57}$$

当巷道没有支护结构，即 $q_0 = 0$ 时，由表达式（6.54）和式（6.57）可分别得到塑性区和残余强度区半径：

$$a = r_0\left[\frac{-\sigma_{cp}}{(K-1)(2p+(q-p)\cos 2\theta - \sigma_c)+\sigma_{cp}}\right]^{\frac{1}{1-K}} \tag{6.58}$$

$$b = \frac{1}{a}\left[\frac{\sigma_c - \sigma_{cs}}{QM}+1\right]^{\frac{1}{-1-\eta}} =$$

$$\frac{1}{r_0}\left[\frac{-\sigma_{cp}}{(K-1)(2p+(q-p)\cos 2\theta - \sigma_c)+\sigma_{cp}}\right]^{\frac{1}{K-1}}\left[\frac{\sigma_c - \sigma_{cs}}{QM}+1\right]^{\frac{1}{-1-\eta}} \tag{6.59}$$

## 6.2.3 深部裂隙软岩巷道围岩应力及变形特征分析

以袁店二矿北翼回风大巷地质条件及围岩参数为基础，将巷道断面近似为圆形，取巷道等效半径 $r = 2.35$ m，弹性模量 $E = 2$ Gpa，摩擦角 $\varphi = 28°$，黏聚力 $c = 2.0$ MPa，泊松比 $\mu = 0.3$，侧压系数 $\lambda = 1.4$，平均容重 $\gamma = 2.5 \times 10^4$ N/m³，此时上覆围岩压力 $p = \gamma H$，围岩侧向压力 $q = \lambda \gamma H$。

**1. 巷道围岩应力分布特征分析**

在支护阻力 $q_0 = 0$ 的情况下，随着巷道埋深的增加，在 $\theta = 0$，$\pi$ 的方向上应力的变化分别如图 6.5 和 6.6 所示。

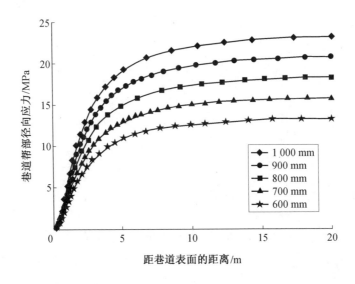

图 6.5　无支护状态下不同深度时两帮中部的径向应力变化曲线

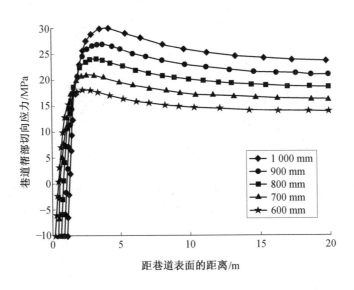

图 6.6　无支护状态下不同深度时两帮中部的切向应力变化曲线

由图 6.5 和 6.6 可知：随着距巷道表面距离的增加，巷道围岩径向应力逐渐增大，直至达到原岩应力状态。分析其原因可知，巷道开挖后原有应力平衡状态被打破，巷道表面径向应力变为零，巷道周边由三向应力状态转变为二向应力状态，浅部围岩在巨大的应力差情况下发生破坏，随着各种微裂隙相互贯通及较大的宏观裂纹的形成，沿径向方向围岩的相互作用逐渐减弱。随着距巷道表面距离的增加，围岩沿径向方向的裂纹开度逐渐减小，裂隙逐渐减少，围岩的相互作用力逐渐增强，径向应力逐渐增大，直至达到原岩应力状态。

随着距巷道表面距离的增加，围岩剪切应力先增大后逐渐减小到原岩应力状态。巷道开挖后巷道围岩切向应力在巷道表面集中，由于浅部岩体强度降低，受到切向的集中剪切应力作用时发生塑性破坏，破坏后围岩应力向深部转移，当深部围岩不能承受该集中应力时围岩继续破坏，直至深部围岩能承载该集中应力为止；然后剪切应力逐渐降低至原岩应力状态。

随着巷道埋深的增加，在距巷道表面相同距离处切向应力和径向应力值都呈增大的趋势。最大切向应力位置随着巷道埋深的增加逐渐向巷道围岩深处转移，在埋深为 600 m 时，最大切向应力位置距巷道表面距离为 1.8 m；当埋深为 1 000 m 时，最大切向应力位置距巷道表面距离增大到 4.1 m。

当在巷道表面加上支护力后，随着支护阻力的增大，在 $\theta=0$，$\pi$ 的方向上不同埋深条件下围岩应力的变化分别如图 6.7 和 6.8 所示。

由图 6.7 和 6.8 可知：对于浅部巷道，随着支护阻力的不断增大，切向应力逐渐减小，径向应力逐渐增大。由此可见，随着支护阻力的增加，主应力差呈减小的趋势，根据摩尔库伦准则，主应力差越小，岩体越不容易进入塑性状态。因此，支护阻力越大，巷道越容易趋于稳定。

随着巷道埋深的增加，巷道围岩主应力差呈逐渐增加的趋势。由摩尔库伦准则可知，巷道主应力差越大，巷道围岩进入塑性破坏区的可能性就越大；然而实际工程中可提供的支护阻力是有限的，因此不可能通过无限增大支护阻力来减小主应力的差值，即随着巷道埋深的增加，巷道支护不能单纯依靠提高支护强度保证巷道的稳定。

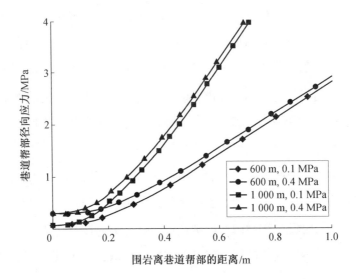

图 6.7  不同支护阻力时两帮径向应力变化曲线

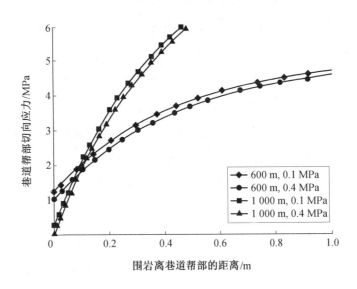

图 6.8  不同支护阻力时两帮切向应力变化曲线

**2. 巷道表面位移分析**

为了分析巷道表面位移随时间的变化，取塑性区扩容梯度 $\eta = 1.1$，残余强度区扩容梯度 $\eta' = 1.25$，各流变参数假定如下：$G = 1$ GPa、$G_1 = 26$ GPa、$\eta_1 = 30$ GPa、$\eta_2 = 170$ GPa，代入表达式（6.52）和式（6.53）后得到巷道不同位置处表面位移：

$$u'_{rs} = \frac{1}{48G_0} r^{-\eta} 2.15^{\eta+1} 2.05^{\eta'-\eta} \left( 1 + \frac{G_0}{\eta_2} t + \frac{G_0}{\eta_1} \left( 1 - e^{-\frac{G_1}{\eta_1}t} \right) \right) (232.8 - 96\cos 2\theta) \quad （6.60）$$

软岩巷道不同位置处表面位移随时间变化曲线如图 6.9 所示。

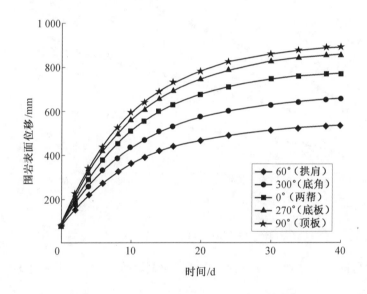

图 6.9　深部大变形巷道围岩表面位移随时间变化曲线

由图 6.9 可知：巷道顶板、底板及两帮的变形量最大，其次是巷道底角的变形，巷道拱肩变形量最小。巷道开挖 15 d 后，顶板和底板的变形量就超过了 700 mm，帮部的变形在第 20 天时达到了 700 mm。因此，深部裂隙软岩巷道变形量很大，在巷道支护过程中巷道的顶板和底板是支护的重点，其次是巷道底角。

巷道围岩变形有初始蠕变与稳定蠕变两个阶段。在前 20 d，巷道变形处于初始蠕变阶段，此时巷道位移迅速增加；20 d 后，巷道变形逐渐趋于稳定，但随着时间的延长，拱肩和底角处位移依然在增加，1 个月后巷道围岩的变形速度依然不为零。可见深部裂隙软岩巷道围岩初期变形速度快，变形非常大，变形时间较长。

巷道埋深对深部裂隙软岩巷道的表面变形有重要影响，为了分析不同埋深对巷道表面变形的影响，分别绘制了埋深为 600 mm、800 mm、1 000 mm 时巷道表面位移随时间的变化曲线，如图 6.10 所示。

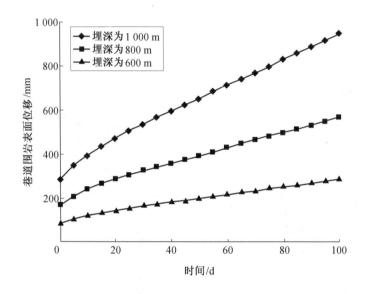

图 6.10　巷道围岩表面位移蠕变曲线

由图 6.10 可知，随着埋深的增加，巷道表面变形越来越大，且巷道埋深越大，初始蠕变阶段巷道围岩变形速度越快，等速蠕变阶段巷道蠕变速度就越快。因此，对于深部大变形软岩巷道，其变形呈现出变形速度快、变形量大、变形时间长的特点。

淮北矿区含煤地层为石炭二叠系，煤系地层结构复杂，断层、褶曲发育，巷道受构造应力影响严重。为了分析不同构造应力对巷道围岩表面位移的影响，分别绘制了不同侧压系数条件下巷道围岩表面位移蠕变曲线，如图 6.11 所示。

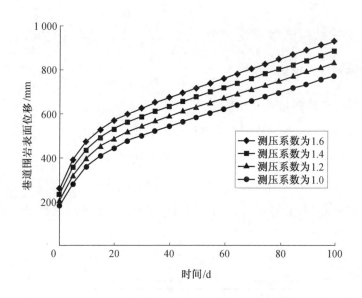

图 6.11　不同侧压系数下巷道围岩表面位移蠕变曲线

由图 6.11 可知：巷道围岩表面位移随着侧压系数的增大而增加，侧压系数越大，巷道表面变形越大；侧压系数越大，等速蠕变阶段的蠕变速度就越快，初始蠕变阶段过后巷道进入较长时间的等速蠕变阶段，等速蠕变阶段的速度对巷道最终的变形有重要影响，等速蠕变阶段变形速度越快，巷道围岩的最终变形就越大；侧压系数越大，巷道等速蠕变阶段时间就越长。可见，地质构造发育区软岩巷道表面变形较大，变形速度快，变形时间长，巷道围岩不容易控制。

## 6.3　深部裂隙软岩巷道普通锚杆支护结构失效理论分析

锚杆（索）是锚固在煤、岩体内维护围岩稳定的杆状结构物。锚杆（索）是一种主动支护方式，与其他支护方式相比，具有支护工艺简单、支护效果好、材料消耗和支护成本低、运输和施工方便等优点。在深部裂隙软岩巷道围岩支护中，普通锚杆形变不能与巷道形变相适应，就会出现大量的锚杆破断失效现象，本节采用弹塑性理论知识分析深部大变形软岩巷道普通锚杆支护结构的失效问题。

### 6.3.1 锚杆支护结构失效理论分析

**1. 全长锚固锚杆力学基本模型**

（1）全长锚固锚杆界面剪应力模型。

当巷道岩体开挖后，在围岩中布设锚杆，由于开挖而引起的围岩应力重分布将导致围岩向巷道内部挤压变形，围岩变形时必然要受到锚杆的约束，这样由于围岩的变形将使锚杆产生内力。换言之由于围岩不断变形，使黏结围岩与锚杆的界面层以界面剪应力的形式传递给锚杆，使围岩与锚杆相互作用。锚杆杆体受力状态如图6.12所示。

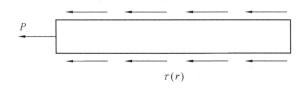

图 6.12　锚杆杆体受力状态

剪应力 $\tau(r)$ 主要取决于围岩的变形，为围岩对锚杆的沿锚杆轴向的切向力，其大小与锚杆和围岩的相对位移成正比。根据中性点理论，中性点处锚杆表面的切向力为零，锚杆的位移可用中性点处围岩的位移表示，锚杆中任意一点与围岩的相对位移可以表示为

$$\Delta u = u_{rs} - u_s \tag{6.61}$$

则剪应力为

$$\tau(r) = K(u_{rs} - u_s) \tag{6.62}$$

式中，$K$ 为围岩的剪切刚度，大小主要取决于围岩的状态，在塑性及弹性状态下可以近似地认为 $K = G\pi d_s$，其中 $G$ 为岩石的剪切模量。对锚杆杆体受力分析可知，锚杆变形产生的内力 $P$ 等于锚杆受力的剪切力：

$$\int_{r_0}^{r_0+L} K(u_{rs}-u_s)=P \tag{6.63}$$

随着巷道围岩径向位置的变化，杆体处于不同的力学状态。由弹塑性力学知识可得巷道围岩位移为

$$u_{rs}=\frac{A_{rs}}{r} \tag{6.64}$$

式中，$A_{rs}$ 为积分常数。

求解 $A_{rs}$ 必须对巷道锚固区围岩位移及力学状态展开分析。

（2）全长锚固锚杆支护围岩的体积力模型。

为求得积分常数 $A_{rs}$，将支护体系中锚杆对围岩的支护作用力以附加体力的形式作用于圆形巷道，假设锚杆沿圆形巷道断面对称分布，分析仅含单根锚杆的围岩楔形单元体，如图 6.13 所示，将围岩受到的锚杆支护力简化为轴对称的径向体积力 $f(r)$。

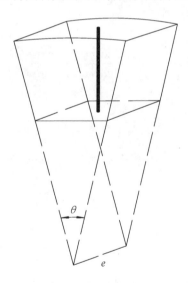

图 6.13　锚杆与围岩楔形单元

锚杆微元段的合力为

$$\mathrm{d}Q=-\pi d_s\tau(r)\mathrm{d}r \tag{6.65}$$

此微段的体积力为

$$dV = re\theta dr \tag{6.66}$$

$$f(r) = \frac{dQ}{dV} = -\frac{\pi d_s}{e\theta} \cdot \frac{\tau(r)}{r} \tag{6.67}$$

锚固区围岩的平衡微分方程为

$$\frac{d\sigma_s}{dr} + \frac{\sigma_r - \sigma_\theta}{r} + f(r) = 0 \tag{6.68}$$

几何方程为

$$\begin{cases} \varepsilon_r = \dfrac{du}{dr} \\[3mm] \varepsilon_\theta = \dfrac{u}{r} \end{cases} \tag{6.69}$$

Mohr-Coulomb 准则为

$$\frac{\sigma_r + C\cot\varphi}{\sigma_\theta + C\cot\varphi} = \frac{1 - \sin\varphi}{1 + \sin\varphi} \tag{6.70}$$

联立方程得

$$\frac{d\sigma_r}{dr} - \frac{1 - \dfrac{1}{k}}{r}\sigma_r = \frac{\dfrac{1}{k} - 1}{r}C\cos\varphi - f(r) \tag{6.71}$$

式中，$k = \dfrac{1 - \sin\varphi}{1 + \sin\varphi}$。

解得

$$\sigma_r = r^{\frac{1}{k} - 1}\left[B - \int f(r)r^{1 - \frac{1}{k}}dr\right] - C\cot\varphi \tag{6.72}$$

式中，$B$ 为积分常数。

根据边界条件 $r = r_0$、$\sigma_r = p$，得

$$B = \frac{p + C\cot\varphi}{r_0^{\frac{1}{k}-1}} + \int_{r_0}^{r} f(r) r^{1-\frac{1}{k}} \mathrm{d}r \tag{6.73}$$

围岩体中的应力为

$$\sigma_r = r^{\frac{1}{k}-1} \left[ \frac{p + C\cot\varphi}{r_0^{\frac{1}{k}-1}} + \int_{r_0}^{r} f(r) r^{1-\frac{1}{k}} \mathrm{d}r \right] - C\cot\varphi \tag{6.74}$$

将含有锚杆的围岩区域视为锚固区，其实质是支撑更深部围岩的承载结构，将锚固区视作对深部围岩的支护阻力 $p'$，此时的巷道半径为 $r_0 = r_0 + L$，即

$$p' = \sigma_r = (r_0 + L)^{k-1} \left[ \frac{p + C\cot\varphi}{r_0^{k-1}} + \int_{r_0}^{r_0+L} f(r) r^{1-k} \mathrm{d}r \right] - C\cot\varphi \tag{6.75}$$

根据修正的芬纳公式，将有锚杆支护的圆形巷道的塑性区半径修正为

$$R_{s0} = (r_0 + L) \left[ \frac{p_0 + C\cot\varphi}{p' + C\cot\varphi} (1 - \sin\varphi) \right]^{\frac{1-\sin\varphi}{2\sin\varphi}} \tag{6.76}$$

锚杆完全处于巷道围岩塑性区中，不考虑扩容效应，在普通预应力锚杆支护下围岩稳定后巷道洞壁的位移为

$$u_0 = \frac{1+\mu}{E} \cdot \frac{(p_0 \sin\varphi + C\cos\varphi) R_{s0}^2}{r_0} \tag{6.77}$$

所以锚固区的径向位移为：

$$u_{rs} = \frac{r_0 u_0}{r} \tag{6.78}$$

积分常数为

$$A_{rs} = r_0 u_0 \tag{6.79}$$

**2. 全长锚固锚杆轴向应力理论分析**

取锚杆轴向微元段，如图 6.14 所示，列出力的平衡方程，荷载以图示方向为正。

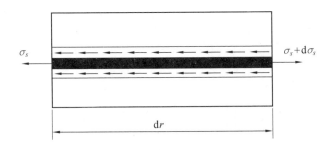

图 6.14　锚杆单元受力示意图

锚杆杆体所受的轴力增量等于杆体所受剪应力，化简后可得

$$\mathrm{d}\sigma_s \frac{\pi d_s^2}{4} = \tau(r)\pi d_s \tag{6.80}$$

式中，$\sigma_s$ 为锚杆的轴向应力；$d_s$ 为锚杆的直径；$\tau$ 为轴向坐标 $r$ 的函数，即 $\tau(r)$ 为锚杆界面剪应力。

假定锚杆的轴向位移 $u_s$ 以向临空方向为正，与坐标轴的方向相反，这样锚杆微元段的轴向应变为

$$\varepsilon_s = -\frac{\mathrm{d}u_s}{\mathrm{d}r} \tag{6.81}$$

锚杆的轴向应力分布为

$$\sigma_s = -E_s \frac{\mathrm{d}u_s}{\mathrm{d}r} \tag{6.82}$$

联立表达式（6.80）和式（6.82）有

$$\frac{d^2 u_s}{\mathrm{d}r^2} = -\frac{4}{E_s d_s}\tau(r) \tag{6.83}$$

其中，$E_s$ 为锚杆的弹性模量。

联立表达式（6.62）和式（6.83）可得全长锚固预应力锚杆的轴向位移微分方程：

$$\frac{d^2 u_s}{\mathrm{d}r^2} - m^2 u_s + m^2 u_{rs} = 0 \tag{6.84}$$

式中，$m^2 = \dfrac{4K}{E_s d_s}$。

解得

$$u_s = C_1 e^{mr} + C_2 e^{-mr} - \frac{me^{mr}}{2} \int e^{-mr} u_{rs} dr + \frac{me^{-mr}}{2} \int e^{mr} u_{rs} dr \tag{6.85}$$

将表达式（6.64）代入表达式（6.85）中可得

$$u_s = C_1 e^{mr} + C_2 e^{-mr} - \frac{A_{rs} me^{mr}}{2} \int \frac{e^{-mr}}{r} dr + \frac{A_{rs} me^{-mr}}{2} \int \frac{e^{mr}}{r} dr \tag{6.86}$$

$$\frac{du_s}{dr} = C_1 me^{mr} - C_2 me^{-mr} - \frac{A_{rs} m^2 e^{mr}}{2} \int \frac{e^{-mr}}{r} dr - \frac{A_{rs} m^2 e^{-mr}}{2} \int \frac{e^{mr}}{r} dr \tag{6.87}$$

边界条件为

$$\begin{cases} \dfrac{du_s}{dr} \Big|_{r=r_0} = -\dfrac{p}{E_s} \\[4mm] \dfrac{du_s}{dr} \Big|_{r=r_0+L} = 0 \end{cases} \tag{6.88}$$

式中，$r_0$ 为圆形巷道半径；$L$ 为锚杆的长度。

将边界条件代入表达式（6.87）中，并利用以下表达式：

$$\int \frac{e^{mr}}{r} dr \approx \frac{e^{mr}}{mr} \sum_{n=0}^{\infty} \frac{n!}{(mr)^n}$$

$$\int \frac{e^{-mr}}{r} dr \approx \frac{e^{-mr}}{-mr} \sum_{n=0}^{\infty} \frac{(-1)^n n!}{(mr)^n} \tag{6.89}$$

解得

$$C_1 = \frac{e^{-mr_0} \left[ \dfrac{p}{mE_s} - \dfrac{A_{rs}}{2} \alpha(r_0 + L) e^{mL} + \dfrac{A_{rs}}{2} \alpha(r_0) \right]}{e^{2mL} - 1} \tag{6.90}$$

$$C_2 = \frac{e^{m(r_0+L)} \left[ \dfrac{p}{mE_s} e^{mL} - \dfrac{A_{rs}}{2} \alpha(r_0 + L) + \dfrac{A_{rs}}{2} \alpha(r_0) e^{mL} \right]}{e^{2mL} - 1} \tag{6.91}$$

$$\alpha(r) = \frac{1}{r} \sum_{n=0}^{\infty} \frac{(-1)^n n! - n!}{(mr)^n} \tag{6.92}$$

$$\sigma_s(r) = -mE_s \left[ C_1 e^{mr} - C_2 e^{-mr} + \frac{A_{rs}}{2} \alpha(r) \right] \tag{6.93}$$

$$\tau(r) = A_{rs} K \left[ \frac{1}{r} - C_1 e^{mr} - C_2 e^{-mr} - \frac{1}{2} \cdot \frac{1}{r} \sum_{n=0}^{\infty} \frac{(-1)^n n! + n!}{(mr)^n} \right] \tag{6.94}$$

将表达式（6.79）代入表达式（6.93）和式（6.94）中，即可得到全长锚固锚杆的轴力和剪应力分布。

### 3. 全长锚固普通锚杆支护失效分析

以袁店二矿北翼回风大巷地质条件及围岩参数为基础，将巷道断面近似为圆形，取巷道开挖半径 $r_0$ 为 2.35 m，原岩应力 $p_0$ 为 17.5 MPa，弹性模量 $E$ 为 2 GPa，泊松比 $\mu$ 为 0.3，黏聚力 $c$ 为 2.0 MPa，摩擦角 $\varphi$ 为 28°；锚杆弹性模量 $E_s$ 为 210 GPa，锚杆直径 $d_s$ 为 22 mm，锚杆钻孔直径 $d$ 为 28 mm，锚杆排距 $e$ 为 700 mm，环向夹角 $\theta$ 为 $\frac{\pi}{12}$。随着巷道埋深的改变，锚杆的受力及工作状态也发生了变化，为了分析巷道埋深对锚杆支护力的影响，分别研究了埋深为 600 m、800 m、1 000 m 时锚杆的受力特征，如图 6.15 所示。

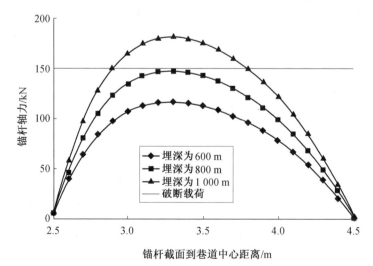

图 6.15　锚杆轴向载荷曲线

由图 6.15 可知：沿锚杆轴向方向，锚杆轴向载荷先增加后减小。锚杆截面在巷道表面处时，锚杆轴力等于支护力，随着锚杆截面距巷道表面距离的增大，锚杆的轴力随之增大，在锚杆中性点处取最大值，之后锚杆轴力减小，直到锚杆端部为零。

随着巷道埋深的增加，锚杆轴力逐渐增大。特别是对于软岩巷道，当巷道埋深大于 800 m 时，锚杆轴力最大值容易超过锚杆杆体的破断载荷，导致锚杆被拉断失效。因此，普通锚杆不能适应深部大变形软岩巷道变形，经常会出现被拉断失效的现象。

不同巷道埋深时锚杆受力状态见表 6.1。

表 6.1　不同巷道埋深时锚杆受力状态

| 埋深/m | 锚杆轴力最大值/kN | 普通锚杆杆体拉断载荷/kN | 锚杆支护状态 |
|---|---|---|---|
| 600 | 115 | <150 | 稳定 |
| 800 | 150 | <150 | 拉断失效 |
| 1 000 | 180 | <150 | 拉断失效 |

深部裂隙软岩巷道围岩的强度不同，会导致锚杆受力及变形发生变化，对锚杆的承载载荷和工作状态有重要影响。因此，为了分析围岩不同弹性模量对锚杆轴向载荷的影响，分别绘制了埋深 800 m，围岩弹性模量为 0.5 GPa、1 GPa、2 GPa、4 GPa、8 GPa 时锚杆的轴向载荷分布曲线，如图 6.16 所示。

由图 6.16 可知：随着围岩弹性模量的增加，锚杆轴向载荷最大值逐渐减小，当围岩弹性模量不大于 2 GPa 时，锚杆轴向载荷超过了锚杆的破断载荷，锚杆被拉断失效。对于深部裂隙软岩巷道，其围岩强度低，弹性模量小，普通锚杆很难适应其高应力和大变形，导致其轴向应力大于破断载荷，锚杆被拉断失效。

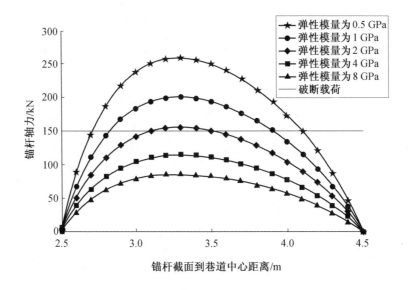

图 6.16　不同岩性情况下锚杆轴向载荷分布曲线

## 6.3.2　锚索支护结构失效理论分析

锚杆支护的主要承载结构为锚杆和锚索。锚索由索体、锚具和托板组成，索体一般用具有一定弯曲柔性的钢绞线制成，其特点是锚固范围大、承载能力高、可施加较大的预紧力。锚索在锚杆支护结构中的作用主要体现在两个方面：其一是将锚杆支护形成的承载结构与深部围岩的岩体相连，提高承载结构的稳定性，同时充分调动深部围岩的自承能力，使更大范围内的岩体共同承载；其二是锚索可以给围岩提供较大的压应力，与锚杆形成的压应力区组合成骨架网状结构，主动支护围岩，保持其完整性。

微元段的变形量为

$$d\Delta l = \frac{F_N(x)}{EA(x)}dx \tag{6.95}$$

锚索自由段的伸长量为

$$\Delta l = \int_l \frac{F_N(x)}{EA(x)} \mathrm{d}x = \frac{Fl}{EA} \tag{6.96}$$

围岩弹性区位移为

$$u_r^{e'} = u_r^e - u_r^0 = \frac{r(1+\mu)}{E} \cdot \frac{p+q}{2} \cdot \frac{a^2}{r^2} + \frac{r(1+\mu)}{E}\left[\frac{a^4}{r^4} + \frac{4a^2(\mu-1)}{r^2}\right]\frac{p-q}{2}\cos 2\theta +$$

$$\frac{r(1+\mu)}{3E}\left[\frac{a^4}{r^4} + \frac{3a^2(2\mu-1)}{r^2}\right]\sigma_{re} - \frac{r(1+\mu)}{3E}\left[\frac{2a^4}{r^4} - \frac{3a^2(\mu-1)}{r^2}\right]\tau_{r\theta e}\cot 2\theta \tag{6.97}$$

锚索自由段围岩变形量为

$$\Delta l = u_{rs}' - u_r^{e'} \tag{6.98}$$

根据表达式（6.96）计算得锚索自由段杆体的轴力为

$$F = \frac{EA}{L_2}\Delta l = \frac{EA}{L_2}(u_{rs}' - u_r^{e'}) \tag{6.99}$$

对于直径为 15.2 mm 的 1×7 结构锚索，其力学参数见表 6.2。

表 6.2　普通锚索力学参数

| 公称直径/mm | 强度级别/MPa | 公称截面积/mm$^2$ | 破断载荷/kN |
|---|---|---|---|
| 15.2 | 1 860 | 140 | 260 |

巷道埋深不同，围岩应力就不同，锚索承载载荷也不同。为了分析巷道埋深对锚索承载载荷的影响，分别计算埋深由 600 m 增加到 1 000 m 过程中锚索最大轴向载荷的变化，如图 6.17 所示。

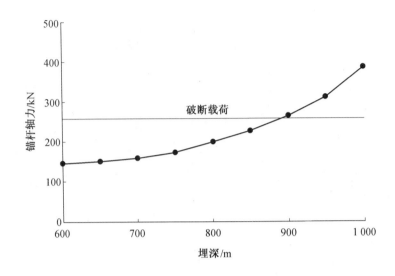

图 6.17 锚索最大轴向载荷随埋深变化的曲线

由图 6.17 可知,随着巷道埋深的增加,锚索轴向载荷越来越大,且轴向载荷增加速度随着埋深的增加越来越快。由此可知,随着埋深的增加,巷道支护越来越困难,支护结构承载载荷也越来越大,当埋深达到 900 m 时,锚索轴向载荷超过了其破断载荷,锚索发生破断失效。进入深部以后,锚索由于可延伸量有限,不适应深部大变形软岩巷道的变形特征。

## 6.4 本章小结

深部裂隙软岩巷道变形破坏特征的研究是深部裂隙软岩巷道支护机理及支护技术研究的前提,本章运用弹塑性力学、流变力学等相关知识对深部裂隙软岩巷道的围岩及结构特征、应力环境特征、变形破坏特征和流变变形破坏特征进行了研究,并在此基础上建立了锚杆(索)力学模型,对不同埋深、岩性参数条件下锚杆(索)的受力特征和工作状态进行了分析,得到如下结论。

(1)运用弹塑性力学、岩石力学的相关理论,结合袁店二矿北翼回风大巷的地质条件和围岩参数,建立了深部裂隙软岩巷道的流变力学模型,对不同埋深、不同侧压系数条件下巷道的流变特性进行了分析，揭示了深部裂隙软岩巷道围岩的流变特性，结果表明随着埋深和侧压系数的增加，深部大变形软岩巷道的流变特性增加，支护难度加大。

（2）运用弹塑性力学相关理论，建立了全长锚固锚杆（索）的力学模型，对不同埋深、不同围岩岩性参数条件下普通锚杆（索）支护结构力学特性进行了分析，结果表明随着埋深的增加和弹性模量的减小，锚杆（索）轴向载荷逐渐增大，对于深部大变形软岩巷道，锚杆（索）承载载荷容易超过破断载荷，锚杆（索）易发生破断失效，即普通锚杆支护结构不能适应深部裂隙软岩巷道变形。

# 第7章 深部裂隙软岩巷道让压支护机理研究

深部裂隙软岩巷道掘出后，围岩自稳时间很短，围岩变形速度快且变形量大，一般都超过 500 mm；当巷道受到工作面的回采影响及服务期内围岩流变变形的影响，巷道的变形将达到 1 000 mm 以上。普通的刚性支护很难适应深部裂隙软岩巷道的变形特征，在巷道施工后很快就发生破坏。对于普通的锚杆支护，锚杆的延伸率大多数在 20% 以下，锚索的延伸率大多数在 7% 以下，支护结构的可伸长量非常有限，在深部裂隙软岩巷道支护过程中经常会出现锚杆（索）被拉断的情况。

为了能够有效地维护大变形巷道围岩的稳定，必须要求支护本身从结构和性能上去适应巷道围岩的变形和压力，支护适应围岩压力和变形的两个重要参数是承载能力和可缩性。为了能够合理利用巷道围岩的自承力，支护系统必须具有一定的支护强度和"让压"性能，即支护系统需具有能够让掉一部分不可控制的围岩变形的功能，同时这种"让压"性能必须是可控制的，即支护系统在保证一定支护强度的前提下进行缓慢让压，而不是自由让压。这样，通过容许巷道围岩产生一定量的变形使围岩中的能量得到一定的释放，即卸载作用，从而减轻支护系统受到的围岩压力，有效地控制深部裂隙软岩巷道的大变形。

本章通过分析淮北矿区普通锚杆支护存在的局限性，运用理论分析与数值模拟相结合的方法，从锚杆（索）受力的角度研究了让压支护的机理，通过建立 FLAC$^{3D}$让压数值计算模型分析了深部大变形软岩巷道让压支护的支护效果，并在此基础上研究了让压载荷与让压距离对让压支护效果的影响，确定了最佳的让压载荷和让压距离范围。

## 7.1　深部裂隙软岩巷道让压支护理论分析

### 7.1.1　淮北矿区普通锚杆支护局限性分析

淮北矿区含煤地层为石炭二叠系，煤系地层结构复杂，断层、褶曲发育，属于典型的"三软"煤层。目前，淮北矿区多以塑性围岩为主，煤层顶板、底板岩石都非常松软破碎，力学强度低（包括弹性模量、抗压强度、黏聚力等），围岩易风化，遇水迅速软化、崩解，对巷道围岩稳定性非常不利。随着开采深度的增加，巷道所处的地质力学环境逐渐变为"三高一扰动"的深部软岩地质工程环境，即高地应力、高地温、高岩溶水压及强烈的开采扰动，巷道支护问题日益突出。巷道开挖后来压快、压力大，部分巷道从围岩暴露到开始失稳仅为几十分钟到几个小时，围岩变形量大，变形速度快，持续时间长，底臌明显。

目前，在淮北矿区深部裂隙软岩巷道工程中采用的普通锚杆支护由于承受的变形压力很大，施工后锚杆（索）很快就发生破断，如图 7.1 所示，巷道掘进和支护十分困难，而且已掘巷道需经常翻修，这种普通的锚杆支护已不能满足深部裂隙软岩巷道支护的要求，严重影响矿井的安全和生产建设。

图 7.1　淮北矿区巷道锚杆破断图

## 7.1.2　让压对普通锚杆支护结构稳定性影响分析

深部裂隙软岩巷道由于变形速度快、变形量大、持续时间长，现阶段工程实践中普通锚杆支护结构的可延伸量非常有限，经常会出现普通锚杆支护结构不能适应深部裂隙软岩巷道变形特征而导致支护结构失效的现象。例如直径为 15.2 mm 的锚索延伸率为 3.5%，若锚索长度为 6 m，当其变形量达到 210 mm 时就会被拉断。为了保证支护结构的安全性与可靠性，考虑采用让压技术增加普通锚杆支护结构的可延伸量，运用弹塑性力学相关理论建立锚杆（索）与围岩相互作用的力学模型，分析在让压条件下锚杆（索）的承载载荷变化及支护结构的稳定性。

以袁店二矿北翼回风大巷地质条件及围岩参数为基础，建立锚杆力学模型和锚索力学模型，分析在让压条件下锚杆支护结构的承载载荷及支护结构的稳定性。将巷道断面近似为圆形，取巷道开挖等效半径 $r_0$ 为 2.35 m，原岩应力 $p_0$ 为 17.5 MPa，弹性模量 $E$ 为 2 GPa，泊松比 $\mu$ 为 0.3，黏聚力 $c$ 为 2.0 MPa，摩擦角 $\varphi$ 为 28°；锚杆弹性模量 $E_s$ 为 210 GPa，锚杆直径 $d_s$ 为 22 mm，锚杆长度 $L$ 为 2 m，锚杆钻孔直径 $d$ 为 28 mm，锚杆排距 $e$ 为 700 mm，环向夹角 $\theta$ 为 $\dfrac{\pi}{12}$；锚索力学参数见表 6.2。

普通锚杆在使用过程中由于巷道的大变形而破断失效，本节基于前文提出的全长锚固锚杆界面剪应力模型和全长锚固锚杆支护围岩体积力模型，研究分析让压对于锚杆力学特性的影响。

假设锚杆完全处于巷道围岩塑性区中，不考虑扩容效应，根据 6.3 节可知，普通预应力锚杆支护下围岩稳定后巷道洞壁的位移为

$$u_0 = \frac{1+\mu}{E} \cdot \frac{(p_0 \sin\varphi + C\cos\varphi)R_{s0}^2}{r_0} \tag{7.1}$$

让压结束后锚杆控制的洞壁的位移为

$$u_{0s} = u_0 - u_1 \tag{7.2}$$

式中，$u_1$ 为让压的距离。$u_1$ 的表达式为

$$u_1 = \lambda \frac{1+\mu}{E} \cdot \frac{(p_0 \sin\varphi + C\cos\varphi)R^2}{r_0} \tag{7.3}$$

式中，$R$ 为巷道围岩在原岩应力作用下受让压支护力 $p_1$ 作用时的塑性区半径，其表达式为

$$R = r_0 \left[ \frac{p_0 + C \cot \varphi}{p_1 + C \cot \varphi} (1 - \sin \varphi) \right]^{\frac{1 - \sin \varphi}{2 \sin \varphi}} \tag{7.4}$$

式中，$\lambda$ 为围岩释放系数。

锚固区的径向位移为

$$u_{rs} = \frac{r_0 u_{0s}}{r} \tag{7.5}$$

积分常数为

$$A_{rs} = r_0 u_{0s} \tag{7.6}$$

将表达式（7.6）代入表达式（6.92）和式（6.93）中，即可得到全长锚固锚杆的轴力和剪切应力的分布情况。

根据表达式（7.6）和式（6.93），通过计算可以得到不同围岩释放系数（$\lambda$=0、30%、50%、70%）下锚杆的剪切应力，分析锚杆的受力情况发现，锚杆的黏锚力等于锚杆的剪切应力，不同围岩释放系数对锚杆黏锚力分布的影响如图 7.2 所示。

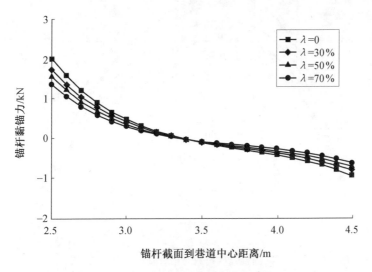

图 7.2　不同围岩释放系数对锚杆黏锚力分布的影响

由图 7.2 可知：锚杆杆体中间附近有一处黏锚力大小为零，向两端黏锚力逐渐增大，靠近巷道表面的锚杆受到指向巷道中心的黏锚力，远离锚杆的一段受到背向巷道中心的黏锚力，且黏锚力在靠近巷道表面的那一段获得最大值。因为在锚杆靠近巷道表面一段，围岩向巷道内移动，锚杆阻止围岩移动，锚杆表面受到指向巷道表面的黏锚力；在锚杆远离巷道表面的一段，围岩阻止锚杆移动，锚杆表面受到背向巷道表面的黏锚力，在锚杆全长上必有一处锚杆表面剪切应力为零，此处为锚杆的中性点。

随着围岩释放系数（让压距离）的增加，锚杆所受黏锚力逐渐减小。随着围岩释放系数（让压距离）的增加，锚杆杆体整体受到的黏锚力减小，当围岩释放系数 $\lambda=0$ 时，最大剪切应力为 3.04 MPa；当围岩释放系数 $\lambda=70\%$ 时，最大黏锚力为 2.06 MPa。这表明让压能够明显降低锚杆杆体受到的黏锚力，锚杆将更加不容易发生破坏。

根据表达式（7.6）和式（6.92），通过计算得到不同围岩释放系数下（$\lambda=0$、30%、50%、70%）锚杆的轴应力分布曲线，如图 7.3 所示。

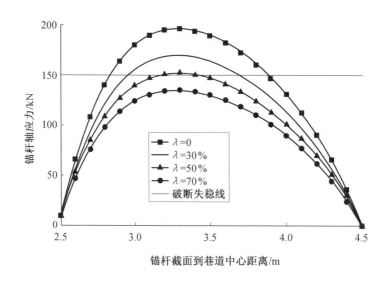

图 7.3 不同围岩释放系数对锚杆轴应力分布的影响

由图 7.3 可知：随着围岩释放系数（让压距离）的增加，锚杆的轴向载荷逐渐减小。当围岩释放系数不小于 50%时，锚杆的轴向载荷小于锚杆的破断载荷，锚杆不会被拉断失效。让压能够明显降低锚杆杆体受到的轴向应力，保证锚杆不被拉断失效，确保锚杆支护结构的稳定性和可靠性。

锚索在使用过程中不适应深部裂隙软岩巷道的大变形，进而发生破断失效，本节基于前文提出的端头锚固锚索自由段单轴拉伸力学模型，研究分析让压对于锚索力学特性的影响。

巷道围岩变形初期，锚索发生形变，此时锚索轴力为

$$F_1 = \frac{EA}{L_2} \Delta l \tag{7.7}$$

让压时锚索轴力为

$$F_2 = \lambda \sigma_{ms} A \tag{7.8}$$

式中，$\sigma_{ms}$ 为锚索屈服应力；$A$ 为锚索公称面积；$\lambda$ 为围岩释放率。

巷道继续发展，让压后锚索轴力为

$$F_3 = \frac{EA}{L} \Delta l \tag{7.9}$$

根据表达式（7.7）～（7.9）的计算结果绘制不同围岩变形量下锚索自由段的轴力分布曲线，如图 7.4 所示。

由图 7.4 可知：随着围岩释放率的增加，锚索最大轴向载荷逐渐减小，且当围岩释放率较小时，锚索轴力降低速度最快。因此，在巷道开挖初期采取让压，可以有效降低锚索的轴向载荷，保证锚索的安全。

由以上分析可知，普通锚杆支护在深部裂隙软岩巷道支护过程中存在一定的局限性，主要表现在以下两个方面：

①现阶段工程实践中普通锚杆支护结构可延伸量有限，无法满足深部裂隙软岩巷道变形量大、变形速度快、变形时间长的特点，经常会出现锚杆（索）不能适应

深部裂隙软岩巷道变形的特点而导致支护结构失稳破坏的现象。

②当前普通支护的支护强度有限，支护强度无法满足深部裂隙软岩巷道支护的要求。

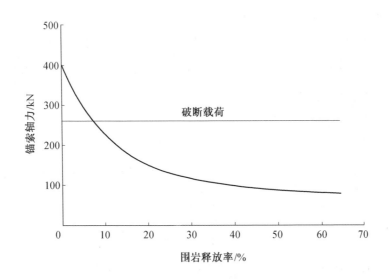

图 7.4　锚索自由段轴力随围岩释放率变化的分布曲线

采用让压支护可以改善无让压支护存在的局限性：

①让压可以使巷道围岩的集中应力向深部转移，降低浅部围岩应力的集中程度及围岩对支护结构的作用，增加支护结构的稳定性；

②让压支护可以增加支护结构的可延伸量，更能适应深部裂隙软岩巷道变形量大、变形时间长等特点，增加支护结构的安全性和可靠性；

③让压后巷道围岩变形速率降低，更有利于控制巷道围岩变形破坏。因此，可以考虑采用让压支护来控制深部裂隙软岩巷道围岩的稳定。

## 7.2　深部裂隙软岩巷道让压支护数值模拟研究

为了能够有效地维护深部大变形巷道围岩的稳定，必须要求支护本身从结构和性能上去适应巷道围岩的变形和压力，支护适应围岩压力和变形的两个重要参数是承载能力和可缩性。为了能够合理地利用巷道围岩的自承力，支护系统必须具有一定的支护强度和"让压"性能，即支护系统需具有能够让掉一部分不可控制的围岩变形的功能，使围岩中的能量得到一定的释放，从而减轻支护系统受到的围岩压力，增加支护系统的可靠性和稳定性，更加有效地控制住深部裂隙软岩巷道的大变形。

## 7.2.1　数值计算软件 FLAC$^{3D}$ 简介

由美国明尼苏达大学和 Itasca Consulting Group Inc 开发的三维有限差分计算程序 FLAC$^{3D}$，主要用于模拟计算地质材料和岩土工程的力学行为，特别是材料进入到屈服极限后产生的塑性流动。FLAC$^{3D}$ 程序中包括了反映地质材料力学效应的特殊计算功能，还可以计算出地质材料的高度非线性、黏弹蠕变、空隙介质的应力-渗流耦合、热-力耦合及其他动力学行为等。材料通过单元和区域表示，根据计算对象的形状构成相应网格，各单元在外载和边界约束条件下，按约定的线性或非线性应力-应变关系产生力学响应。

FLAC$^{3D}$ 程序有多种本构模型，如各向同性弹性材料模型、横观各向同性弹性材料模型、莫尔-库仑弹塑性材料模型、应变软化/硬化塑性材料模型、双屈服塑性材料模型、遍布节理材料模型、空单元模型，可用来模拟地下硐室的开挖和煤层开采。程序还设有 interface，用来模拟断层、节理和摩擦边界的滑动、张开和闭合行为。衬砌、锚杆、可缩性支架等支护结构与围岩的相互作用也可以在程序中模拟。另外，FLAC$^{3D}$ 程序中还拥有功能强大的内嵌 FISH 语言，用户可创建自己的本构关系，划分网格或布置动态检测点，以满足特殊需求。

FLAC$^{3D}$ 程序采用显式算法来获得模型全部运动方程（包括内变量）的时间步长解，可以追踪材料的渐进破坏和跨落，特别适合模拟大变形和扭曲。允许输入多种材料类型，可在计算过程中改变某个局部的材料参数，程序灵活性强。FLAC$^{3D}$ 程序具有强大的后处理功能，用户可以在屏幕上绘制或以文件形式创建和输出打印多种形式的图形；还可以根据需要，将若干个变量合并在同一图形中进行研究分析。

FLAC$^{3D}$ 程序采用拉格朗日有限差分法的基本计算步骤如下。

**1. 空间导数的有限差分**

快速拉格朗日分析采用混合离散方法，将区域离散为常应变六面体单元的集合体，又将每个六面体看作以六面体角点的常应变六面体的集合体，应力、应变、节点不平衡力等变量均在四面体上进行计算，六面体单元的应力、应变取值为其内四面体的体积加权平均，如一四面体，节点编号为 1～4，第 $n$ 面表示与节点 $n$ 相对的面，设其内一点的速率分量为 $v_i$，由高斯表达式得

$$\int_V v_{i,j} \mathrm{d}V = \int_S v_i n_j \mathrm{d}S \tag{7.10}$$

式中，$V$ 为四面体的体积；$S$ 为四面体的外表面；$n_j$ 为外表面的单位法向向量分量。

对于常应变单元，$v_i$ 为线性分布，$n_j$ 在每个面上为常量。

由此可得

$$v_{i,j} = -\frac{1}{3V} \sum_{l=1}^{4} v_i^l n_j^{(l)} S^{(l)} \tag{7.11}$$

**2. 运动方程**

快速拉格朗日分析以节点为计算对象，在时域内求解，节点运动方程表示为

$$\frac{\partial v_i^l}{\partial t} = \frac{F_i^l(t)}{m^l} \tag{7.12}$$

式中，$F_i^l(t)$ 为在 $t$ 时刻 $l$ 节点的 $i$ 方向的不平衡力分量，可由虚功原理导出；$m^l$ 为 $l$ 节点的集中质量。

对于静态问题，采用虚拟质量以保证数值稳定；而对于动态问题，则采用实际的集中质量。

将表达式（7.12）左端用中心差分来近似，则可得

$$v_i^l\left(t + \frac{\Delta t}{2}\right) = v_i^l\left(t - \frac{\Delta t}{2}\right) + \frac{F_i^l(t)}{m^l} \Delta t \tag{7.13}$$

**3. 应变、应力及节点不平衡力**

快速拉格朗日分析由速率来求某一步时的单元应变增量，即

$$\Delta e_{ij} = \frac{1}{2}(v_{i,j} + v_{j,i})\Delta t \qquad (7.14)$$

**4. 静态问题**

对于静态问题，在表达式（7.12）的不平衡力中加入了非黏性阻尼，以使系统的振动逐渐衰减直到达到平衡状态（即不平衡力接近零），此时表达式（7.12）变为

$$\frac{\partial v_i^l}{\partial t} = \frac{F_i^l(t) + f_i^l(t)}{m^l} \qquad (7.15)$$

阻尼为

$$f_i^l(t) = -\alpha \, | \, F_i^l(t) \, | \, \mathrm{sign}(v_i^l) \qquad (7.16)$$

式中，$\alpha$ 为阻尼系数，其默认值为 0.8。

**5. FLAC$^{3D}$ 计算循环**

FLAC$^{3D}$ 计算循环图如图 7.5 所示。

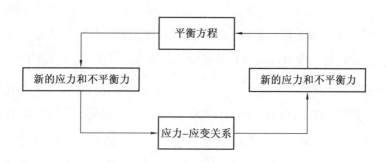

图 7.5　FLAC$^{3D}$ 计算循环图

## 7.2.2　数值计算模型的建立及计算方案设计

**1. 模型建立的原则**

建立合理、正确的数学和力学模型是数值分析的首要任务，正确的模型设计是获得数值分析准确结果的前提和基础。数值计算模型的建立应遵循以下原则。

（1）构建 FLAC$^{3D}$ 模型时，必须分清各影响因素的主次，并进行合理的抽象、概化。在模型设计时，简化不必要的干扰，突出主要因素，并尽可能多地考虑其他因素。

（2）模型岩层按照巷道附近综合柱状图划分，并视各完整岩层为均质、各向同性；对于围岩和煤层中的结构面、裂隙及软弱夹层引起的岩体的不均匀、不连续等通过损伤理论编写基于 FLAC$^{3D}$ 本构模型的 FISH 程序来实现。

（3）由圣维南原理可知，岩体开挖只对有限范围有明显的影响，在距离较远的地方，对应力变化的影响可以忽略。在考虑模拟范围时，既要能全面地体现巷道围岩的受力特性，又要顾及计算机的内存和运行速度，适当选择模型大小。

（4）地下工程问题实质上是半无限体问题，受计算机内存的限制，建立模型时只能考虑边界条件，选择一定的影响范围。网格划分在主要的部分细化，在次要部分或远离研究对象时适当加大网格的尺寸以便于计算。

**2. 模型的建立**

根据深部大变形软岩巷道围岩岩体工程地质特征、岩体结构特征、地应力特征，建立本次数值模拟研究的软岩巷道模型。软岩巷道围岩的具体特征是：岩体破碎，强度和模量相对较低，围岩深部在位移及应力约束条件下岩体结构面（节理、裂隙）发育程度逐渐减弱，岩块之间相互啮合，软岩岩体结构多为碎裂结构、节理发育，深部巷道多受构造应力的影响。根据分析，建立本次数值模拟计算模型的几何尺寸为 40 m×60 m×40 m，如图 7.6 所示。模型中，开挖巷道为半圆拱形，尺寸为 4 m×3.5 m。根据实际经验和采矿理论，模型上表面设为应力边界，模型左右前后表面设为水平位移约束，模型下表面设为垂直位移约束。为了模拟深部高应力环境，在模型上表面施加 17.5 MPa 均布载荷，模型中左右方向初始水平应力取 19.5 MPa，前后方向初始水平应力取 15 MPa，为了简化计算过程，将模型视为同一种岩层，计算过程中采用应变软化模型，材料参数见表 7.1 和 7.2。

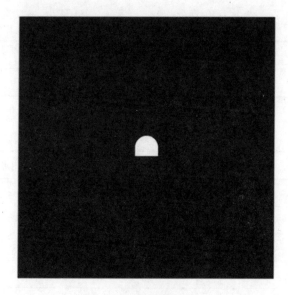

（a）模型横截面

（b）模型纵截面

图 7.6　计算模型示意图

表 7.1　岩体力学性质参数

| 黏聚力/MPa | 内摩擦角/（°） | 弹性模量/GPa | 泊松比 | 抗拉强度/MPa |
|---|---|---|---|---|
| 2.0 | 28 | 2.0 | 0.3 | 0.75 |

表 7.2　岩体软化参数

| 塑性应变 | 黏聚力/MPa | 内摩擦角/（°） |
|---|---|---|
| 0 | 2.0 | 28 |
| 0.02 | 1.8 | 27 |
| 0.04 | 1.5 | 26 |
| 0.06 | 1.0 | 25 |
| 0.08 | 0.7 | 24.5 |
| 0.1 | 0.6 | 24 |
| 1 | 0.6 | 24 |

## 3. 计算方案设计

为了研究让压支护机理及其支护效果，分别建立无支护、普通支护、让压支护3 种计算方案并进行对比。巷道支护的实质相当于给围岩提供某一侧向压力，即支护阻力。在本次数值模拟计算过程中，通过在巷道表面施加某一恒定的支护阻力来模拟支护结构对巷道的支护作用，该等效支护阻力大小通过对支护结构的分析计算得出。本节以锚杆支护结构为例，来说明等效支护阻力计算过程，如图 7.7 所示，在锚杆支护结构中，主要承载结构为锚杆（索），用锚杆（索）的工作载荷除以锚杆（索）的间距和排距就可得到锚杆（索）对巷道表面的等效支护阻力，再将两者相加，即可得到锚杆支护结构的等效支护阻力。

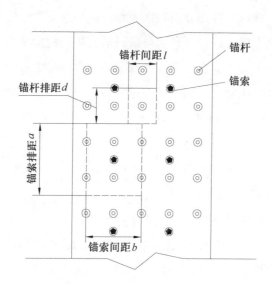

图 7.7 锚杆支护结构平面图

设锚杆工作阻力为 $F_1$，锚杆间距为 $l$，排距为 $d$；锚索工作阻力为 $F_2$，锚索间距为 $b$，排距为 $a$，则锚杆的等效支护阻力 $q_1$ 和锚索的等效支护阻力 $q_2$ 分别为

$$q_1 = \frac{F_1}{ld} \tag{7.17}$$

$$q_2 = \frac{F_2}{ab} \tag{7.18}$$

则锚杆支护结构的等效支护阻力 $q$ 为

$$q = q_1 + q_2 = \frac{F_1}{ld} + \frac{F_2}{ab} \tag{7.19}$$

通过对锚杆支护结构分析，可得出锚杆支护结构的等效支护阻力为 0.25～0.45 MPa，在本次数值模拟计算过程中取 0.3 MPa。

巷道支护是支护结构与围岩之间相互作用以达到一种相对的平衡，任何支护结构随着围岩变形量的增加，都有一个稳定工作阶段、损伤软化阶段和残余支护工作阶段。稳定工作阶段支护结构的承载能力最强，支护结构也最稳定；损伤软化阶段支护结构开始出现不同程度的损伤破坏，其承载能力逐渐降低，此时支护结构抗扰动能力也逐渐降低，动压、冲击载荷等因素很可能加速支护结构的损伤破坏过程，给矿井的安全生产埋下隐患；损伤软化阶段过后支护结构的承载能力变得很小，随着变形的继续增加也基本不会再改变。本次数值模拟计算以锚杆支护结构为基础，综合考虑锚杆支护结构中锚杆和锚索的变形特征，选取普通支护结构的稳定工作阶段的变形量为 100 mm，损伤软化阶段的变形量为 120 mm，之后进入残余支护工作阶段，如图 7.8（b）所示；与普通支护结构相比，让压支护在稳定工作阶段增加了一段较低载荷的稳定让压段，如图 7.8（c）所示。

考虑 3 种计算方案，分别为：

方案一：不加支护阻力，即支护阻力 $F_2$=0 MPa。

方案二：施加 $F_2$=0.3 MPa 的恒定支护阻力，在支护体变形量达到 100 mm 后支护结构进入损伤软化阶段，支护阻力逐渐下降；当变形量达到 220 mm 时，支护结构进入残余支护工作阶段，此时支护结构的支护作用很小，本次数值模拟过程中取 $F_3$=0.05 MPa。

方案三：在巷道表面施加 $F_1$=0.24 MPa 的恒定让压载荷，模拟支护结构让压，当支护结构变形量大于 60 mm 时，其变形受力情况与普通支护结构相同。

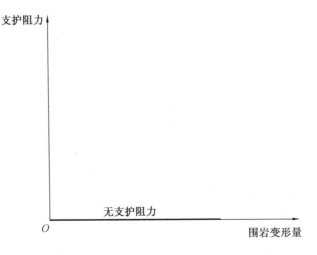

（a）无支护

图 7.8　支护结构支护阻力与围岩变形关系曲线

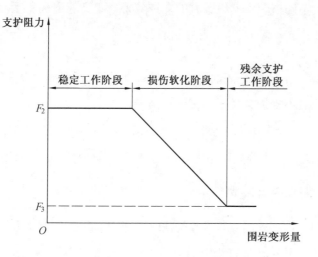

（b）普通支护

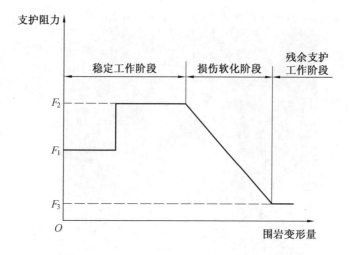

（c）让压支护

续图 7.8

为了便于比较不同情况下巷道围岩的支护效果，定义巷道失稳系数 $k$ 为

$$k = n\frac{u}{u_{\max}} \qquad (7.20)$$

式中，$n$ 为安全系数；$u$ 为巷道表面某点的位移，这里取巷道最大表面位移；$u_{\max}$ 为巷道对应点在开挖后不支护条件下的极限变形量。

当 $k \geqslant 1$ 时，认为巷道失稳，巷道在不支护情况下失稳时对应的塑性区范围为巷道失稳塑性区范围，巷道监测步时与失稳时的监测步时的比值定义为相对监测时间。

## 7.2.3 数值计算结果及分析

为了分析不同支护形式的支护效果，截取模型中部截面分析巷道的应力、位移、塑性区、残余强度，并对计算过程中的应力集中点分布、巷道失稳系数、塑性区范围发展等因素进行监测分析，得到的结果如下：

### 1. 巷道围岩应力分析

为了分析不同支护形式对围岩应力的影响，分别截取同一时刻不同支护形式条件下的巷道围岩垂直应力云图和水平应力云图，如图 7.9 和 7.10 所示。

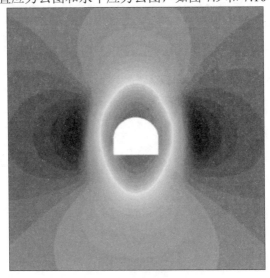

（a）无支护

图 7.9 不同支护形式条件下巷道围岩垂直应力云图

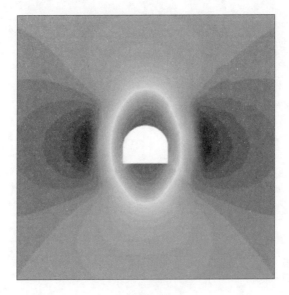

（b）普通支护

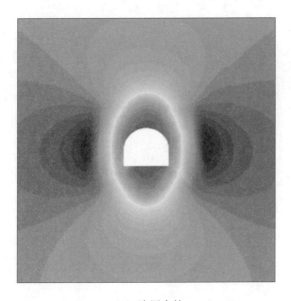

（c）让压支护

续图 7.9

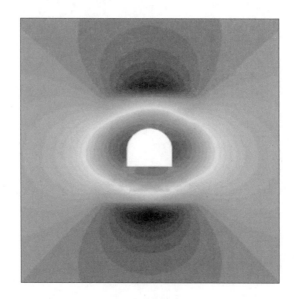

（a）无支护

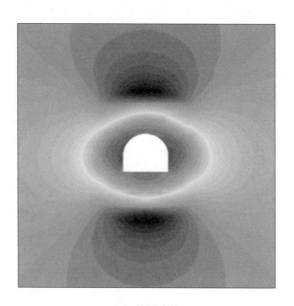

（b）普通支护

图 7.10　不同支护形式条件下巷道围岩水平应力云图

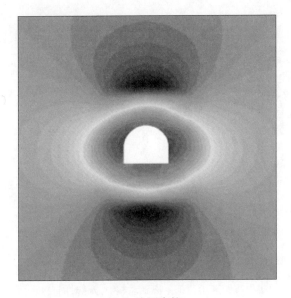

（c）让压支护

续图 7.10

　　由图 7.9 和 7.10 可知，不同支护形式条件下巷道围岩垂直应力和水平应力大小变化均不大。最大垂直应力在 25 MPa 附近波动，最大水平应力在 31 MPa 附近波动，变化幅度都很小，这说明支护阻力对巷道围岩应力大小的影响很小。其原因是巷道支护阻力与巷道围岩应力相差两个数量级，巷道支护阻力与巷道围岩应力相比很小，不足以改变围岩的应力大小。

　　不同支护阻力条件下垂直应力集中点距巷道帮部距离随着相对监测时间对数增加的变化曲线如图 7.11 所示。由图 7.11 可知，巷道开挖后某一时刻，无支护时巷道垂直应力集中点距巷道帮部距离为 3.35 m，普通支护条件下巷道垂直应力集中点距巷道帮部距离为 2.40 m，让压支护条件下巷道垂直应力集中点距巷道帮部距离为 2.85 m。由此可知，与普通支护相比，让压支护可以使围岩浅部应力释放程度更大，应力集中点向深部具有更高承载力的岩体上转移，浅部围岩实际承受的压力减小，直接作用在支护结构上的力就更小，支护结构更加稳定。

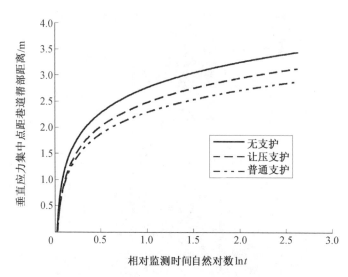

图 7.11 垂直应力集中点距巷道帮部距离随着相对监测时间自然对数增加的变化曲线

## 2. 巷道围岩位移分析

为了分析不同支护形式对围岩位移的影响，分别截取了同一时刻（$\ln t=3.0$）不同支护形式条件下的巷道围岩垂直位移云图和水平位移云图，如图 7.12 和 7.13 所示。

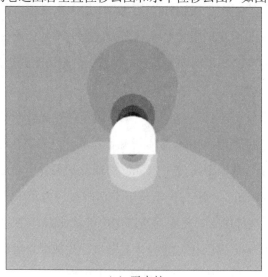

（a）无支护

图 7.12 不同支护形式条件下巷道围岩垂直位移云图

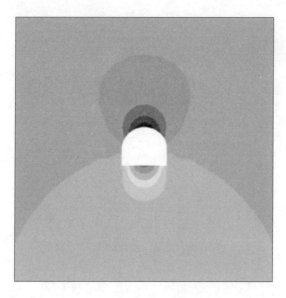

（b）普通支护

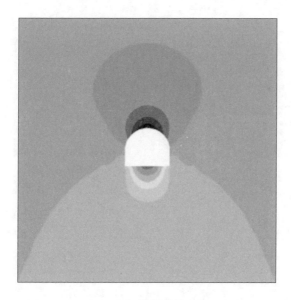

（c）让压支护

续图 7.12

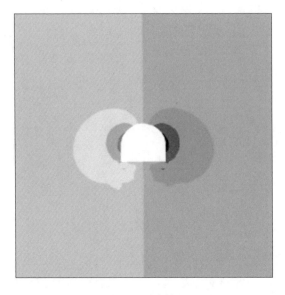

（a）无支护

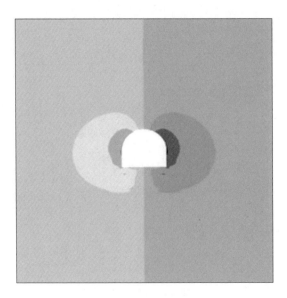

（b）普通支护

图 7.13　不同支护形式条件下巷道围岩水平位移云图

（c）让压支护

续图 7.13

由图 7.12 和 7.13 可知：无支护时，巷道顶板下沉量为 625.5 mm，巷道帮部变形量为 510.7 mm；普通支护时，巷道顶板下沉量为 538.1 mm，巷道帮部变形量为 423.4 mm；让压支护时，巷道顶板下沉量为 423.0 mm，巷道帮部变形量为 302.5 mm。说明受构造应力影响，巷道顶板下沉量明显大于帮部变形量。

在巷道开挖后的某一时刻（ln$t$=3.0），巷道顶板及帮部位移如图 7.14 所示。对于不同支护形式，无支护时巷道表面位移最大，普通支护较无支护时巷道表面位移明显减小，让压支护条件小巷道表面位移最小。任何支护结构都有其极限变形量，当支护结构随着围岩变形量的增加而逐渐增加，超过支护结构的极限变形量后支护结构将失稳破坏，在巷道支护结构失稳破坏前为巷道的有效支护时间。对于深部裂隙软岩巷道，围岩强度和模量都较低，节理裂隙发育，巷道围岩变形量大，变形速度快，持续时间长，普通的刚性支护系统无法适应软岩巷道的变形破坏规律，经过一段时间后支护结构就破坏了。对于让压支护系统，它可以在某一恒定的载荷下均匀让压，通过释放巷道表面的初期变形，减弱了围岩有害变形给支护系统带来的破坏，降低了围岩变形速率；同时让压支护可以增加支护系统的极限变形量，使巷道的有效支护时间延长，如图 7.15 所示。分析不同支护形式条件下巷道相对稳定时间的变化可知，普通支护条件下，巷道相对稳定时间是无支护时的 4.3 倍；让压支护条件下，巷道相对稳定时间是无支护时的 11.8 倍。不同支护形式条件下的巷道相对稳定时间如图 7.16 所示。

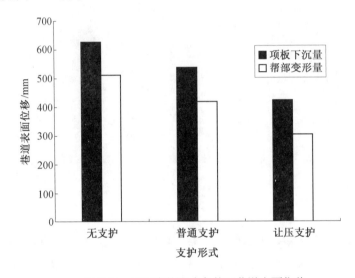

图 7.14　不同支护形式条件下巷道表面位移

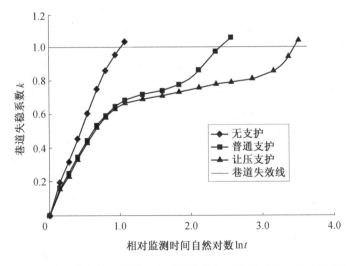

图 7.15　不同支护形式条件下巷道失稳系数随着相对监测时间自然对数增加的变化曲线

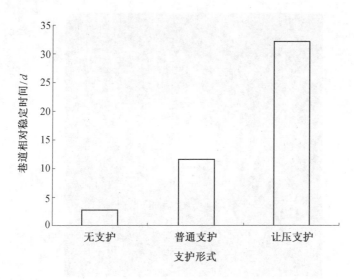

图 7.16　不同支护形式条件下巷道相对稳定时间

### 3. 巷道破坏区分析

为了分析不同支护形式对围岩塑性区的影响，分别截取了同一时刻（ln$t$=2.5）不同支护形式条件下的巷道围岩塑性区云图，如图 7.17 所示。

（a）无支护

图 7.17　不同支护形式条件下巷道围岩塑性区云图

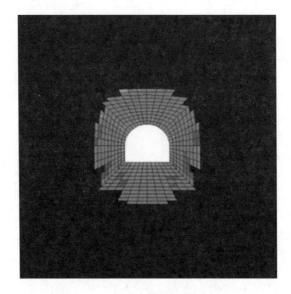

（b）普通支护

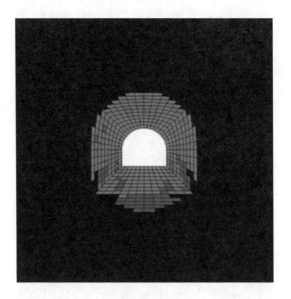

（c）让压支护

续图 7.17

不同支护形式条件下巷道围岩塑性区范围随着相对监测时间自然对数增加的变化曲线如图 7.18 所示。

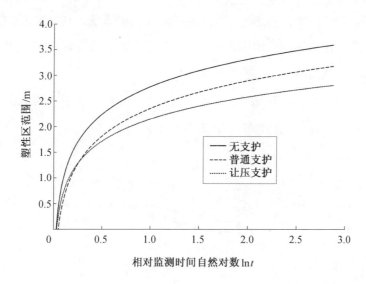

图 7.18 巷道围岩塑性区范围随着相对监测时间自然对数增加的变化曲线

由图 7.18 可知，巷道开挖后围岩塑性区逐渐向深部发展，巷道开挖初期，塑性区范围由大到小为无支护、让压支护、普通支护，随着相对监测时间自然对数的增加，普通支护塑性区范围迅速增加并逐渐超过让压支护塑性区范围，例如，在巷道开挖后某一时刻（$\ln t=2.5$），无支护条件下巷道围岩塑性区范围为 3.75 m，普通支护条件下巷道围岩塑性区范围为 3.3 m，让压支护条件下巷道围岩塑性区范围为 2.8 m。分析其原因，对于大变形软岩巷道，围岩本身就存在一定的节理裂隙，强度比较低，巷道开挖后浅部围岩逐渐破裂，微裂隙相互贯通，岩块间沿裂纹发生滑动，使浅部围岩的集中应力降低并逐渐向深部转移，当深部围岩受力大于围岩强度时，围岩将继续发生破坏，微裂隙继续向深部发展。在巷道表面施加一定的支护阻力后，巷道表面围岩由二向应力状态转向为三向应力状态，围岩主应力差较无支护时有明显增加，提高了浅部围岩强度，增加了裂隙、裂纹表面的压力，限制了岩块的滑动和围岩裂隙向深部发展。对于普通的刚性支护系统，通过在巷道表面施加一定的支护阻力，限制巷道围岩塑性区范围的发展，随着巷道围岩塑性区范围的发展和变形的增加，巷道的支护结构逐渐达到极限并破坏，支护结构被破坏后围岩集中应力迅速向深部转移，塑性区范围将迅速增加。对于让压支护系统，其不仅可以在巷道表面施加一定的支护阻力限制巷道围岩塑性区的发展，也可以在巷道开挖初期释放围岩的部分变形能，从而减弱对支护系统的破坏。

巷道开挖后某一时刻（ln$t$=2.5），不同支护形式条件下巷道帮部围岩黏聚力随着距巷道帮部距离增加的变化曲线如图 7.19 所示。

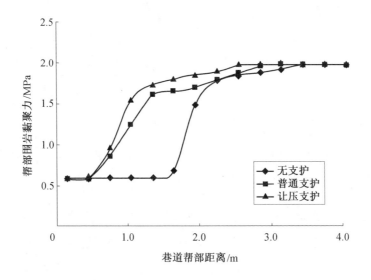

图 7.19　不同支护形式条件下巷道帮部围岩黏聚力随着距巷道帮部距离增加的变化曲线

由图 7.19 可知，随着距巷道帮部距离的增加，巷道围岩黏聚力逐渐增加，即巷道围岩破裂区残余强度随着距巷道表面距离的增加逐渐增强直至达到原岩状态。在 3 种不同支护形式条件下，距巷道帮部同一距离时，让压支护巷道围岩黏聚力最大，无支护时围岩黏聚力最小，例如，距离巷道帮部为 1 m 时，无支护条件下围岩黏聚力为 0.6 MPa，普通支护条件下围岩黏聚力为 1.26 MPa，让压支护条件下围岩黏聚力为 1.57 MPa。分析原因可知：对于深部大变形软岩巷道，围岩变形量大，变形速度快；对于普通刚性支护系统，由于超过极限强度而被破坏，破坏后巷道表面支护阻力迅速减小，破裂面张开，岩块沿破裂面翻滚滑移，导致围岩残余强度迅速降低；对于让压支护系统，让压支护可以采用让压的方式释放巷道开挖初期的部分变形能，减弱其对支护结构的破坏，增加支护系统的极限支护距离和有效支护时间，通过对围岩施加一定的支护阻力阻止岩块沿破裂面翻转滑移，提高了巷道围岩的残余强度。

## 7.3　不同让压距离对深部大变形软岩巷道让压支护效果的影响

通过分析让压支护机理可知：让压支护可以使巷道围岩的集中应力向深部转移，降低浅部围岩应力的集中程度，由于支护结构与浅部围岩直接相互作用，因此可以增加支护结构的稳定性；同时，让压支护可以增加支护结构的可延伸量，更能适应深部裂隙软岩巷道变形量大、变形时间长等特点，增加支护结构的安全性和可靠性。但让压支护在将高应力向围岩深部转移的同时，也带来了另外一个问题，即随着高应力向深部的转移，巷道塑性区范围在不断扩展，在塑性区范围扩展的同时，往往又会出现塑性区内围岩强度弱化的现象。深部裂隙软岩巷道的稳定性与塑性区内围岩的力学性能及变形特性密切相关。如果卸压引起的塑性区范围过大、塑性区内围岩强度的弱化程度过高，不但不利于巷道的稳定，还会因为塑性区内围岩的碎胀变形引起软岩巷道的变形失稳。巷道围岩既是支护的施载体也是承载体，巷道的支护应充分发挥围岩的这种自承能力。对于深部大变形软岩巷道，围岩自身强度本来就小、承载能力也低，卸压会进一步降低围岩的承载能力，加之由于卸压造成的塑性区和破碎区范围也在扩大，直接作用在支护体上时破碎围岩的荷载就会不断升高，其巨大的荷载也是造成深部裂隙软岩巷道支护失败的主要原因。因此，确定合理的让压距离对深部大变形软岩巷道支护就显得尤为重要。

### 7.3.1　数值计算方案设计

为了研究不同让压距离对深部大变形软岩巷道让压支护效果的影响，分别建立了 8 种不同让压距离的计算方案，并进行对比，如图 7.8（c）所示，让压距离分别为 20 mm、40 mm、60 mm、80 mm、100 mm、150 mm，巷道围岩参数见表 7.1 和 7.2。

## 7.3.2　数值计算结果及分析

为了分析支护效果，截取模型中部截面分析巷道的应力、位移、塑性区、残余强度，并对计算过程中的应力集中点分布、巷道失稳系数、塑性区范围发展等因素进行监测分析，得到的结果如下。

### 1. 巷道围岩应力分析

为了分析不同让压距离对让压支护的影响，分别截取了同一时刻（ln$t$=3.5）不同让压距离条件下的巷道围岩垂直应力云图和水平应力云图，如图 7.20 和 7.21 所示。分析可知，不同让压距离条件下巷道围岩垂直应力和水平应力大小变化均不大。最大垂直应力在 25 MPa 附近波动，最大水平应力在 31 MPa 附近波动，变化幅度都很小，这说明不同让压距离对巷道围岩应力大小的影响很小。

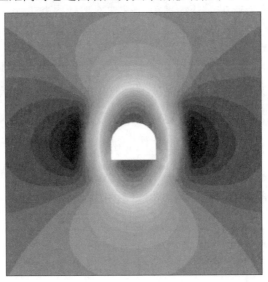

（a）让压距离为 20 mm

图 7.20　不同让压距离条件下巷道围岩垂直应力云图

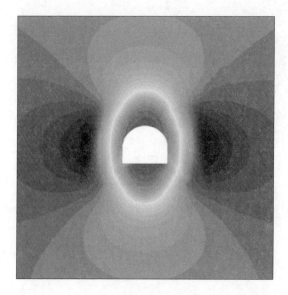

（b）让压距离为 40 mm

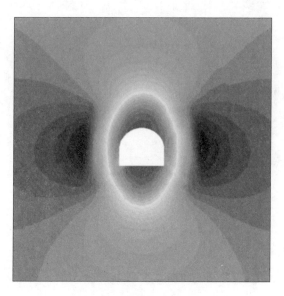

（c）让压距离为 60 mm

续图 7.20

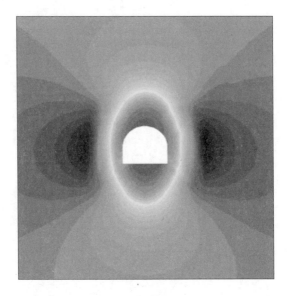

（d）让压距离为 80 mm

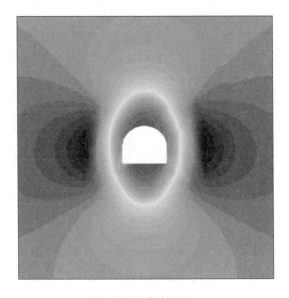

（e）让压距离为 100 mm

续图 7.20

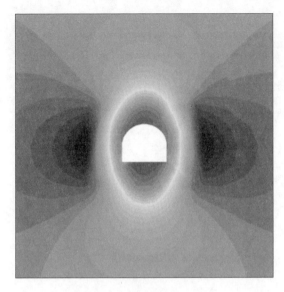

（f）让压距离为 150 mm

续图 7.20

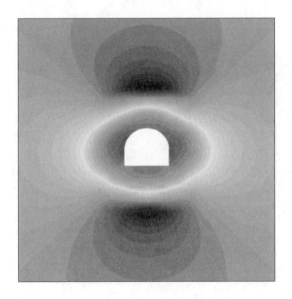

（a）让压距离为 20 mm

图 7.21　不同让压距离条件下巷道围岩水平应力云图

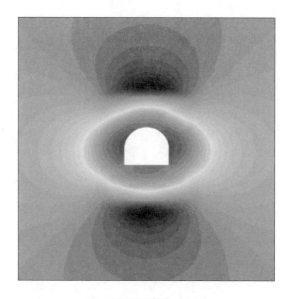

（b）让压距离为 40 mm

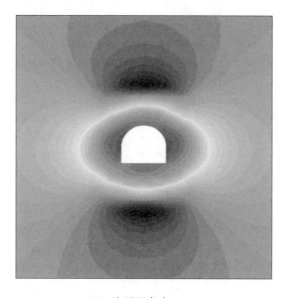

（c）让压距离为 60 mm

续图 7.21

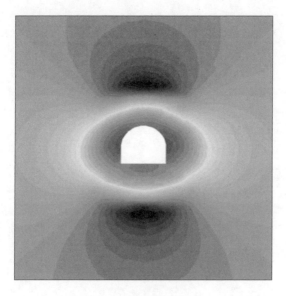

（d）让压距离为 80 mm

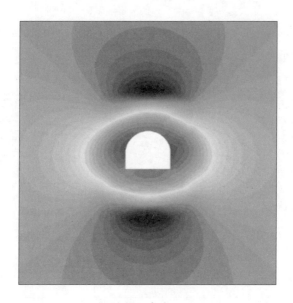

（e）让压距离为 100 mm

续图 7.21

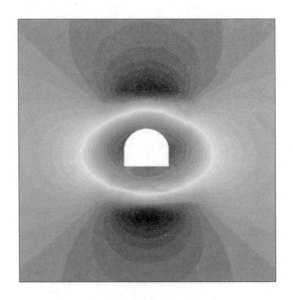

（f）让压距离为 150 mm

续图 7.21

　　不同让压距离条件下巷道垂直应力集中点随着相对监测时间自然对数增加的变化曲线如图 7.22 所示。

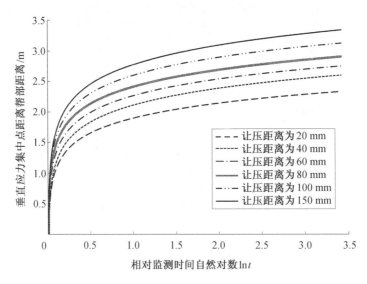

图 7.22　不同让压距离条件下巷道垂直应力集中点随着相对监测时间自然对数增加的变化曲线

由图 7.22 可知，随着相对监测时间自然对数的增加，巷道两帮垂直应力集中点距帮部距离逐渐增加。例如，在巷道开挖后某一时刻（ln$t$=3.5），让压距离为 20 mm 时，巷道垂直应力集中点距巷道帮部距离为 2.15 m；让压距离为　40 mm 时，巷道垂直应力集中点距巷道帮部距离为 2.35 m；让压距离为 60 mm 时，巷道垂直应力集中点距巷道帮部距离为 2.70 m；让压距离为 80 mm 时，巷道垂直应力集中点距巷道帮部距离为 3.05 m；让压距离为 100 mm 时，巷道垂直应力集中点距巷道帮部距离为 3.15 m；让压距离为 150 mm 时，巷道垂直应力集中点距巷道帮部距离为 3.37 m。分析可知，随着让压距离的增加，垂直应力集中点逐渐向围岩深部转移，浅部围岩应力逐渐减小，巷道支护结构多是与浅部围岩直接相互作用，因此让压距离越大支护结构承受载荷越小；而当让压距离过大时，巷道围岩让压距离过大会导致围岩破碎区范围过大，从而导致巷道失稳破坏。

**2. 巷道围岩位移分析**

为了分析不同让压距离对巷道围岩位移的影响，分别截取了同一时刻（ln$t$=3.5）不同让压距离条件下的巷道围岩垂直位移云图和水平位移云图，如图 7.23 和图 7.24 所示。在巷道开挖后某一时刻（ln$t$=3.5），巷道顶板及帮部位移随着让压距离增加的变化曲线如图 7.25 所示。综合分析可知，受构造应力的影响，巷道顶板下沉量明显大于帮部变形量。随着让压距离的增加，巷道表面位移先减小后又逐渐增加。让压距离为 20 mm 时，巷道顶板下沉量为 757.14 mm，巷道帮部变形量为 402 mm；让压距离为 40 mm 时，巷道顶板下沉量为 670 mm，巷道帮部变形量为 381.6 mm；让压距离为 60 mm 时，巷道顶板下沉量为 582.86 mm，巷道帮部变形量为 354 mm；让压距离为 80 mm 时，巷道顶板下沉量为 582.86 mm，巷道帮部变形量为 354.5 mm；让压距离为 100 mm 时，巷道顶板下沉量为 611.4 mm，巷道帮部变形量为 358.2 mm；让压距离为 150 mm 时，巷道顶板下沉量为 733.7 mm，巷道帮部变形量为 419.75 mm。分析可知，巷道围岩的变形多是由围岩微裂隙扩展相互贯通形成具有一定开度的宏观裂纹及岩块沿裂纹发生滑动和翻转造成的，在巷道表面施加一定的支护阻力后，巷道表面围岩由二向应力状态转向三向应力状态，围岩主应力差较无支护时明显增加，提高了浅部围岩强度，增加了裂隙、裂纹表面的压力，限制了岩块的滑动和裂隙的张开，围岩变形就会减小。随着让压距离的增加，支护结构的有效支护时间增加了，因此就可以更加有效地控制巷道的表面变形，但让压距离、围岩的裂隙扩展和岩块的滑移过大就会使巷道围岩失去自承能力，再加上支护阻力也无法有效地控制巷道变形。不同让压距离条件下巷道失稳系数随着相对监测时间自然对数增加的变化曲线如图 7.26 所示。由图 7.26 可知，随着让压距离的增加，巷道稳定时间先逐渐增加后又逐渐减小。巷道相对稳定时间随着让压距离增加的变化曲线如图 7.27 所示。

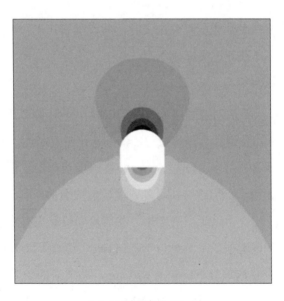

（a）让压距离为 20 mm

图 7.23　不同让压距离条件下巷道围岩垂直位移云图

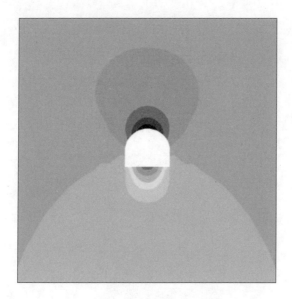

（b）让压距离为 40 mm

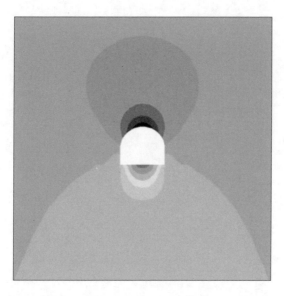

（c）让压距离为 60 mm

续图 7.23

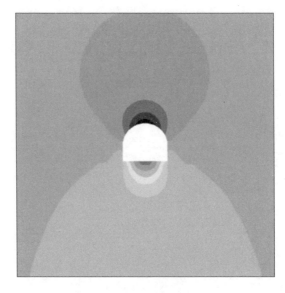

（d）让压距离为 80 mm

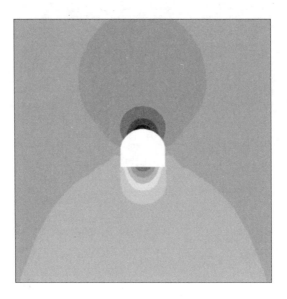

（e）让压距离为 100 mm

续图 7.23

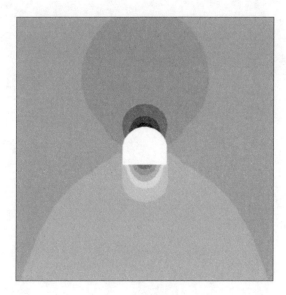

（f）让压距离为 150 mm

续图 7.23

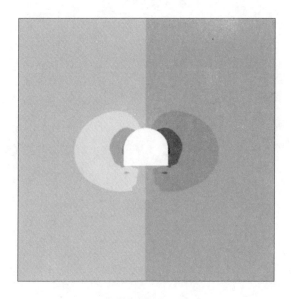

（a）让压距离为 20 mm

图 7.24　不同让压距离条件下巷道围岩水平位移云图

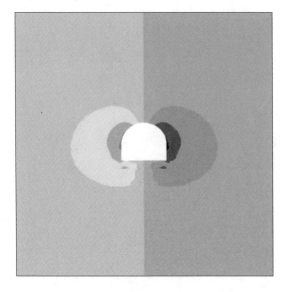

（b）让压距离为 40 mm

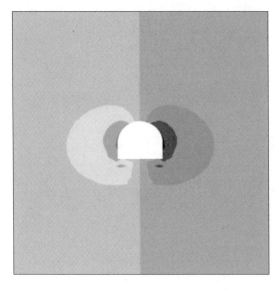

（c）让压距离为 60 mm

续图 7.24

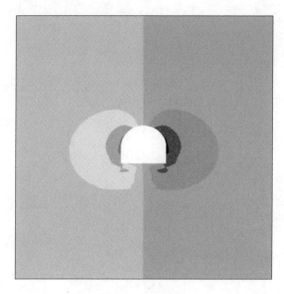

（d）让压距离为 80 mm

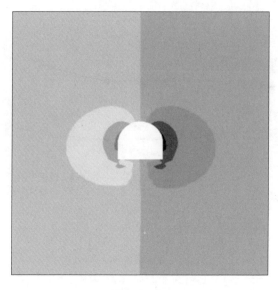

（e）让压距离为 100 mm

续图 7.24

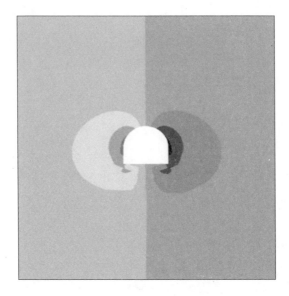

（f）让压距离为 150 mm

续图 7.24

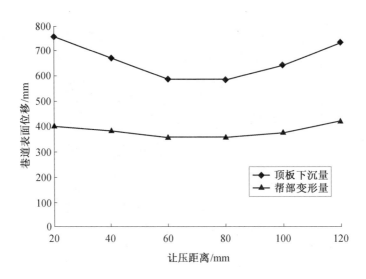

图 7.25　巷道顶板及帮部位移随着让压距离增加的变化曲线

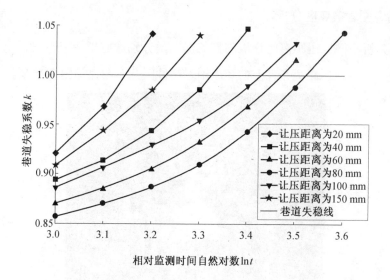

图 7.26　不同让压距离条件下巷道失稳系数随着相对监测时间自然对数增加的变化曲线

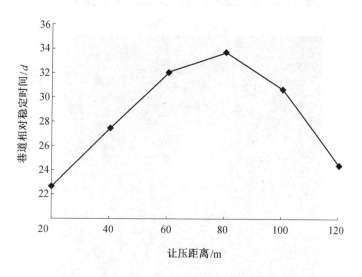

图 7.27　巷道相对稳定时间随着让压距离增加的变化曲线

### 3. 巷道围岩破坏区分析

为了分析不同让压距离对让压支护的影响，分别截取了两个不同时刻（$\ln t=0.5$ 和 $\ln t=3.5$）不同让压距离条件下的巷道围岩塑性区分布图，如图 7.28 所示。

（a）让压距离为 20 mm

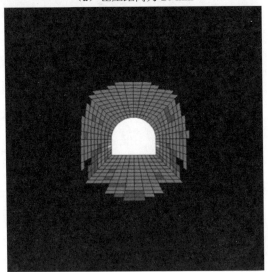

（b）让压距离为 40 mm

图 7.28　不同让压距离条件下巷道围岩塑性区分布图

（c）让压距离为 60 mm

（d）让压距离为 80 mm

续图 7.28

（e）让压距离为 100 mm

（f）让压距离为 150 mm

续图 7.28

不同让压距离条件下巷道围岩塑性区范围随着相对监测时间自然对数增加的变化曲线如图 7.29 所示。

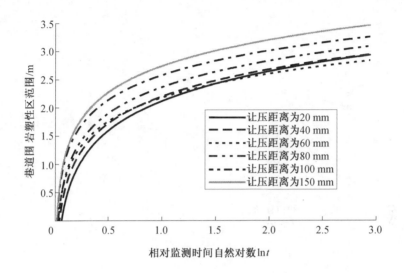

图 7.29　巷道围岩塑性区范围随着相对监测时间自然对数增加的变化曲线

由图 7.29 可知，巷道开挖后围岩塑性区范围逐渐向深部发展，巷道开挖初期，塑性区范围随着让压距离的增加越来越大，随着巷道围岩变形的增加，部分让压距离较小的支护结构逐渐失效，失效后塑性区范围迅速增加，超过了较大让压距离的塑性区范围发展，随着让压距离的进一步增加，让压距离过大将会导致巷道围岩塑性区范围一直以较快的速率发展，最后导致塑性区范围过大。

例如，在巷道开挖后某一时刻（$\ln t$=0.5），让压距离为 20 mm 时，塑性区范围为 1.35 m；让压距离为 40 mm 时，塑性区范围为 1.58 m；让压距离为 60 mm 时，塑性区范围为 1.65 m；让压距离为 80 mm 时，塑性区范围为 1.95 m；让压距离为 100 mm 时，塑性区范围为 2.2 m；让压距离为 150 mm 时，塑性区范围为 2.35 m。随着时间的延长，在巷道开挖后另一时刻（$\ln t$=3.5），让压距离为 20 mm 时，塑性区范围为 2.65 m；让压距离为 40 mm 时，塑性区范围为 2.85 m；让压距离为 60 mm 时，塑性区范围为 2.55 m；让压距离为 80 mm 时，塑性区范围为 2.80 m；让压距离为 100 mm

时，塑性区范围为 3.15 m；让压距离为 150 mm 时，塑性区范围为 3.45 m。

不同时刻巷道围岩塑性区范围随着让压距离增加的变化曲线如图 7.30 所示。

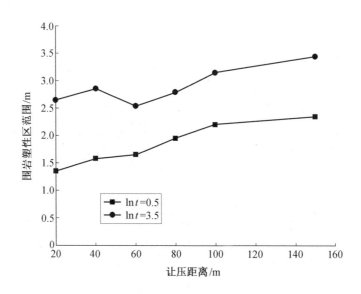

图 7.30　不同时刻巷道围岩塑性区范围随着让压距离增加的变化曲线

分析原因，对于大变形软岩巷道，围岩本身就存在一定的节理裂隙，强度比较低，巷道开挖后浅部围岩逐渐破裂，微裂隙相互贯通，岩块间沿裂纹发生滑动，使浅部围岩的集中应力降低并逐渐向深部转移，当深部围岩受力大于围岩强度时围岩将继续发生破坏，微裂隙继续向深部发展。巷道支护阻力提高了浅部围岩强度，增加了裂隙、裂纹表面的压力，限制岩块的滑动和围岩裂隙向深部发展。巷道开挖初期，巷道表面储存了较多的变形能，对于普通的刚性支护系统会产生较大的破坏，让压支护可以在巷道开挖初期释放围岩的部分变形能，从而减弱对支护系统的破坏，而且还可以增加支护系统的极限支护距离，延长有效支护时间，使塑性区范围减小，但若让压距离过大，围岩的塑性区范围发展太深，此时再增加支护阻力将无法有效地控制围岩塑性区范围发展，从而导致巷道提前失稳。

在巷道开挖后某一时刻（ln$t$=3.5），不同让压距离条件下巷道围岩黏聚力随着距巷道帮部距离增加的变化曲线如图 7.31 所示。

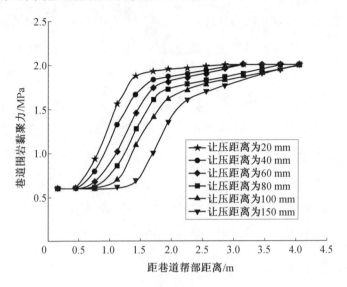

图 7.31　不同让压距离条件下巷道围岩黏聚力随着距巷道帮部距离增加的变化曲线

由图 7.31 可知，随着距巷道帮部距离的增加，巷道围岩黏聚力逐渐增加，也即巷道围岩破裂区残余强度随着距巷道表面距离的增加而逐渐增强直至达到原岩状态。随着让压距离的增加，距巷道相同距离处围岩的黏聚力（残余强度）逐渐减小，例如，距巷道帮部 1.4 m 处，让压距离为 20 mm 时，围岩黏聚力为 1.88 MPa；让压距离为 40 mm 时，围岩黏聚力为 1.66 MPa；让压距离为 60 mm 时，围岩黏聚力为 1.46 MPa；让压距离为 80 mm 时，围岩黏聚力为 1.27 MPa；让压距离为 100 mm 时，围岩黏聚力为 1.1 MPa；让压距离为 150 mm 时，围岩黏聚力降低到 0.685 MPa。围岩破碎区残余强度随着让压距离的增加明显减小，这是因为巷道围岩的残余强度与岩石正压力产生的内摩擦力是对应的，内摩擦力越大巷道围岩的残余强度越大，巷道围岩的承载能力也就越强。随着让压距离的增加，巷道围岩岩石及破裂面间的压力逐渐减小，围岩的破裂岩块及裂隙间的摩擦力降低，巷道围岩的残余强度也就越来越小。

# 7.4 不同让压载荷对深部大变形软岩巷道让压支护效果的影响

巷道支护要求支护本身从结构和性能上去适应巷道围岩的变形和压力，支护适应围岩压力和变形的两个重要参数是承载能力和可缩性。让压可以使巷道围岩的集中应力向深部转移，同时也可以增加支护结构的可缩性、安全性和可靠性，但这种"让压"性能必须是可以控制的，即支护系统在保证一定支护强度的前提下进行缓慢让压，而不是自由让压，这样才能防止巷道开挖初期变形量的增大，变形速度的变快，破裂区范围的迅速发展，从而进一步导致后期出现巷道变形无法控制的情况。在让压的同时通过向围岩施加一定的支护阻力减弱岩体的裂纹开度和松散变形，强化弱面，使围岩载荷趋于均匀并实现连续传递，控制围岩弱化区的发展。只有通过在一定支护阻力条件下实现让压，才可能有效控制巷道围岩的变形。

## 7.4.1 数值计算方案设计

为了研究不同让压载荷对深部大变形软岩巷道让压支护效果的影响，定义让压载荷与锚杆强度的比值为 $\eta$，即 $\eta = \dfrac{F_1}{F_2}$ （图 7.8 （c）），建立 4 种不同让压载荷的计算方案并进行对比，分别取让压载荷与锚杆强度的比值 $\eta$ 为 20%、40%、60%、80%，让压距离为 60 mm，等效支护强度为 0.3 MPa，巷道围岩参数见表 7.1 和 7.2。

## 7.4.2 数值计算结果及分析

为了分析支护效果，截取模型中部截面分析巷道的应力、位移、塑性区、残余强度，并对计算过程中的应力集中点分布、巷道失稳系数、塑性区范围发展等因素进行监测分析，得到的结果如下。

### 1. 巷道围岩应力分析

为了分析不同让压距离对让压支护的影响，分别截取了同一时刻（$\ln t = 2.5$）不同让压载荷条件下的巷道围岩垂直应力云图和水平应力云图，如图 7.32 和 7.33 所示。

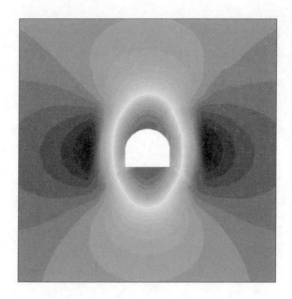

（a）$\eta$=20%

（b）$\eta$=40%

图 7.32　不同让压载荷条件下巷道围岩垂直应力云图

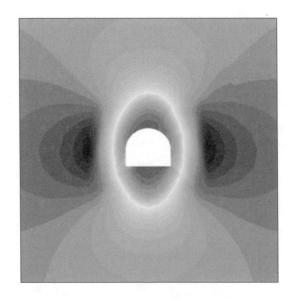

（c） $\eta$=60%

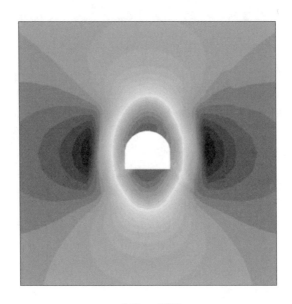

（d） $\eta$=80%

续图 7.32

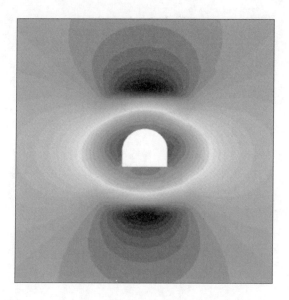

（a）$\eta$=20%

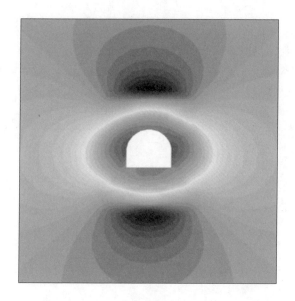

（b）$\eta$=40%

图 7.33　不同让压载荷条件下巷道围岩水平应力云图

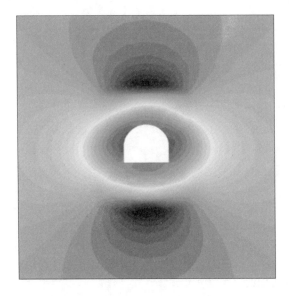

（c）$\eta=60\%$

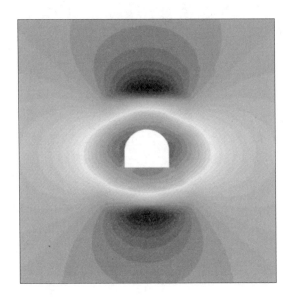

（d）$\eta=80\%$

续图 7.33

由图 7.32 和 7.33 可知，不同让压载荷条件下巷道围岩垂直应力和水平应力大小变化均不大。最大垂直应力在 26 MPa 附近波动，最大水平应力在 31 MPa 附近波动，变化幅度都很小，这说明不同让压载荷对巷道围岩应力大小的影响很小

不同让压载荷条件下垂直应力集中点随着相对监测时间自然对数增加的变化曲线如图 7.34 所示。

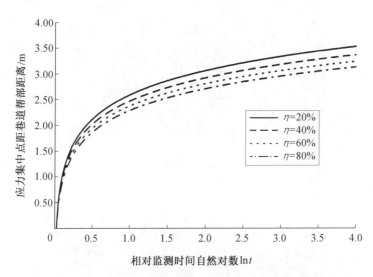

图 7.34　不同让压载荷条件下垂直应力集中点随着相对监测时间自然对数增加的变化曲线

由图 7.34 可知，随着让压载荷的增加，巷道两帮垂直应力集中点距帮部距离逐渐减小。例如，在巷道开挖后某一时刻（$\ln t = 2.5$），随着让压载荷与锚杆强度的比值 $\eta$ 由 20% 增加到 80%，巷道垂直应力集中点距巷道帮部距离依次为 3.15 m、2.90 m、2.75 m、2.55 m。随着让压载荷的增加巷道两帮的应力集中点逐渐向巷道表面移动，但变化并不十分明显。

**2. 巷道围岩位移分析**

为了分析不同让压载荷对巷道围岩位移的影响，分别截取了同一时刻（$\ln t = 3.5$）不同让压载荷条件下的巷道围岩垂直位移云图和水平位移云图，如图 7.35 和 7.36 所示。

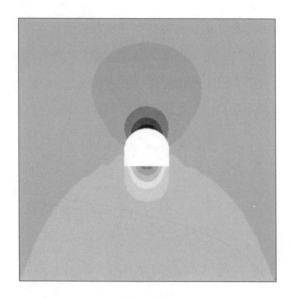

（a）$\eta$=20%

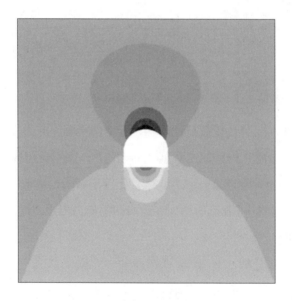

（b）$\eta$=40%

图 7.35　不同让压载荷条件下巷道围岩垂直位移云图

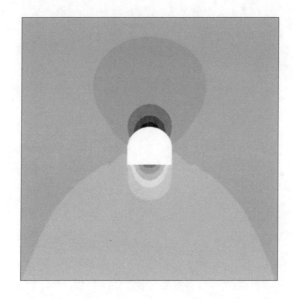

（c）$\eta=60\%$

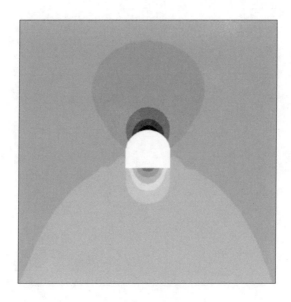

（d）$\eta=80\%$

续图 7.35

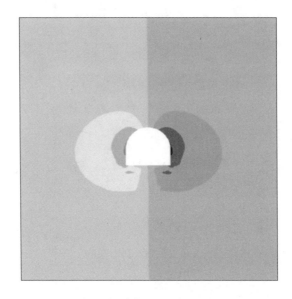

（a）$\eta=20\%$

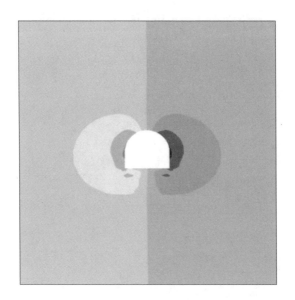

（b）$\eta=40\%$

图 7.36　不同让压载荷条件下巷道围岩水平位移云图

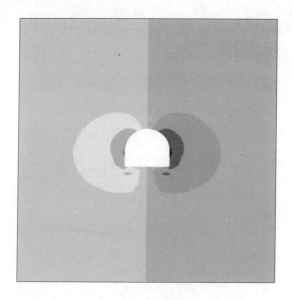

（c）$\eta=60\%$

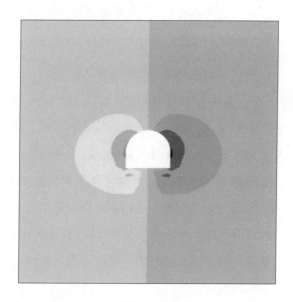

（d）$\eta=80\%$

续图 7.36

在巷道开挖后某一时刻（ln$t$=3.5），巷道顶板及帮部位移随着让压载荷与锚杆强度比值增加的变化曲线如图 7.37 所示。

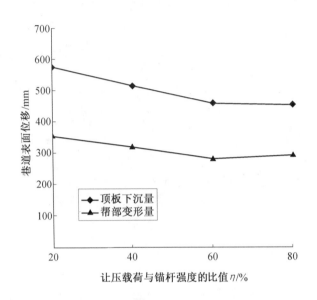

图 7.37　巷道顶板和帮部位移随着让压载荷与锚杆强度比值增加的变化曲线

由图 7.37 可知，受构造应力的影响，巷道顶板下沉量明显大于帮部变形量。随着让压载荷的增加，巷道表面位移逐渐减小。当 $\eta$=20% 时，巷道顶板下沉量为 575.4 mm，巷道帮部变形量为 360.57 mm；当 $\eta$=40% 时，巷道顶板下沉量为 515.55 mm，巷道帮部变形量为 320.25 mm；当 $\eta$=60% 时，巷道顶板下沉量为 460 mm，巷道帮部变形量为 282 mm；当 $\eta$=80% 时，巷道顶板下沉量为 451 mm，巷道帮部变形量为 294.2 mm。由于巷道围岩的变形多是由围岩微裂隙扩展相互贯通形成具有一定开度的宏观裂纹及岩块沿裂纹发生滑动和翻转造成的，在相同的让压距离条件下，让压载荷越大，围岩裂隙之间的压力就越大，破裂的围岩就越不容易沿破裂面产生滑移和翻转，围岩的变形量也就越小。

不同让压载荷条件下巷道失稳系数随着相对监测时间自然对数增加的变化曲线如图 7.38 所示。

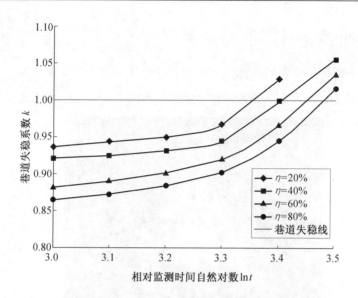

图 7.38 不同让压载荷条件下巷道失稳系数随着相对监测时间自然对数增加的变化曲线

由图 7.38 可知，随着让压载荷的增加，巷道失稳的时间逐渐向后延迟。

巷道相对稳定时间随着让压载荷与锚杆强度比值增加的变化曲线如图 7.39 所示。

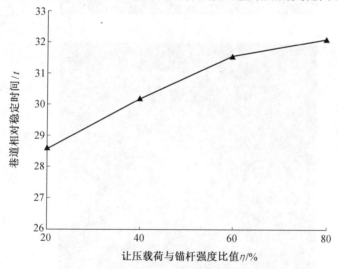

图 7.39 巷道相对稳定时间随着让压载荷与锚杆强度比值增加的变化曲线

由图 7.39 可知，当让压载荷与锚杆强度比值 $\eta$>60%时，巷道变形量及相对稳定时间都逐渐趋于稳定，再增加让压载荷对巷道围岩变形及相对稳定时间改变不大。

### 3. 巷道围岩破坏区分析

为了分析不同让压载荷对深部大变形软岩巷道让压支护效果的影响，分别截取了同一时刻（ln$t$=3.0）不同让压载荷条件下的巷道围岩塑性区分布图，如图7.40所示。

（a）$\eta$=20%

（b）$\eta$=40%

图7.40　不同让压载荷条件下巷道围岩塑性区分布云图

（c）$\eta$=60%

（d）$\eta$=80%

续图 7.40

不同让压载荷与锚杆强度比值条件下巷道围岩塑性区范围随着相对监测时间自然对数增加的变化趋势线如图 7.41 所示。

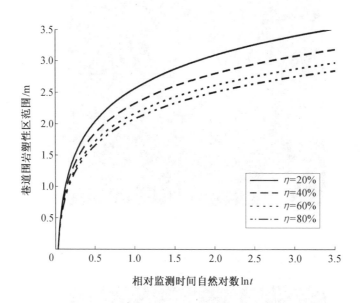

图 7.41　不同让压载荷与锚杆强度比值条件下巷道围岩塑性区范围随着相对监测时间自然对数增加的变化曲线

由图 7.41 可知，巷道开挖后围岩塑性区范围逐渐向深部发展，塑性区范围随着让压载荷的增加越来越小。例如，当巷道开挖后某一时刻（ln$t$=3.0），当$\eta$=20%时，塑性区范围为 3.2 m；当$\eta$=40%时，塑性区范围为 2.7 m；当$\eta$=60%时，塑性区范围为 2.4 m；当$\eta$=80%时，塑性区范围为 2.2 m。对于大变形软岩巷道，巷道围岩塑性区范围的扩展是由于微裂隙相互贯通，岩块间沿裂纹发生滑动，使浅部围岩的集中应力向深部转移导致的。在巷道表面施加支护力可以限制岩块的滑动，从而限制围岩裂隙向深部发展，使巷道稳定性增加。随着让压载荷与锚杆强度$\eta$的增加，巷道围岩塑性区范围逐渐减小，当$\eta$>60%时巷道塑性区范围减小趋势变缓，即当$\eta$>60%后继续增加让压载荷对巷道围岩塑性区范围变化影响不是很大。

在巷道开挖后某一时刻（ln$t$=3.0），不同让压载荷与锚杆强度比值条件下巷道帮部围岩黏聚力随着距巷道帮部距离增加的变化曲线如图 7.42 所示。

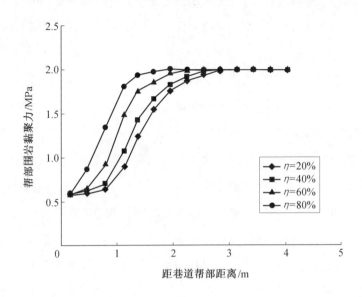

图 7.42　不同让压载荷与锚杆强度比值条件下巷道帮部围岩黏聚力随着距巷道帮部
距离增加的变化曲线

由图 7.42 可知，随着距巷道帮部距离的增加，巷道围岩黏聚力逐渐增加，也即巷道围岩破裂区残余强度随着距巷道表面距离的增加逐渐增强直至达到原岩状态。随着让压载荷与锚杆强度 $\eta$ 的增加，距巷道相同距离处围岩的黏聚力（残余强度）逐渐增加。例如，距巷道帮部 1.4 m 处，$\eta=20\%$ 时，围岩黏聚力为 1.25 MPa；$\eta=40\%$ 时，围岩黏聚力为 1.44 MPa；$\eta=60\%$ 时，围岩黏聚力为 1.76 MPa；$\eta=80\%$ 时，围岩黏聚力为 1.94 MPa。围岩破碎区残余强度随着让压载荷与锚杆强度比值的增加而增加，当 $\eta>60\%$ 时围岩黏聚力变化并不明显，即当 $\eta>60\%$ 时继续增加让压载荷对巷道破裂区的残余强度改变不大。

## 7.5　本 章 小 结

本章通过对淮北矿区普通锚杆支护现状进行分析，运用弹塑性力学相关理论，建立了锚杆（索）与围岩相互作用力学模型，分析了让压对锚杆支护结构稳定性的影响，提出了让压支护的思想，通过建立深部大变形软岩巷道让压支护数值计算模型，分析了不同让压距离和不同让压载荷对让压支护效果的影响，主要得出以下结论。

（1）运用弹塑性力学相关理论建立了锚杆（索）与围岩相互作用力学模型，研究了不同围岩释放系数条件下锚杆（索）黏锚力、轴力等分布特征，从理论上揭示了深部大变形软岩巷道让压支护作用机理。

（2）运用 FLAC$^{3D}$ 程序建立了深部大变形软岩巷道无支护模型、普通支护模型和让压支护模型，分析了在 3 种支护方案条件下围岩应力、变形、破碎区范围及破碎区强度特征，结果表明：①让压支护可以有控制地让巷道表面发生缓慢的初期变形，释放围岩的部分变形能，减弱围岩有害变形给支护系统带来的破坏，使应力向围岩深部转移，降低浅部围岩应力，由于巷道支护结构是与浅部围岩直接相互作用的，因此让压后支护结构更稳定；②让压支护可以增加支护系统的可延伸量，从而增加支护结构的安全性和可靠性，延长巷道的有效支护时间，使巷道更不容易失稳破坏；③让压支护巷道与普通支护相比，巷道相对稳定时间明显增加。

（3）通过建立不同让压距离和让压载荷条件下深部裂隙软岩巷道让压支护的数值计算模型，分析了在不同让压距离条件下巷道围岩的应力分布、变形、破坏区范围及破坏区残余强度等参数对巷道支护效果的影响，结果表明：①随着让压距离的增加，应力集中点逐渐向深部转移，巷道塑性区范围不断向深部扩展，塑性区内围岩强度不断弱化，巷道表面变形"先逐渐减小，后逐渐增加"；②让压距离过大或过小都不利于巷道的稳定，针对袁店二矿北翼回风大巷围岩参数，计算结果表明合理的让压距离为 60~80 mm；③随着让压载荷与锚杆强度比值 $\eta$ 的增加，围岩塑性区范围逐渐减小，残余强度逐渐增加，围岩变形量逐渐减小，巷道稳定时间逐渐增加；④当让压载荷与锚杆强度比值 $\eta>60\%$ 时，让压载荷的增加对巷道围岩的变形量和破裂区范围影响不大，因此让压载荷应大于锚杆强度的 60%。

# 第 8 章　深部裂隙软岩巷道"让压-锚注"耦合支护机理研究

锚注支护可以改变破碎区围岩的内部松散结构，提高破碎区围岩的残余强度，从而提高深部裂隙软岩巷道围岩的强度和承载能力。但锚杆（索）的延伸量有限，不能使围岩裂隙充分发展，围岩裂隙不能形成足够大的开度使浆液难以注入，最终导致注浆效果不理想；若等待裂隙充分发育，锚杆（索）会因变形过大而被拉断，导致支护结构失稳。让压支护可以增加支护结构的可延伸量，更能适应深部裂隙软岩巷道变形量大、变形速度快、变形时间长等特点，让压后巷道围岩裂隙充分发育，便于注浆，且让压降低了巷道围岩的变形速率，使围岩集中应力向深部转移，增加了支护结构的稳定性。

本章通过建立普通锚注支护数值计算模型，分析了深部大变形软岩巷道普通锚注支护的局限性，结合前文对让压支护机理的分析，提出了一种新型的"让压-锚注"耦合支护技术，建立了让压-锚注耦合支护数值计算模型，分析了不同让压条件与二次锚注支护时机对深部大变形软岩巷道"让压-锚注"耦合支护的影响。

## 8.1　深部大变形软岩巷道普通锚注支护的局限性

锚注支护技术是基于主动支护原理的一种联合支护方式，它利用锚杆（索）与注浆相结合的方法，实现"锚""注"一体化，将松散破碎的围岩胶结成整体，改变了围岩的内部松散结构，提高了围岩的强度和承载能力，是维护复杂困难条件下软岩巷道围岩稳定的最有效方法之一。注浆时机对锚注支护具有重要意义，往往决定着锚注支护的成败。若过早地进行注浆，由于围岩尚未形成开度足够大的裂隙，难以注入浆液，且围岩中新裂隙不断形成，使已加固的岩体再次破坏，导致锚注支护效果不理想；若注浆过晚，普通锚杆（索）的可延伸量有限，由于深部裂隙软岩巷道围岩应力和变形较大，普通锚杆（索）很容易被拉断失效。

### 8.1.1 数值计算模型的建立与计算方案设计

#### 1. 数值计算模型的建立

深部大变形软岩巷道围岩的变形过程是应力释放和转移的过程，也是围岩强度不断降低的过程，注浆加固稳定围岩的作用主要是通过固结峰后破裂区岩体来实现的。破裂岩石注浆固结后力学性能的提高可以通过广义黏聚力（$\bar{c}$）和广义内摩擦角（$\bar{\varphi}$）的增加来表示。三维有限差分计算程序 FLAC$^{3D}$ 中提供了可以模拟岩石峰后强度变化过程的应变软化模型，利用该模型，通过调整应变软化的参数可以模拟滞后注浆加固破裂围岩的过程。计算模型以等效塑性剪应变（$\varepsilon^{ps}$）来表示峰后岩石的破裂程度，随着等效塑性剪应变的增加，岩石损伤破坏程度增大，岩石广义黏聚力和广义内摩擦角减小。当在岩石峰后某个破裂状态（即等效塑性剪应变等于一定的值时）注浆加固时，认为浆液能够完全扩散到围岩的整个破裂区，通过提高破裂区中岩石的广义黏聚力和广义内摩擦角来模拟注浆加固的效果。根据前面的分析，计算中考虑注浆加固后岩石强度是注浆前的 2 倍。巷道采用 null 单元模拟巷道，计算中注浆加固后岩石强度是注浆前的 2 倍，模型材料采用均质各向同性岩体，材料参数取弹性模量 $E$=2 GPa，$c_0$=2.0 MPa，$c_m$=0.5 MPa，$\varphi_0$=28°，$\varphi_m$=24°。模型边界条件：模型底部设置为竖直方向，左侧、右侧、前部、后部设置为法向约束边界，模型上部岩层对模型边界的作用近似视为均布载荷 $q$=17.5 MPa，侧压系数为 1.1。本次数值模拟计算以锚杆支护结构为基础，综合考虑锚杆支护结构中锚杆（索）的变形特征，选取普通锚注支护结构的锚杆稳定工作阶段变形量为 100 mm，损伤软化阶段的变形量为 120 mm，之后进入残余支护工作阶段，支护阻力 $F_2$ 为 0.3 MPa，如图 7.8（b）所示。模型尺寸为 40 m×60 m×40 m，巷道断面为半圆拱形，宽度为 4.0 m，墙高为 1.5 m，模型如图 8.1 所示。

图 8.1　数值计算模型

**2. 数值计算方案的设计**

为了分析不同锚注支护时机对巷道锚注支护效果的影响，考虑当巷道围岩处于损伤破裂状态，等效塑性剪应变 $\varepsilon^{ps}$ 分别为 0.01、0.02、0.04、0.08、0.12、0.16、0.24、0.32、0.40、0.48、0.64 时进行锚注支护，由于围岩破裂区中各点的损伤状态都不同，这里考虑 $\varepsilon^{ps}$ 取破裂区中的最大值。通过计算分析不同注浆时机对围岩注浆形成的加固圈厚度、强度及围岩变形与破坏的影响，确定深部大变形软岩巷道最佳锚注支护时机及锚注支护的支护效果。

## 8.1.2　不同注浆时机对巷道注浆圈半径和强度的影响

浆液在围岩中的流动渗透范围取决于围岩裂隙发育程度和应力分布情况，在围岩峰后的不同损伤破坏状态时进行注浆，浆液扩散形成的注浆加固圈厚度是不同的。同时，由于注浆加固后围岩强度的大小取决于注浆时围岩的残余强度，因此不同注浆时机下形成的加固圈中的围岩强度也是不同的。不同注浆时机下巷道围岩浆液扩散和黏聚力的分布特征如图 8.2 和 8.3 所示，注浆加固圈厚度（以浆液扩散半径表示）和强度（以破碎区中围岩最大黏聚力表示）随着注浆时机（以 $\varepsilon^{ps}$ 表示）滞后的变化曲线如图 8.4 所示。

（a）$\varepsilon^{ps}$ =0.01

（b）$\varepsilon^{ps}$ =0.04

图 8.2　不同注浆时机下巷道围岩浆液扩散的分布特征

（c）$\varepsilon^{ps}$ =0.08

（d）$\varepsilon^{ps}$ =0.16

续图 8.2

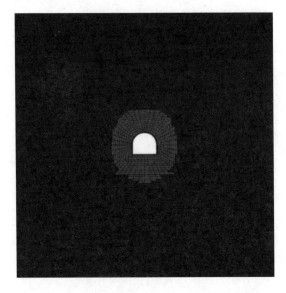

（e）$\varepsilon^{ps}=0.24$

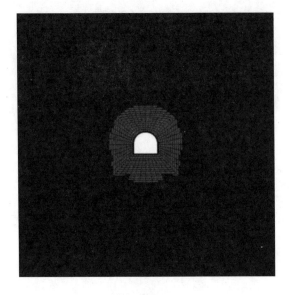

（f）$\varepsilon^{ps}=0.64$

续图 8.2

（a）$\varepsilon^{ps}=0.01$

（b）$\varepsilon^{ps}=0.04$

图 8.3　不同注浆时机下巷道围岩黏聚力的分布特征

（c）$\varepsilon^{ps}$ =0.08

（d）$\varepsilon^{ps}$ =0.16

续图 8.3

（e）$\varepsilon^{ps}$ =0.24

（f）$\varepsilon^{ps}$ =0.64

续图 8.3

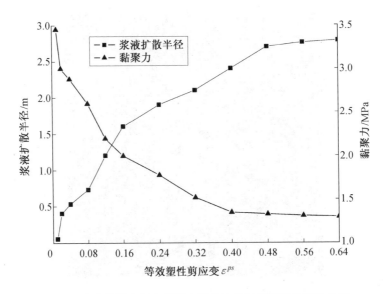

图8.4　注浆扩散半径和黏聚力随着注浆时机滞后的变化曲线

由图 8.2～8.4 可知：浆液扩散半径随着注浆时机的滞后而逐渐增大。在围岩初始损伤破坏阶段（$0<\varepsilon^{ps}<0.04$），随着等效塑性剪应变$\varepsilon^{ps}$的增加围岩裂隙迅速扩展，浆液扩散范围迅速从 0 m 增大到 0.73 m；在围岩中期损伤破坏阶段（$0.04<\varepsilon^{ps}<0.08$），围岩裂隙扩展速度逐渐减小，裂隙间距增加趋缓，浆液扩散范围从 0.73 m 增大到 0.81 m；在围岩后期残余变形阶段（$0.48<\varepsilon^{ps}<0.64$），围岩损伤破裂趋于稳定，围岩裂隙间距基本不变，浆液扩散范围趋于稳定。

注浆加固圈中围岩强度（与注浆加固圈的黏聚力等效）随着注浆时机的滞后而逐渐降低。在围岩初始损伤破坏阶段（$0<\varepsilon^{ps}\leqslant0.04$），随着等效塑性剪应变$\varepsilon^{ps}$的增加注浆加固圈中围岩强度变化十分剧烈，其值迅速由 3.45 MPa 降低至 2.7 MPa；而在围岩中期损伤破坏及后期残余变形阶段（$\varepsilon^{ps}>0.08$），注浆加固圈中围岩强度基本保持稳定。

巷道围岩注浆加固圈厚度和强度越大越有利于围岩的稳定，但在锚注支护时机滞后的过程中，注浆加固圈厚度和强度相互制约，不可能同时达到最大值。在注浆时机逐渐滞后的过程中，围岩裂隙迅速扩展，这有利于注浆加固圈厚度的增加，但不利于注浆加固后围岩强度的提高。在这个过程中，应存在一个最佳注浆时机，此时注浆既能保证浆液有足够的渗透扩散范围，又能保证围岩最大程度地发挥自承能力，从而达到最佳的支护效果。

### 8.1.3　不同注浆时机对巷道围岩稳定性的影响

在巷道围岩从初始损伤变形破坏至最终残余变形状态的过程中，在不同时机进行注浆加固，巷道围岩变形破坏的最终结果是不一样的，据此可以选择最佳的注浆时机。不同注浆时机下巷道围岩水平位移和垂直位移分布特征如图 8.5 和 8.6 所示。巷道锚注支护后在同一相对时间（$\ln t=2.5$）内顶板和帮部位移随着注浆时机（以 $\varepsilon^{ps}$ 表示）滞后的变化曲线如图 8.7 所示。

由图 8.5～8.7 可知，随着围岩注浆时机的滞后，即等效塑性剪应变 $\varepsilon^{ps}$ 增加，巷道围岩顶板下沉量和帮部形变量表现出明显的"先减小后增大"趋势。可以看出深部大变形软岩巷道在巷道开挖初期和末期进行锚注支护对改善巷道的支护效果不好，几乎可以忽略锚注对围岩的作用效果；当围岩的最大等效塑性剪应变 $\varepsilon^{ps}$ 处于 0.04～0.08 阶段时，这时巷道帮部变形量和顶板下沉量分别达到最低值，注浆加固后巷道围岩顶板下沉量和帮部变形量最小，分别为 270 mm 和 250 mm，即此时注浆对于巷道围岩的最终稳定是最有利的，因此巷道最佳的锚注支护时机为最大等效塑性剪应变 $\varepsilon^{ps}$ 处于 0.04～0.08 阶段时。

分析原因可知，新开掘的巷道，围岩处于变形破坏的发展阶段，若过早地进行注浆会因围岩尚未形成开度足够大的裂隙导致浆液难以注入，且围岩中新裂隙不断形成，使已加固的岩体重新被破坏，最终导致注浆失效；另一方面，由于普通注浆锚杆可延伸量有限，深部裂隙软岩巷道围岩应力和变形较大，当围岩变形时注浆锚杆很容易被拉断导致支护结构失效。

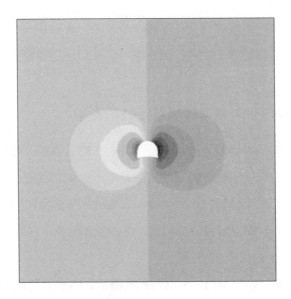

（a）$\varepsilon^{ps} = 0.01$

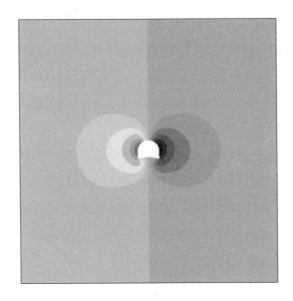

（b）$\varepsilon^{ps} = 0.04$

图 8.5  不同注浆时机下巷道围岩水平位移分布特征图

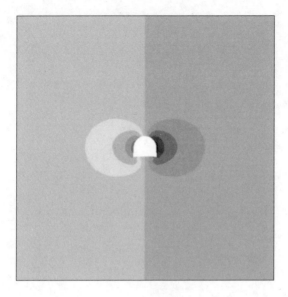

（c）$\varepsilon^{ps}$ =0.08

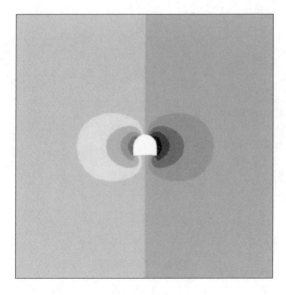

（d）$\varepsilon^{ps}$ =0.16

续图 8.5

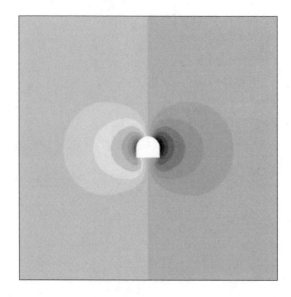

（e）$\varepsilon^{ps}$ =0.24

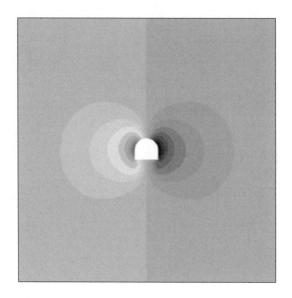

（f）$\varepsilon^{ps}$ =0.64

续图 8.5

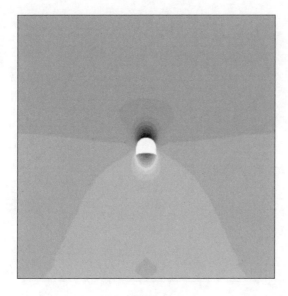

（a）$\varepsilon^{ps}$ =0.01

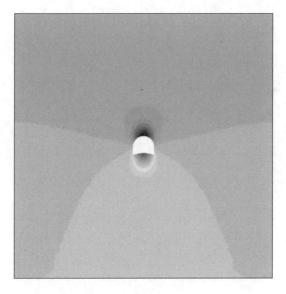

（b）$\varepsilon^{ps}$ =0.04

图 8.6　不同注浆时机下巷道围岩垂直位移分布特征

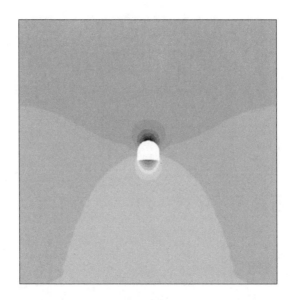

（c）$\varepsilon^{ps}=0.08$

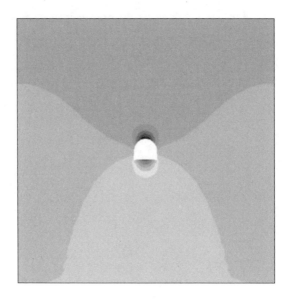

（d）$\varepsilon^{ps}=0.16$

续图 8.6

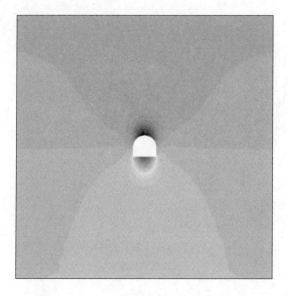

（e）$\varepsilon^{ps}$=0.24

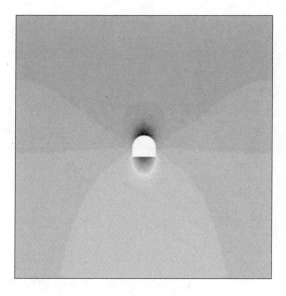

（f）$\varepsilon^{ps}$=0.64

续图 8.6

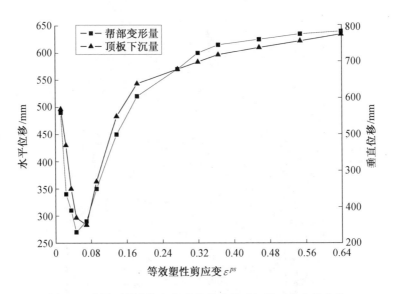

图 8.7　巷道顶板和帮部位移随着注浆时机滞后的变化曲线

## 8.1.4　锚注支护对深部大变形软岩巷道的支护效果评价

不同注浆时机下巷道失稳系数随着相对监测时间自然对数增加的变化曲线如图 8.8 所示，巷道有效支护相对稳定时间随着注浆时机滞后的变化曲线。

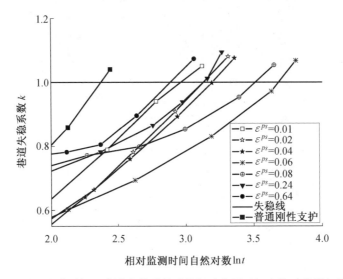

图 8.8　不同注浆时机下巷道失稳系数随着相对监测时间自然对数增加的变化曲线

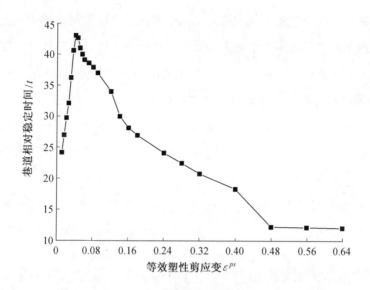

图 8.9　巷道相对稳定时间随着注浆时机滞后的变化曲线

由图 8.9 和 8.10 可知：当 $\varepsilon^{ps}$ 为 0.01 时，对巷道进行注浆支护，这时巷道围岩裂隙扩展很小，围岩破碎区范围比较小，注浆之后浆液扩散半径很小，注浆圈内围岩强度的提高对控制巷道围岩的效果很差，相对于普通刚性支护而言，巷道的相对稳定时间只增加了 1.86 倍；当 $\varepsilon^{ps}$ 为 0.64 时，对巷道进行注浆支护，根据前文分析可知，这时巷道围岩裂隙扩展和破碎区范围已经很大，注浆后浆液扩散半径很大，但是因为破碎区内围岩强度低，注浆后注浆圈内岩体强度的提高十分有限，导致围岩的自承能力严重下降，相对于普通刚性支护而言，此时巷道相对稳定时间只增加了 1.2 倍。巷道在最佳锚注时机内进行注浆支护，对深部大变形软岩巷道的控制作用很显著，当 $\varepsilon^{ps}$ 为 0.06 时，巷道相对稳定时间达到最大，相对于普通的刚性支护而言，增加了 4 倍；当 $0.04 \leqslant \varepsilon^{ps} \leqslant 0.08$ 时，巷道的平均相对稳定时间相对于普通刚性支护而言增加了 3.5 倍。分析可知，随着围岩注浆时机的滞后，即等效塑性剪应变增加，巷道相对稳定时间呈现出明显的"先增大后减小"趋势，即在最佳支护时机内对深部大变形软岩巷道进行锚注支护能够显著提高巷道支护效果。

但是，在目前的锚注支护技术实际施工中首先要采取锚喷进行初次支护，给围岩一段充分卸压的时间，围岩节理充分发育，然后再采用注浆锚杆进行锚注支护，加固围岩实现永久支护。这种普通锚注支护技术存在一定的局限性，具体表现为：

（1）普通锚杆（索）的延伸量有限，特别是锚索，其延伸率不到 7%，不能使围岩裂隙充分发育，注浆时浆液难以注入，注浆后由于深部大变形软岩巷道围岩应力不能有效释放，围岩裂隙还会以一定的速度不断扩展，使已加固的岩体重新被破坏，最终导致注浆失效。

（2）若在巷道围岩裂隙充分发育后开始注浆，深部裂隙软岩巷道开挖后围岩变形速度快、变形量大，普通锚杆（索）很容易被拉断导致支护结构失效。

## 8.2 深部裂隙软岩巷道"让压-锚注"耦合支护机理研究

让压支护和锚注支护都是深部裂隙软岩巷道支护的有效手段，但两者都存在一定的局限性，将两者的优势有机结合起来并提出了"让压-锚注"耦合支护技术。根据前文的研究结果，结合深部大变形软岩巷道变形失稳的特征，建立深部大变形软岩巷道"让压-锚注"耦合支护数值计算模型，分析"让压-锚注"耦合支护对深部大变形软岩巷道围岩的控制效果，并比较"让压-锚注"耦合支护与单一的让压、锚注支护对深部大变形软岩巷道围岩的控制效果。

### 8.2.1 深部裂隙软岩巷道"让压-锚注"耦合支护思想的提出

通过分析北翼回风大巷的变形破坏特征可知，袁店二矿北翼回风大巷巷道围岩变形破坏严重，常规的支护手段难以维持巷道围岩的稳定。注浆作为巷道主动支护的主要手段，具有填充密封、提高围岩强度及增强围岩抗变形的作用。通过填充围岩裂隙进行注浆支护，不仅可以阻止泥岩等膨胀性软岩吸水膨胀软化，还会降低充填裂隙周围围岩的应力集中状况，改善岩体的宏观力学性质；浆液固结后还会将破碎的围岩重新胶结成整体，提高结构面的黏结力和内摩擦角，从而提高了围岩整体的承载能力。

　　裂隙岩体的渗透性直接影响浆液的扩散范围和注浆加固的效果，Louis 和 Tsang 分别依据平板裂隙模型和沟槽模型的单裂隙渗流试验结果提出了单裂隙岩石内浆液渗流扩散的渗透系数表达式，该表达式中单裂隙岩石的渗透系数与裂隙开度的二次方成正比，且当裂隙宽度小于一定阈值（$3d_{95}$，$d_{95}$ 为水泥颗粒过筛直径）时由于水泥颗粒凝聚堵塞渗流通道将会阻碍浆液渗流扩散，这表明裂隙开度是评价单裂隙岩石渗透性的重要指标。对于拥有复杂裂隙网络的裂隙岩体来说，裂隙网络的发育程度（包括裂隙密度和裂隙间距）、裂隙连通性及裂隙开度是影响裂隙岩体渗透性的主要因素。裂隙岩石的压缩试验结果表明，岩石裂隙开度及裂隙发育程度随着岩石峰后软化程度的增加而增加，大量的现场工程实测和实验室相似模拟试验结果都表明，巷道开挖后在巷道表面附近的围岩内形成一个破裂区，在破裂区内围岩随着巷道变形的增加裂隙发育程度也越来越高。

　　对于普通的锚注支护结构而言，假设巷道处于某一应力场中，如图 8.10 所示。

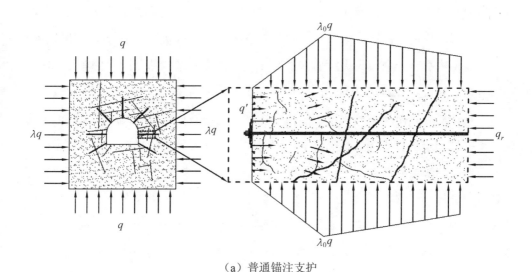

（a）普通锚注支护

图 8.10　让压-锚注支护机理示意图

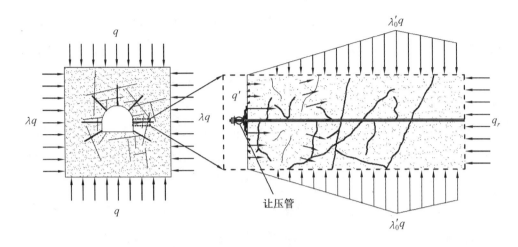

（b）让压-锚注支护

续图 8.10

　　开挖后立即进行支护，安装注浆锚杆，受原应力场及开挖引起的集中应力作用在巷道表面形成了一个破裂区，破裂区内岩体在载荷作用下继续变形破坏并带动注浆锚杆变形，作用在破裂区内的载荷随着破裂区内围岩承载能力下降向深部转移。所有支护结构都有一个最大稳定工作距离 $u_{max}$，当支护结构随着围岩变形量的变化小于 $u_{max}$ 时，支护结构处于稳定阶段；当支护结构随着围岩变形量的变化超过 $u_{max}$ 后，支护结构开始出现不同程度的损伤破坏进入损伤破坏阶段，此时其承载能力将随着支护结构变形量的增大迅速降低。由于注浆锚杆安装后的稳定工作距离主要是指其自由段的最大允许变形量，自由段长度均小于锚杆总长的 2/3，且在注浆锚杆安装过程中会施加较大的预紧力，进一步降低注浆锚杆的稳定工作距离。通过锚杆拉拔试验发现，普通螺纹钢锚杆的稳定工作距离不足 90 mm。螺纹钢注浆锚杆与普通锚杆的最大工作距离相差不大。巷道围岩注浆可以提高围岩的承载能力，但仍然需要其他支护结构一起共同维护巷道围岩的长期稳定。因此，巷道围岩的注浆必须在支护结构稳定阶段进行，此时围岩裂隙发育程度有限，裂隙开度也较小，浆液只能渗透到几条较大的裂隙中，其他大部分裂隙浆液无法渗入或充填效果不佳，如图

8.10（a）所示；此时集中应力依然在巷道浅部，充填裂隙在浅部集中应力 $\lambda_0 q_\theta$（$\lambda_0 > 1$）的作用下可能发生二次破坏，最终导致注浆加固效果不佳。

锚注支护技术中普通锚杆支护结构的延伸量有限，不能使围岩裂隙充分发育，注浆时浆液难以注入，注浆后由于深部大变形软岩巷道围岩应力不能有效释放，围岩裂隙还会以一定的速度不断扩展，使已加固的岩体重新被破坏，最终导致注浆失效；若在巷道围岩裂隙充分发育后开始注浆，深部裂隙软岩巷道开挖后围岩变形速度快、变形量大，普通锚杆的延伸量有限，锚杆（索）很容易被拉断导致支护结构失效。因此，针对深部大变形软岩巷道变形失稳的特点，结合对让压技术和锚注技术的分析，将两者有机地结合起来提出了 "让压-锚注" 耦合支护技术。

让压可以使巷道围岩的集中应力向深部转移，降低浅部围岩应力的集中程度，可以增加支护结构的可延伸量，使支护结构更能适应深部裂隙软岩巷道变形量大、变形时间长等特点，让压后巷道围岩变形速率降低，更有利于控制巷道围岩变形破坏。将 "让压" 和 "锚注" 相结合提出的 "让压-锚注" 耦合支护技术，通过一次让压支护可以使围岩高应力向深部转移，降低浅部围岩应力的集中程度，由于支护结构是与浅部围岩直接相互作用，因此增加了支护结构的稳定性；让压支护增加了支护结构的可延伸量，更能适应深部裂隙软岩巷道变形速度快、变形量大、变形时间长的特点，增加了支护结构的可靠性与安全性；让压后巷道围岩裂隙得到充分扩展，为 "让压-锚注" 耦合支护技术中二次锚注支护提供了条件，注浆后巷道破碎围岩的力学性能得到显著改善，提高了破裂围岩的强度和承载能力。因此，"让压-锚注" 耦合支护技术可以实现让压支护技术和锚注支护技术的优劣势互补，可以更好地控制深部裂隙软岩巷道围岩的稳定性。

与普通锚注支护相比，让压锚注支护通过让压管让压增加了支护结构的最大稳定工作距离 $u_{max}$，可以实现巷道围岩在较高的支护阻力条件下缓慢让压变形，使浅部围岩裂隙得到充分发育、贯通，并将集中应力转移至深部，降低应力集中程度。然后在支护结构稳定工作阶段对其进行注浆，浆液可以渗透扩散进入浅部围岩的大多数裂隙中，有效地改善岩体的宏观力学性质，提高浅部围岩的承载能力；同时集

中应力 $\lambda_0\,q_\theta$ 转移至深部更大范围岩体上，使得浅部加固岩体上承载载荷小于等于 $q_\theta$。采用让压-锚注支护技术在提高浅部围岩强度的同时降低围岩承载的载荷，从而有效地控制巷道围岩的变形破坏，维持巷道围岩的长期稳定。

让压-锚注支护实践所采用的支护材料主要为螺纹钢让压注浆锚杆，如图 8.11 所示，这种锚杆与传统注浆锚杆的主要区别是在锚杆的尾部增加了一个具有让压功能的让压管。让压管的力学特性主要包括让压载荷和让压距离，让压载荷是指让压管的起始让压载荷，让压距离是指让压管从让压开始到载荷开始增加的距离。让压管的力学特性通过实验室让压管受压试验分析获得，为让压管（壁厚为 4 mm、高度为 41 mm、中鼓外径为 41 mm）在受压条件下典型的载荷位移变化曲线如图 8.12 所示。由图 8.12 可知，该让压管的让压载荷为 16.5 kN，让压距离为 10 mm。让压管的应力应变曲线可分为 3 个阶段，第一阶段为弹性阶段，第二阶段为恒阻阶段，第三阶段为让压后弹性阶段。根据高应力软岩巷道围岩条件的不同，让压管可以设计制造成不同的规格，不同的让压载荷和让压距离可通过调整让压管壁厚、高度、中鼓外径等参数而得到。

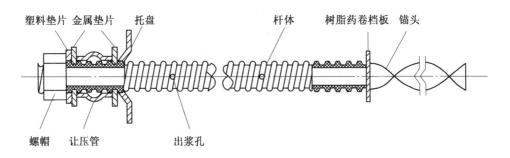

图 8.11　螺纹钢让压注浆锚杆

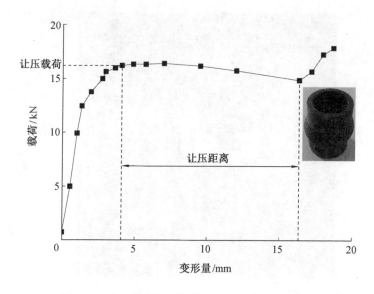

图 8.12　让压管在受压条件下典型的载荷位移变化曲线

## 8.2.2　深部裂隙软岩巷道"让压-锚注"耦合支护的数值模拟

### 1. 数值计算模型的建立

为了分析"让压-锚注"耦合支护对深部大变形软岩巷道围岩的控制效果,建立数值计算模型,模型材料采用均质各向同性岩体,材料参数取 $E$=2 GPa, $c_0$=2.0 MPa, $c_m$=0.5 MPa, $\varphi_0$=28°, $\varphi_m$=24°。计算模型以等效塑性剪应变 $\varepsilon^{ps}$ 来表示峰后岩石的破裂程度,随着等效塑性剪应变的增加,岩石损伤破坏程度增大。当在岩石峰后某个破裂状态(即 $\varepsilon^{ps}$ 等于一定的值时)注浆加固时,认为浆液能够完全扩散到围岩的整个破裂区,通过提高破裂区中岩石的广义黏聚力($\bar{c}$)和广义摩擦角($\bar{\varphi}$)来模拟注浆加固的效果。根据前面的分析,计算中考虑注浆加固后岩石强度是注浆前的2 倍。巷道采用 null 单元模拟巷道,计算中注浆加固后岩石强度是注浆前的 2 倍。模型边界条件:模型底部设置为竖直方向,左侧、右侧、前部、后部设置为法向约束边界,模型上部岩层对模型边界的作用近似视为均布载荷 $q$=17.5 MPa,如图7.8(c)和8.13所示。

图 8.13　数值模型

**2. 数值计算方案的设计**

为了分析"让压-锚注"耦合支护对深部大变形软岩巷道围岩的控制效果，设计 3 种不同的支护方案：让压支护、普通锚注支护、"让压-锚注"耦合支护。让压支护方案的巷道表面支护阻力随着巷道表面位移变化的曲线如图 7.8（c）所示，巷道表面施加 0.24 MPa 的恒定让压载荷，当支护结构变形量达到 60 mm 时，让压结束，巷道表面支护阻力变为 0.3 MPa；当支护结构变形量达到 220 mm 时，支护结构进入残余支护工作阶段，即支护阻力减小为锚杆支护结构的残余强度。普通锚注支护的支护阻力为 0.3 MPa，如图 7.8（b）所示，当围岩最大 $\varepsilon^{ps}$ =0.08 时对巷道围岩进行注浆。"让压-锚注"耦合支护方案的支护阻力的变化曲线与让压支护一样，当围岩最大 $\varepsilon^{ps}$ =0.08 时注浆。

**8.2.3　深部大变形软岩巷道"让压-锚注"耦合支护效果评价**

为了分析不同支护方案条件下巷道稳定性，分别计算 3 种方案条件下巷道失稳系数随着相对监测时间自然对数增加的变化情况，并进行比较分析，如图 8.14 所示。

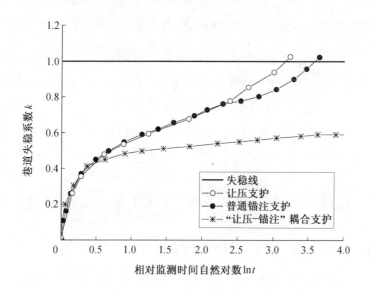

图 8.14　不同支护方案条件下巷道失稳系数随着相对监测时间自然对数增加的变化曲线

由图 8.14 可知：在不同支护方案下巷道支护效果不同，其中单纯的让压支护效果最差。让压虽然改善了巷道浅部围岩的应力分布，释放了围岩的部分变形能，降低了围岩的变形速率；但巷道围岩的承载能力是巷道稳定的重要因素，让压支护让压的同时使巷道塑性区范围不断扩展，在塑性区范围扩展的同时往往又会出现塑性区内围岩强度弱化的现象，对于深部裂隙软岩巷道，围岩自身强度本来就小、承载能力也低，让压进一步降低了围岩的承载能力，最终导致巷道失稳。

与让压支护相比，普通锚注支护的效果显著提高，巷道相对稳定时间比单纯让压支护时提高了约 1.4 倍，但锚杆（索）的延伸量有限，不能使围岩裂隙充分发育，注浆时浆液难以注入，导致注浆效果不理想；若在巷道围岩裂隙充分发育后开始注浆，锚杆（索）很容易被拉断导致支护结构失效。

"让压-锚注"耦合支护效果最好。"让压-锚注"耦合支护的一次让压支护使围岩高应力向深部转移，降低浅部围岩应力的集中程度，增加了支护结构的稳定性；让压支护增加了支护结构的可延伸量，以及支护结构的可靠性与安全性；让压后巷道围岩裂隙得到充分扩展，为二次锚注支护提供了条件，注浆后巷道破碎围岩的力学性能得到显著改善，提高了破裂围岩的强度和承载能力。因此，"让压-锚注"耦合支护后，巷道围岩的形变速率已经趋近于零，即随着时间的延长巷道围岩形变量已不再增加，巷道围岩的变形破坏情况得到有效控制。

## 8.3 "让压-锚注"耦合支护条件下最佳注浆时机研究

影响"让压-锚注"耦合支护效果的因素有很多，其中让压距离与二次锚注支护时机对围岩的稳定性有重要影响。本节主要研究在同一让压距离 60 mm 条件下锚注时机对"让压-锚注"耦合支护效果的影响，运用三维有限差分计算程序 FLAC$^{3D}$ 分析不同的锚注时机对大变形软岩巷道围岩注浆形成的加固圈厚度、强度及围岩变形与破坏的影响，从而确定最佳锚注支护时机。

### 8.3.1 数值计算模型的建立与计算方案设计

#### 1. 数值计算模型的建立

为了分析"让压-锚注"耦合支护的注浆时机对深部大变形软岩巷道围岩的控制效果，分析同一让压距离 60 mm 时不同注浆时机对巷道支护效果的影响，建立如图 8.15 所示的数值计算模型，数值计算材料参数与 8.1 节中模型参数相同。巷道表面施加 0.24 MPa 的恒定让压载荷，当支护结构变形量达到 60 mm 时，让压结束，巷道表面支护阻力变为 0.3 MPa；当支护结构变形量达到 220 mm 时，支护结构进入残余支护工作阶段，即支护阻力变为锚杆（索）的残余支护强度，巷道表面支护力的变化如图 7.8（c）所示。

图 8.15   数值计算模型

**2. 数值计算方案的设计**

为了研究 "让压–锚注" 耦合支护注浆时机对深部大变形软岩巷道围岩的控制效果，在同一让压距离 60 mm 条件下，考虑当巷道围岩处于损伤破裂状态，$\varepsilon^{ps}$ 分别为 0.02、0.04、0.06、0.08、0.10、0.12、0.14、0.16、0.24、0.36、0.48、0.64 时进行锚注支护，通过计算分析不同锚注支护时机对大变形软岩巷道围岩注浆形成的加固圈厚度、强度及围岩变形与破坏的影响，确定在让压距离为 60 mm 条件下的最佳锚注支护时机及锚注支护效果。

## 8.3.2   不同注浆时机对注浆圈半径和强度的影响

深部大变形软岩巷道在一次让压支护后二次锚注的不同注浆时机下围岩浆液扩散和黏聚力的分布特征如图 8.16 和 8.17 所示，注浆加固圈厚度（以浆液扩散半径表示）和强度（以破碎区中围岩最大黏聚力表示）随着注浆时机（以 $\varepsilon^{ps}$ 表示）滞后的变化曲线如图 8.18 所示。

（a）$\varepsilon^{ps}$ =0.02

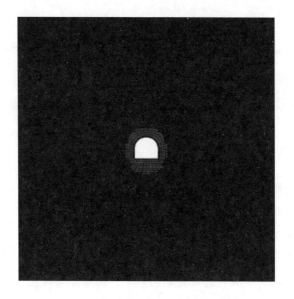

（b）$\varepsilon^{ps}$ =0.06

图 8.16　不同注浆时机下巷道围岩浆液扩散的分布特征

（c）$\varepsilon^{ps}=0.10$

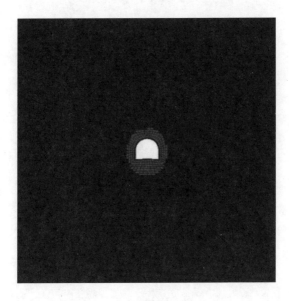

（d）$\varepsilon^{ps}=0.16$

续图 8.16

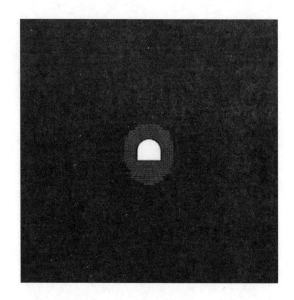

（e）$\varepsilon^{ps}=0.24$

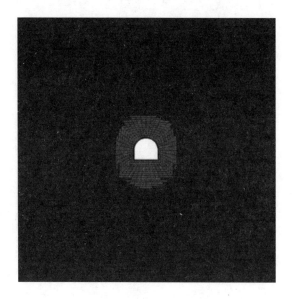

（f）$\varepsilon^{ps}=0.64$

续图 8.16

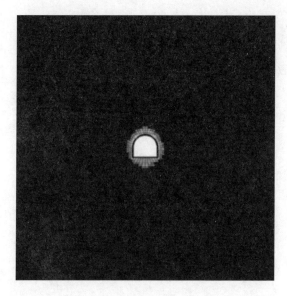

（a）$\varepsilon^{ps}=0.02$

（b）$\varepsilon^{ps}=0.06$

图 8.17　不同注浆时机下巷道围岩黏聚力的分布特征

（c）$\varepsilon^{ps}$ =0.10

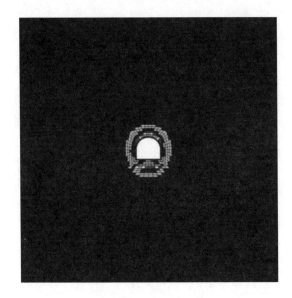

（d）$\varepsilon^{ps}$ =0.16

续图 8.17

（e）$\varepsilon^{ps}$ =0.24

（f）$\varepsilon^{ps}$ =0.64

续图 8.17

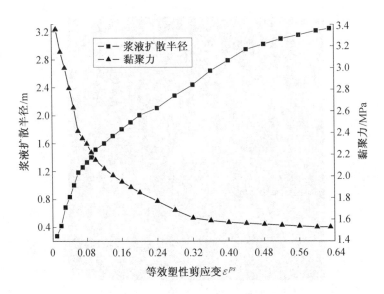

图 8.18　注浆扩散半径和黏聚力随着注浆时机滞后的变化曲线

由图 8.16～8.18 可知：在深部大变形软岩巷道让压后进行注浆，注浆加固圈半径随着注浆时机的滞后而逐渐增大。围岩裂隙的最快扩展阶段为 $0<\varepsilon^{ps}<0.08$，此时围岩裂隙迅速扩展，微裂纹开度显著增加，浆液扩散范围迅速由 0 m 增大到 1.45 m；当 $0.08<\varepsilon^{ps}<0.16$ 时，围岩裂隙扩展速率逐渐变慢，围岩裂隙间距增加趋缓；当 $0.16<\varepsilon^{ps}<0.48$ 时，围岩裂隙扩展速率较 $0.08<\varepsilon^{ps}<0.16$ 时快，围岩裂隙间距增加较明显，浆液扩散范围迅速由 1.45 m 增大到 3.25 m；在围岩后期残余变形阶段（$0.48<\varepsilon^{ps}<0.64$），围岩损伤破裂基本完成，围岩裂隙开度基本不变，浆液扩散范围趋于稳定。

在深部大变形软岩巷道让压后进行注浆，注浆加固圈中围岩强度（与注浆圈的黏聚力等效）随着注浆时机的滞后而逐渐降低。注浆加固圈中围岩强度变化损伤降低最快阶段为 $0<\varepsilon^{ps}<0.08$，注浆加固圈中围岩强度变化十分剧烈，其值迅速由 3.32 MPa 降低至 1.67 MPa，说明巷道开挖初期的变形能释放剧烈，单从提高支护强度的角度出发去控制巷道围岩的变形是不可取的；当 $0.08<\varepsilon^{ps}<0.16$ 时，注浆加固圈后围岩强度变化趋缓，说明巷道开挖初期的变形能释放以后，巷道围岩强度减弱速

度将降低，若此时对巷道进行二次注浆支护，从提高围岩强度的角度出发，可以很好地控制巷道围岩的变形量；而在围岩后期残余变形阶段，注浆加固圈中围岩强度基本保持稳定。

巷道围岩注浆加固圈厚度和强度越大越有利于围岩的稳定，但在注浆时机滞后的过程中，注浆加固圈厚度和强度相互制约，不可能同时达到最大值。在注浆时机逐渐滞后的过程中，围岩裂隙迅速扩展，这有利于注浆加固圈厚度的增加，但不利于注浆加固后围岩强度的提高。在这个过程中，必然存在一个时间段，在此期间注浆既能保证浆液有足够的渗透扩散范围，又能保证围岩最大程度地发挥自承能力，从而达到最佳的支护效果。

### 8.3.3　不同注浆时机对巷道围岩稳定性的影响

深部大变形软岩巷道在一次让压支护后二次锚注的不同注浆时机下围岩水平位移和垂直位移的分布特征如图 8.19 和 8.20 所示。

巷道"让压–锚注"支护后在同一相对时间内顶板和帮部位移随着注浆时机滞后的变化曲线如图 8.21 所示。

由图 8.19～8.21 可知：随着围岩注浆时机的滞后，即等效塑性剪应变的增加，巷道围岩顶板下沉量和帮部变形量亦表现出明显的"先减小后增大"趋势，说明过早或者过晚注浆，锚注支护的效果都很差，只有在最佳注浆时机范围内注浆才能保证注浆效果和巷道的稳定。

当围岩的最大等效塑性剪应变处于 0.08～0.16 阶段时，这时巷道帮部变形量和顶板下沉量分别达到最低值，注浆加固后巷道围岩顶底板下沉量和帮部变形量最小，分别为 158 mm 和 173 mm，此时注浆对于巷道围岩的最终稳定是最有利的，即巷道最佳的锚注支护时机为 $0.08<\varepsilon^{ps}<0.16$。

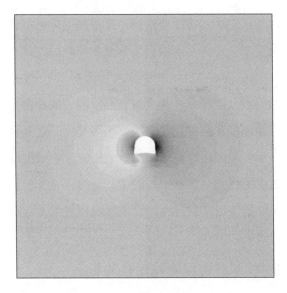

（a）$\varepsilon^{ps}$=0.02

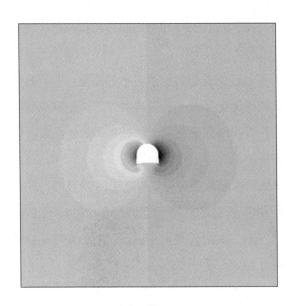

（b）$\varepsilon^{ps}$=0.06

图 8.19　不同注浆时机下巷道围岩水平位移的分布特征

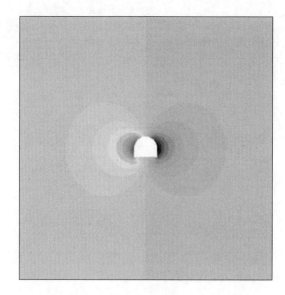

（c）$\varepsilon^{ps} = 0.10$

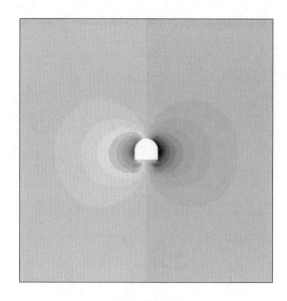

（d）$\varepsilon^{ps} = 0.16$

续图 8.19

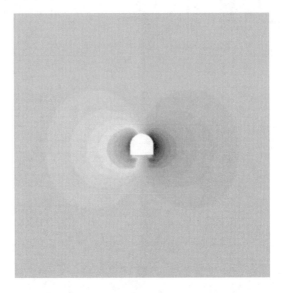

（e）$\varepsilon^{ps}$=0.24

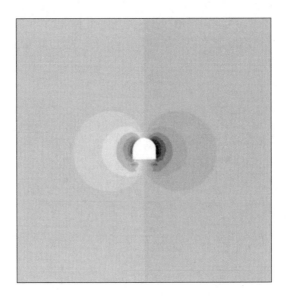

（f）$\varepsilon^{ps}$=0.64

续图 8.19

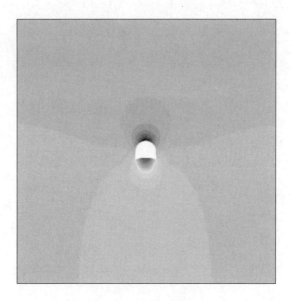

（a）$\varepsilon^{ps}$ =0.02

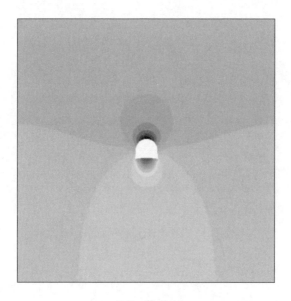

（b）$\varepsilon^{ps}$ =0.06

图 8.20　不同注浆时机下巷道围岩垂直位移的分布特征

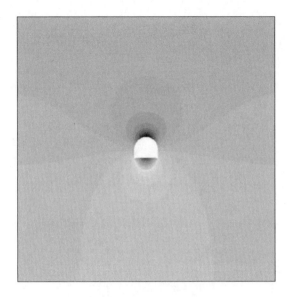

（c）$\varepsilon^{ps}=0.10$

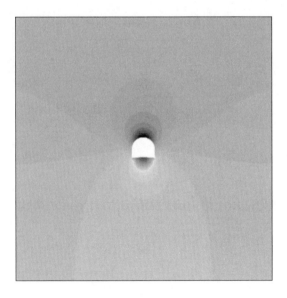

（d）$\varepsilon^{ps}=0.16$

续图 8.20

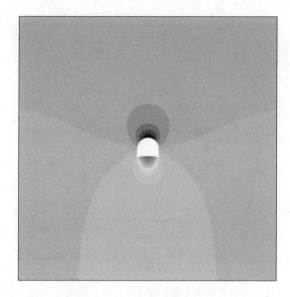

（e）$\varepsilon^{ps}$ =0.24

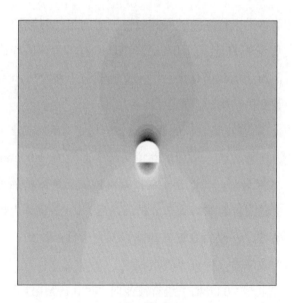

（f）$\varepsilon^{ps}$ =0.64

续图 8.20

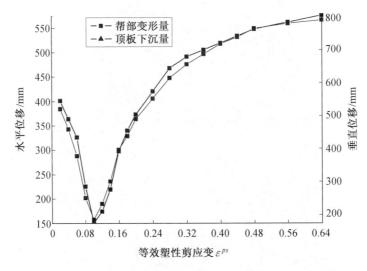

图 8.21    巷道顶板和帮部位移随着注浆时机滞后的变化曲线

## 8.3.4    注浆时机对"让压-锚注"耦合支护效果评价

不同注浆时机下巷道失稳系数随着相对监测时间自然对数增加的变化曲线如图 8.22 所示。图中需要说明的是：当 $0 \leqslant \varepsilon^{ps} \leqslant 0.06$ 时，为让压载荷工作阶段；当为 $0.06 < \varepsilon^{ps} \leqslant 0.24$ 时，为让压载荷作用后恒定支护载荷工作阶段；当 $0.24 < \varepsilon^{ps} \leqslant 0.64$ 时，为巷道一次有效支护结构的失稳阶段。

由图 8.22 可知：随着注浆时机的滞后，巷道稳定时间先延长后缩短，当 $0.08 < \varepsilon^{ps} \leqslant 0.16$ 时对巷道进行注浆，对应的巷道帮部变形量为 108 mm、顶板下沉量为 112 mm，注浆支护效果最好，一次让压支护就可增加支护结构的可延伸量、可靠性与安全性；让压后巷道围岩裂隙得到充分扩展，为"让压-锚注"耦合支护技术中二次锚注支护提供了条件，注浆后巷道破碎围岩的力学性能得到了显著改善，提高了破裂围岩的强度和承载能力，保证了巷道稳定。

当在让压阶段（即 $\varepsilon^{ps} < 0.06$ 时）进行注浆时，"让压-锚注"支护相对应的巷道失稳时间比只采取让压支护时提高了约 2.5 倍，这是因为此时围岩裂隙尚不发育，注浆时浆液难以注入，注浆后由于深部大变形软岩巷道围岩应力不能有效释放，围

岩裂隙还会以一定的速度不断扩展，使已加固的岩体重新被破坏，最终导致注浆失效。

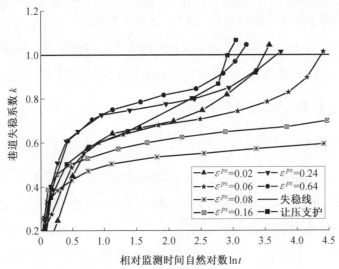

图 8.22 不同注浆时机下巷道失稳系数随相对监测时间自然对数增加的变化曲线

当在恒定支护载荷作用阶段的后期（即 $0.16 \leqslant \varepsilon^{ps} \leqslant 0.24$ 时）对巷道进行注浆，巷道相对稳定时间比单一的让压支护增加了 1.8 倍，巷道在锚注支护后很容易就发生失稳；当在支护结构失效后（即 $\varepsilon^{ps} > 0.24$ 时）对巷道进行注浆，巷道的相对稳定时间只比单一的让压支护提高了 2.2 倍。这是因为这时注浆过晚，巷道围岩变形量已经很大，且围岩裂隙十分发育、残余强度很小，注浆后围岩强度的增加也相当有限，不能控制巷道的变形破坏，最终巷道仍会失稳。

通过分析可知，对深部大变形软岩巷道进行锚注支护，只有在最佳锚注支护时机内进行锚注支护才能达到控制巷道变形失稳的目的，过早或者过晚对巷道围岩注浆都不能有效地控制巷道变形破坏。

## 8.4 不同让压条件对 "让压-锚注" 耦合支护效果的影响

影响 "让压-锚注" 耦合支护效果的因素有很多，其中让压条件与注浆时机对围岩的稳定性有重要影响。前文已经研究了注浆支护时机对"让压-锚注"耦合支护效果的影响，本节为了研究让压条件与锚注时机耦合对"让压-锚注"耦合支护效果的影响，运用三维有限差分计算程度 FLAC$^{3D}$，分析在不同让压条件、不同锚注时机条件下进行锚注支护对大变形软岩巷道围岩注浆形成的加固圈厚度、强度及围岩变形与破坏的影响，并比较各种支护方案对巷道围岩稳定性的控制效果。

### 8.4.1 数值计算模型的建立与计算方案设计

#### 1. 数值计算模型的建立

根据前面的分析可知，让压距离和让压载荷决定着让压支护的成败，特别是让压距离的变化对让压支护效果的影响十分剧烈，过大或过小的让压距离均不能有效改善巷道围岩的变形失稳情况，因此这里取 3 组不同的让压距离进行计算，锚杆(索)的让压载荷和前文一致，视为定值。建立的数值计算模型如图 8.23 所示，数值计算模型建立的具体原理和参数与上文相同，但不同之处就是改变了巷道表面的让压距离，但不改变让压载荷和恒定支护载荷，支护方案参数见表 8.1。

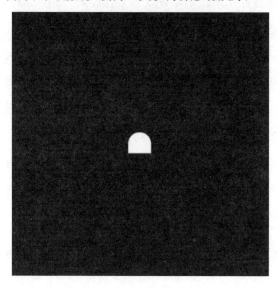

图 8.23　数值计算模型

表 8.1　让压支护方案参数表

| 支护方案 | 让压距离/mm | 让压载荷 $F_1$/MPa | 恒定载荷 $F_2$/MPa | 残余支护载荷 $F_3$/MPa |
| --- | --- | --- | --- | --- |
| 一 | 20 | 0.24 | 0.3 | 0.05 |
| 二 | 40 | 0.24 | 0.3 | 0.05 |
| 三 | 60 | 0.24 | 0.3 | 0.05 |
| 四 | 80 | 0.24 | 0.3 | 0.05 |
| 五 | 100 | 0.24 | 0.3 | 0.05 |
| 六 | 150 | 0.24 | 0.3 | 0.05 |

**2. 数值计算方案的设计**

根据前文分析可知，一次让压支护的让压距离与二次锚注支护时机是深部大变形软岩巷道"让压-锚注"耦合支护成败的关键，为了分析不同让压距离与锚注时机耦合作用对巷道支护效果的影响，分别在让压距离为 20 mm、40 mm、60 mm、80 mm、100 mm 和 150 mm 的条件下对大变形软岩巷道进行二次锚注支护。考虑当巷道围岩处于损伤破裂状态，分别在最佳注浆时机内进行注浆，通过计算分析在不同让压距离条件下锚注支护对大变形软岩巷道围岩注浆形成的加固圈厚度、强度及围岩变形与破坏的影响，确定不同让压距离条件最佳锚注支护时机，并比较各种让压支护条件与二次锚注耦合支护对巷道围岩稳定性的控制效果。

## 8.4.2　不同让压条件下锚注支护对注浆半径和强度的影响

深部大变形软岩巷道在不同让压距离条件下二次注浆加固后注浆半径和围岩黏聚力分布特征随着让压距离增加的变化云图如图 8.24 和 8.25 所示，注浆加固圈厚度（以注浆半径表示）和强度（以破碎区中围岩最大黏聚力表示）随着让压距离（以 $\varepsilon^{ps}$ 表示）增加的变化曲线。

（a）让压距离为 20 mm

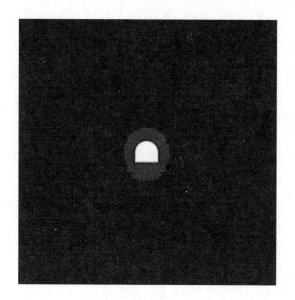

（b）让压距离为 40 mm

图 8.24　注浆半径随着让压距离增加的变化云图

（c）让压距离为 60 mm

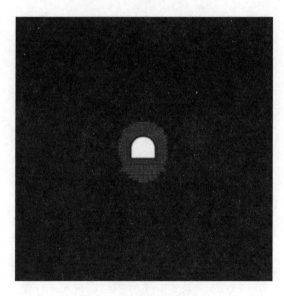

（d）让压距离为 80 mm

续图 8.24

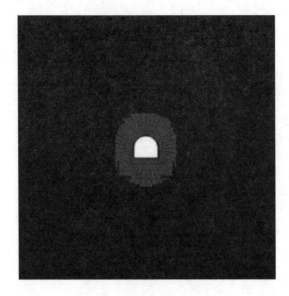

（e）让压距离为 100 mm

（f）让压距离为 150 mm

续图 8.24

（a）让压距离为 20 mm

（b）让压距离为 40 mm

图 8.25　围岩黏聚力随着让压距离增加的变化云图

（c）让压距离为 60 mm

（d）让压距离为 80 mm

续图 8.25

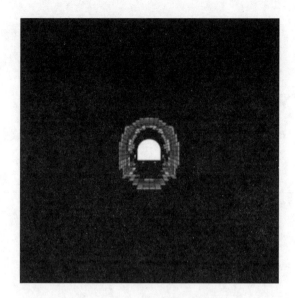

（e）让压距离为 100 mm

（f）让压距离为 150 mm

续图 8.25

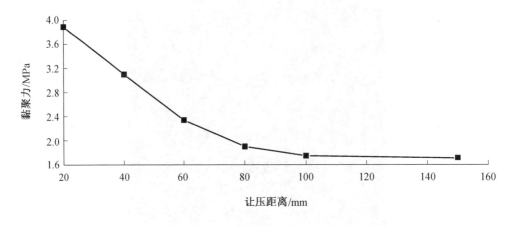

（a）黏聚力

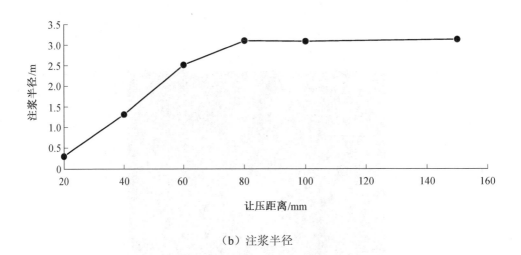

（b）注浆半径

图 8.26　注浆半径和黏聚力随着让压距离增加的变化曲线

由图 8.24～8.26 可知：浆液在围岩中流动渗透范围均随着让压距离的增加而逐渐扩大。当在让压距离小于 60 mm 时，随着让压距离的增加，巷道围岩裂隙的扩展速度变化剧烈，此时巷道集聚的变形能释放速度较快，不易控制，需要让压支护来释放围岩内部集聚的能量；当让压距离达到 60～80 mm 时，巷道围岩裂隙的扩展速度开始减弱，此时对巷道进行注浆支护，能够从巷道围岩强度方面提高围岩的承载能力，控制巷道围岩的变形量，避免锚杆（索）因围岩巨大变形而拉断失效；当让压距离大于 80 mm 时，随着让压距离的增加，巷道围岩裂隙间距基本不变，浆液扩散范围趋于稳定。

注浆加固圈中围岩强度（与注浆圈的黏聚力等效）均随着让压距离的增加而逐渐降低。当让压距离小于 60 mm 时，随着让压距离的增加，注浆加固圈中围岩强度的降低十分剧烈，其中让压距离为 0 mm 时注浆加固圈中围岩强度为 3.96 MPa，让压距离为 60 mm 时注浆加固圈中围岩强度为 2.41 MPa，单位围岩强度的减小速度为 0.025 MPa/mm；当让压距离处于 60～80 mm 时，随着让压距离的增加，注浆加固圈中围岩强度的降低速度减慢，其中让压距离为 60 mm 时注浆加固圈中围岩强度为 2.41 MPa，让压距离为 80 mm 时注浆加固圈中围岩强度为 2.01 MPa，单位围岩强度的减小速度为 0.02 MPa/mm；让压距离为 150 mm 时，注浆加固圈中围岩强度为 1.60 MPa，单位围岩强度的减小速度为 0.007 MPa/mm。

根据前文分析可知，巷道围岩注浆加固圈厚度和强度越大越有利于围岩的稳定，但在让压距离增加的过程中，这是一对矛盾体。在让压距离增加的过程中，巷道围岩裂隙迅速扩展，但围岩损伤也逐渐加剧，这有利于扩大浆液在围岩中的流动渗透范围，但不利于注浆加固后围岩强度的提高。在这个过程中，应存在一个最佳让压距离，此时注浆既能保证浆液有足够的渗透扩散范围，又能保证围岩最大程度地发挥自承能力，从而达到最佳的支护效果。

### 8.4.3　不同让压条件下锚注支护对巷道围岩稳定性的影响

深部大变形软岩巷道在不同让压距离条件下二次注浆加固后巷道围岩水平位移和垂直位移的分布特征如图 8.27 和 8.28 所示，巷道"让压-锚注"支护后在同一相对时间内顶板和帮部位移随着让压距离增加的变化曲线如图 8.29 所示。

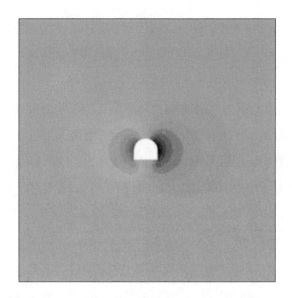

（a）让压距离为 20 mm

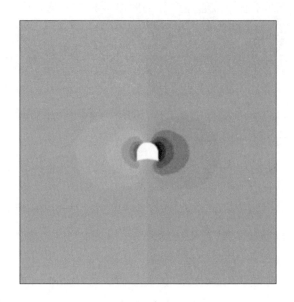

（b）让压距离为 40 mm

图 8.27　不同让压距离条件下巷道围岩水平位移分布特征

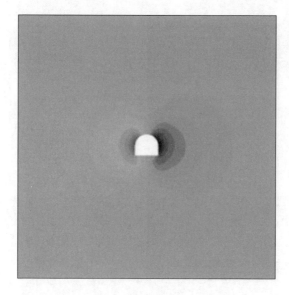

（c）让压距离为 60 mm

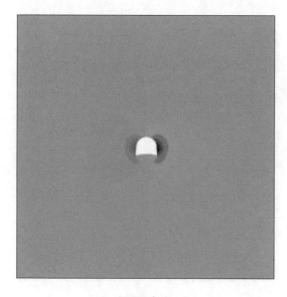

（d）让压距离为 80 mm

续图 8.27

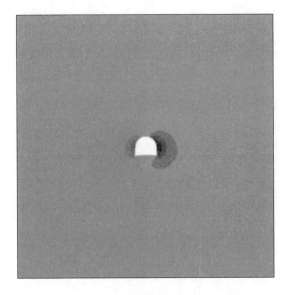

（e）让压距离为 100 mm

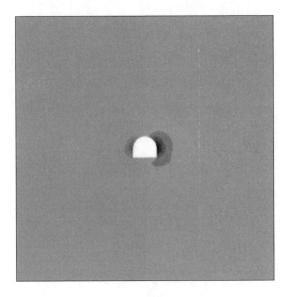

（f）让压距离为 150 mm

续图 8.27

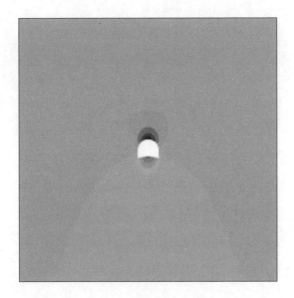

（a）让压距离为 20 mm

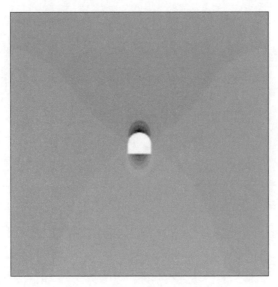

（b）让压距离为 40 mm

图 8.28　不同让压距离条件下巷道围岩垂直位移分布特征

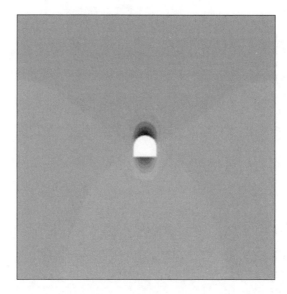

（c）让压距离为 60 mm

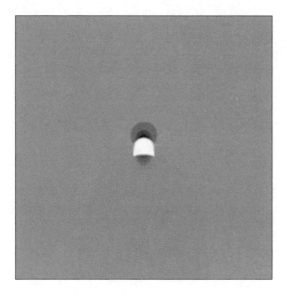

（d）让压距离为 80 mm

续图 8.28

（e）让压距离为 100 mm

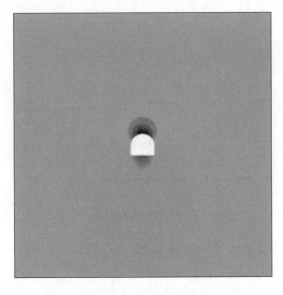

（f）让压距离为 150 mm

续图 8.28

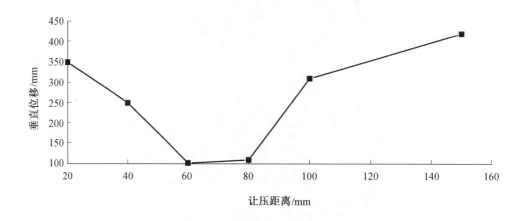

（a）顶板下沉量

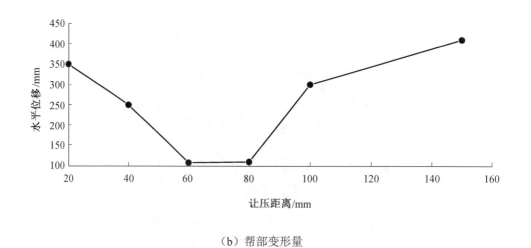

（b）帮部变形量

图 8.29　巷道顶板和帮部位移随着让压距离增加的变化曲线

由图 8.27～8.29 可知：在不同让压条件下，随着让压距离的增加，巷道围岩顶板下沉量和帮部变形量均表现出明显的"先减小后增大"趋势。

深部大变形软岩巷道一次让压支护后，让压距离对支护效果影响很大。当让压位移在 60～80 mm 的阶段时，"让压-锚注"支护后巷道围岩顶板下沉量和帮部变形量达到最小，此时巷道围岩的支护效果最好，因此可以认为该阶段是巷道最佳的让压距离。在最佳注浆时间内，随着让压距离的增加，巷道围岩顶板下沉量和帮部变形量表现出明显的 "先减小后增大" 趋势，说明让压距离对巷道 "让压-锚注" 耦合支护效果有影响，相比较其他支护方案而言，深部大变形软岩巷道在让压距离合适的条件下进行二次锚注支护能够很明显地减小巷道围岩的变形量，对改善深部大变形软岩巷道围岩的变形与破坏作用很有效。

## 8.4.4　不同让压条件下 "让压-锚注" 支护对大变形软岩巷道围岩支护效果评价

不同支护条件下巷道失稳系数随着相对监测时间自然对数增加的变化曲线如图 8.30 所示。图中需要说明的是：巷道均是在二次最佳锚注时机内进行的锚注支护。

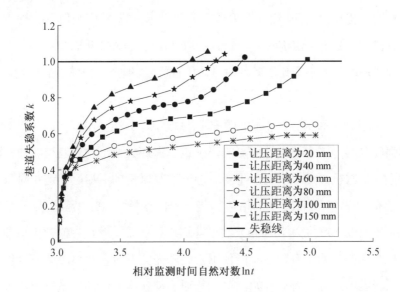

图 8.30　不同支护条件下巷道失稳系数随着相对监测时间自然对数增加的变化曲线

由图 8.30 可知：一次支护采取让压支护后，在一定的让压距离内进行二次锚注支护，巷道相对稳定时间随着让压距离的增加而显著增加。当让压距离为 20 mm 时，巷道相对稳定时间比只采取让压或锚注支护时相对应的巷道失稳时间提高了约 2 倍；当让压距离为 60~80 mm 时，二次锚注支护后巷道围岩的形变速度已经趋近于零，即巷道围岩变形量已不再增加，巷道围岩的变形破坏情况得到控制，巷道将不再失稳；但当让压距离过大（大于 100 mm）时，巷道在一定的让压距离内相对稳定时间随着让压距离的增加而明显减小，当让压距离为 150 mm 时巷道相对稳定时间比只采取让压或锚注支护时相对应的巷道失稳时间提高了约 1.5 倍。

让压距离和锚注时机对深部大变形软岩巷道"让压-锚注"耦合支护的围岩控制效果影响很大，只有在合适的让压距离条件下进行二次锚注支护，才能够显著控制巷道围岩的变形量，确保巷道不失稳，针对袁店二矿北翼回风大巷巷道围岩参数及其变形破坏特征，合适的让压距离为 60～80 mm。

# 8.5 本 章 小 结

本章通过提出"让压-锚注"耦合支护的思想，建立了"让压-锚注"耦合支护数值计算模型，分析了深部大变形软岩巷道"让压-锚注"耦合支护的支护效果，研究了不同锚注时机、不同让压条件对"让压-锚注"耦合支护效果的影响，得到如下结论。

（1）通过建立普通锚注支护的数值计算模型，分析了不同注浆时机对巷道注浆半径和强度及巷道围岩稳定性的影响，确定了深部大变形软岩巷道普通锚注支护的最佳锚注支护时机，结果表明：①随着围岩注浆时机的滞后，巷道相对稳定时间呈现出明显的"先增大后减小"趋势，当 $0.04 \leqslant \varepsilon^{ps} \leqslant 0.08$（巷道的帮部变形量为 67.5 mm 和顶板下沉量为 70 mm）时对巷道进行注浆，巷道控制效果最佳；②普通锚杆支护结构的延伸量有限，不能使围岩裂隙充分发育，注浆时浆液难以注入；若在巷道围岩裂隙充分发育后开始注浆，普通锚杆（索）的延伸量有限，很容易被拉断导致支护结构失效。

（2）针对深部大变形软岩巷道普通锚注支护的局限性，提出了深部大变形软岩巷道新型"让压-锚注"耦合支护思想；运用三维有限差分计算程序 FLAC[3D] 建立了深部大变形软岩巷道让压支护、普通锚注支护和"让压-锚注"耦合支护计算模型，分析了在 3 种不同支护条件下巷道围岩的变形失稳特征，研究了不同锚注时机对注浆半径和强度、巷道围岩稳定性的影响, 结果表明: ①普通锚杆支护结构的延伸量有限, 不能使巷道围岩裂隙充分发育, 注浆时浆液难以注入; 若在巷道围岩裂隙充分发育后开始注浆, 普通锚杆 (索) 的延伸量有限, 很容易被拉断导致支护结构失效; ② "让压-锚注" 耦合支护技术可以实现让压技术和锚注技术的优劣势互补, 在巷道开挖初期的让压阶段, 可实现围岩变形能的释放和巷道围岩裂隙的扩展, 为二次注浆加固提供了条件, 同时让压支护增加了支护结构的极限变形量、安全性和可靠性; ③对于深部裂隙软岩巷道, "让压-锚注" 支护技术的支护效果最好。

(3) 基于建立的深部大变形软岩巷道 "让压-锚注" 耦合支护数值计算模型, 系统研究了不同让压距离和锚注时机条件下巷道围岩注浆加固圈厚度、强度及围岩变形与破坏特征, 结果表明: ①随着围岩注浆时机的滞后, 巷道相对稳定时间呈现出明显的 "先增大后减小" 趋势, 即对于 "让压-锚注" 耦合支护存在着一个最佳锚注时机; ②随着让压距离的增加, 在最佳注浆时机内对巷道进行注浆, 巷道围岩顶板下沉量和帮部变形量表现出明显的 "先减小后增大" 趋势, 即对于 "让压-锚注" 耦合支护存在着一个合理的让压距离; ③对于深部大变形软岩巷道, 只有在合适的让压距离和最佳锚注时机下进行二次锚注支护, 才能够有效地控制巷道围岩的变形破坏, 确保巷道不失稳, 针对袁店二矿北翼回风大巷巷道围岩参数, 数值计算表明合理的让压距离为 $60 \sim 80$ mm, 最佳锚注时机为 $0.08 \leqslant \varepsilon^{ps} \leqslant 0.16$ (巷道的顶板下沉量和帮部变形量分别为 112 mm 和 108 mm)。

# 第9章　深部裂隙岩体"让压-锚注"
# 支护工程实践

## 9.1　袁店二矿北翼回风大巷工程概况

### 9.1.1　北翼回风大巷地质概况

淮北袁店二矿位于我国安徽省亳州市境内，矿井东西长 10.9～13.3 km，南北宽 1.3～5.3 km，面积约为 41.60 km²。矿区总体上为一走向北偏东，倾向北偏西的单斜断块，褶曲不发育，局部有小的起伏。地层倾角较平缓，一般为 5°～15°，矿井生产能力为 150 万 t/年。矿井北翼采区主采煤层为 3#煤，3#煤位于上石盒子组下部，下距上石盒子底界 $K_3$ 砂岩约为 48 m，煤层厚度为 0～2.00 m，平均为 0.97 m，煤层结构较简单，以单一煤层为主，部分含有 1～2 层夹矸，夹矸多为泥岩、炭质泥岩，可采指数为 0.81，为全区大部可采的较稳定薄煤层。顶板、底板以泥岩为主，砂岩、粉砂岩零星分布，属典型的软弱岩层。北翼回风大巷工作面标高为-480～-535 m，埋深大约为 600 m，巷道走向 N78°W，顺层掘进，所穿过岩层多为煤层、泥岩、粉砂岩等软弱岩层，围岩破碎，巷道为半圆拱形，尺寸为宽×高=5 046 mm×4 500 mm，北翼回风大巷综合柱状图如图 9.1 所示，位置如图 9.2 所示。

| 地层系统 | | | 岩石名称 | 真厚 | 柱状图（1：200） | 岩性描述 |
|---|---|---|---|---|---|---|
| 系 | 统 | 组 | | | | |
| | | | 泥岩 | 厚度变化范围为 2.13～7.24 m；平均厚度为 4.03 m | | 深灰色，泥质结构，致密，块状，断口参差状，局部裂隙发育 |
| | | | 粉砂岩 | 厚度变化范围为 5.37～9.16 m；平均厚度为 7.29 m | | 灰色夹紫斑杂色，块状，断口较平坦，局部泥质含量较高，局部含少量铝质 |
| | | | 泥岩 | 厚度变化范围为 2.17～8.46 m；平均厚度为 4.56 m | | 灰色，厚层状，泥状层量，含植物化石碎片 |
| | | | 粉砂岩 | 厚度变化范围为 4.12～8.24 m；平均厚度为 5.12 m | | 灰色，块状，断口较平坦，以粉砂质为主，局部含少量泥质，可为泥岩，下部见植物化石碎片及较多颗粒 |
| | | | 泥岩 | 厚度变化范围为 5.13～11.20 m；平均厚度为 9.03 m | | 深灰–灰色，泥质结构，致密，块状，断口平坦–参差状，含植物化石碎片，含少量铝质，局部裂隙发育 |
| | | | 粉砂岩 | 厚度变化范围为 2.10～8.05 m；平均厚度为 5.69 m | | 灰色，块状，断口较平坦，以粉砂质为主，局部含少量泥质，可为泥岩，下部见植物化石碎片及较多颗粒 |
| | | | 泥岩 | 厚度变化范围为 6.79～15.09 m；平均厚度为 11.25 m | | 深灰–灰色，中部见灰绿色，少量粉砂质与植物化石，断口平整，块状构造 |
| | | | 粉砂岩 | 厚度变化范围为 1.31～4.55 m；平均厚度为 2.67 m | | 灰色，块状，断口较平坦，以粉砂质为主，局部含少量泥质，可为泥岩，下部见植物化石碎片及较多颗粒 |
| | | | 泥岩 | 厚度变化范围为 3.12～6.15 m；平均厚度为 4.03 m | | 深灰–灰色，泥质结构，致密，块状，断口平坦–参差状，含植物化石碎片，含少量铝质，局部裂隙发育 |

图 9.1　北翼回风大巷综合柱状图

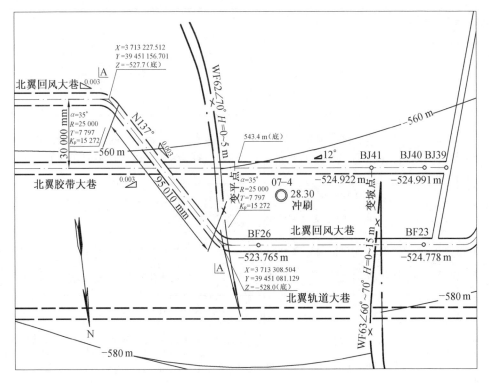

图 9.2　北翼回风大巷位置示意图

　　矿区断层较为发育，走向以北东向为主。全井共施工地质钻孔 107 个，见断层钻孔 44 个，占钻孔总数的 39%。影响北翼回风大巷稳定性的断层主要有 2 条：东侧发育断层 WF62 的落差 $H=0\sim5$ m，断层倾角为 70°；西侧发育断层 WF63 的落差 $H=0\sim15$ m，断层倾角为 60°～70°。断层参数见表 9.1。受断层影响，该区域围岩裂隙及次生断层发育，岩体较破碎。

表 9.1　主要断层参数

| 断层名称 | 走向/(°) | 倾向/(°) | 倾角/(°) | 性质 | 落差 $H$/m | 对掘进影响程度 |
|---|---|---|---|---|---|---|
| WF62 | 10 | 110 | 70 | 正 | 0～5 | 受其影响 |
| WF63 | 160 | 180 | 60～70 | 正 | 0～15 | 影响较大 |

巷道掘进初期采用 36U 型钢支护,巷道断面净宽为 5 400 mm,净高为 4 200 mm,拱基线高为 1 526 mm,搭接长度为 500 mm,支架间距为 600 mm。棚后采用一层钢筋笆片腰帮背顶,规格为 $\phi 8$ mm×800 mm×$\phi 12$ mm×650 mm,网孔为 80 mm×80 mm。横向采用挂钩式连接,每钩必挂。棚档喷射混凝土厚度为 150 mm,强度等级为 C20。锁腿锚杆必须紧跟迎头,打设位置为腰线上 200 mm。锁腿锚杆采用型号为 $\phi 22$ mm×2 800 mm 的高强螺纹钢。水沟净宽×净高=400 mm×400 mm,壁厚为 100 mm,铺底厚为 100 mm(先铺底后浇筑),强度等级为 C20。U 型钢支护断面图如图 9.3 所示。

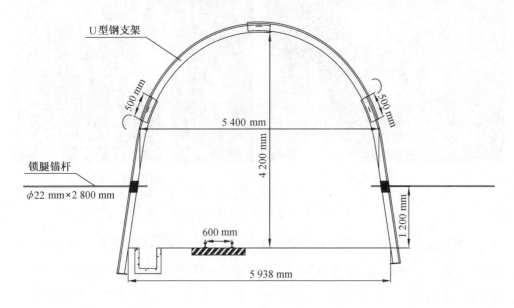

图 9.3　U 型钢支护断面图

巷道开挖后不到 2 周,部分锁腿锚杆被拉断,重新打上锚杆喷射混凝土后不到 1 个月,U 型钢支架被压弯且变形严重,混凝土喷层脱落,部分变形严重区段不得不在巷道内架设直径约为 500 mm 的木支柱,巷道底臌严重,混凝土水沟被毁,不得不采用钢槽排水,如图 9.4 所示。通过分析巷道支护结构变形破坏特征发现,传统的 U 型钢支护系统无法有效地控制巷道围岩变形破坏。

<table>
<tr><td align="center">（a）U 型钢变形</td><td align="center">（b）U 型钢变形</td></tr>
<tr><td align="center">（c）巷道底臌</td><td align="center">（d）木桩顶部破裂</td></tr>
</table>

图 9.4　原支护结构损伤破坏示意图

该区域水文地质情况简单，巷道掘进中主要充水水源为：3#煤煤层顶底板砂岩裂隙水、断层导水。煤层砂岩裂隙含水层富水性不均一，主要受构造裂隙发育程度的控制，局部地段由于构造影响裂隙发育，富水性较强。估算一水平 3 煤顶底板上、下砂岩裂隙含水层（段）正常涌水量为 3～5 m³/h，多呈渗水、滴水、淋水等局部出现突水形式进入巷道，对巷道影响较小。

## 9.1.2　北翼回风大巷变形破坏特征分析

为了分析北翼回风大巷围岩的破裂情况，探明巷道围岩裂隙发育情况和破裂深度，采用钻孔窥视仪（图 9.5）对北翼回风大巷裂隙围岩进行探测，钻孔窥视仪图像分辨率达 0.1 mm，在测试段巷道共布置了 2 组监测断面用于监测巷道围岩裂隙发展及破坏情况，每个监测断面顶板布置 2 个钻孔，左右两帮各布置 1 个钻孔，底板布置 2 个钻孔，如图 9.6 所示，钻孔直径为 $\phi$ 28 mm，钻孔深度为 6～8 m。巷道破裂围岩钻孔窥视图如图 9.7 所示。

图 9.5　钻孔窥视仪

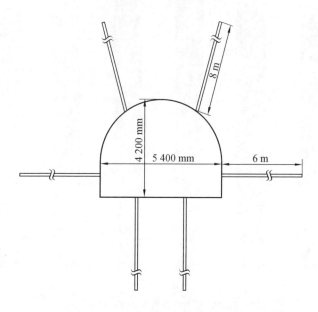

图 9.6　钻孔窥视观测断面布置

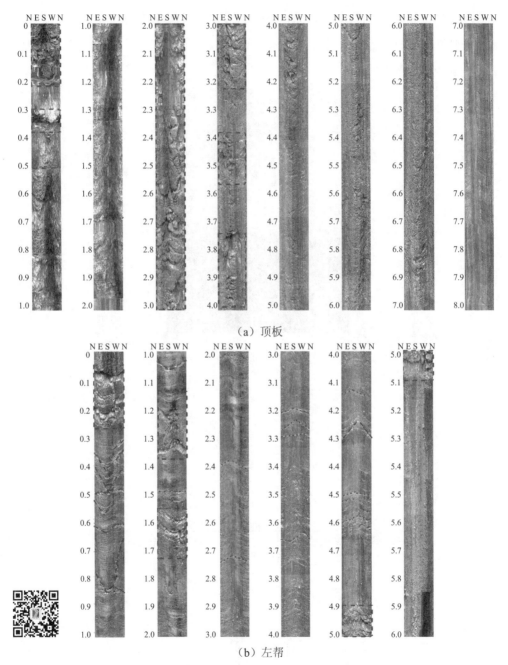

（a）顶板

（b）左帮

图 9.7　巷道破裂围岩钻孔窥视图（单位：m）

注：N、E、S、W 分别表示北、东、南、西。

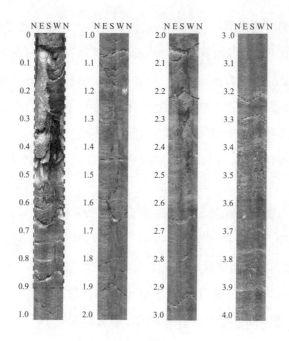

（c）底板

续图 9.7

　　由钻孔窥视结果可知，观测段巷道顶板以泥岩、砂质泥岩为主，围岩软弱，在强烈的构造应力和开挖引起的集中应力共同作用下，北翼回风大巷顶板较为破碎，围压裂隙发育。在 0～1.0 m 范围内存在 2 处破裂区和 1 处裂隙发育区，裂隙最大开度达到了 3 cm，有多处出现钻孔面不连续现象，围岩破裂严重；在 1.0～2.0 m 范围内顶板围岩较为完整，仅存在数条环向裂隙；在 2.0～3.2 m 范围内顶板存在 1 条软弱破碎带，破碎带围岩以泥岩为主，遇水后软化并出现膨胀现象，由于破碎带范围较大，对巷道顶板围岩的稳定性影响严重，且可通过吸收巷道内空气中的水分影响巷道围岩的长期稳定；在 3.4～4.2 m 范围内存在 3 处较小裂隙发育区，裂隙开度及影响范围都较小；在 4.2 m 以外的区域顶板围岩完整，无明显裂隙出现。

巷道两帮主要以粉砂岩、泥岩和砂质泥岩为主，围岩强度低，受开挖引起的集中应力影响，0~0.9 m 范围内有长达 20 cm 的破碎区和 25 cm 的裂隙发育区各 1 处，最大裂隙宽度达 2 cm，围岩破裂严重，有多处出现钻孔面不连续现象；在 1.0~2.0 m 之间围岩环向裂隙发育，存在 2 处裂隙发育区；在 2.0~4.6 m 范围内分布有十几条环向裂隙，但裂隙较小，对巷道围岩影响程度有限；在 4.9~5.1 m 范围内存在一软弱夹层，遇水后弱化崩解，但软弱夹层距离巷道较远，且厚度较小，对巷道围岩影响不大。

巷道底板共布置 4 个钻孔，受构造应力影响变形破坏严重，导致 3 个底板窥视钻孔堵塞无法观测，由钻孔窥视结果可知，底板以粉砂岩、泥岩为主，在底板 0~0.9 m 范围内全部为围岩破碎区，钻孔壁面存在长达 30 cm 的不连续面，该破碎区对巷道围岩稳定性影响严重；在 1.0~2.2 m 范围内裂隙较为发育，且存在 1 个裂隙发育区；在 2.2 m 范围外也存在少量的裂隙，但裂隙都较小，对巷道围岩稳定性影响较小。

根据钻孔窥视结果，统计围岩裂隙开度沿钻孔的变化，顶板、帮部、底板统计结果见表 9.2。对裂隙开度的统计结果进行拟合，如图 9.8 所示，顶板、帮部和底板围岩裂隙开度随着钻孔深度变化的拟合曲线方程如下：

$$y = 40.35e^{-2.96x}, \quad R^2 = 0.918 \tag{9.1}$$

$$y = 29.98e^{-3.34x}, \quad R^2 = 0.956 \tag{9.2}$$

$$y = 36.21e^{-1.74x}, \quad R^2 = 0.960 \tag{9.3}$$

由拟合结果可以看出围岩裂隙开度与探测深度关系，具体见表达式（9.4）：

$$y = b_0 e^{-ax} \tag{9.4}$$

式中，$b_0$ 为巷道表面初始裂隙开度；$a$ 为裂隙开度沿钻孔深度方向递减的速率。

**表 9.2　巷道破裂围岩裂隙开度统计**

| 顶板 | | 帮部 | | 底板 | |
|---|---|---|---|---|---|
| 钻孔深度/m | 裂隙开度/mm | 钻孔深度/m | 裂隙开度/mm | 钻孔深度/m | 裂隙开度/mm |
| 0.1 | 28 | 0.1 | 23 | 0.1 | 32 |
| 0.15 | 25 | 0.11 | 19 | 0.12 | 31 |
| 0.31 | 23 | 0.12 | 20 | 0.15 | 29 |
| 0.33 | 14 | 0.17 | 16 | 0.16 | 25 |
| 0.34 | 18 | 0.2 | 17 | 0.25 | 20 |
| 0.51 | 4.5 | 0.22 | 14 | 0.48 | 15 |
| 0.6 | 7 | 0.24 | 13 | 0.5 | 13 |
| 0.62 | 6 | 0.35 | 9.5 | 0.63 | 13 |
| 0.68 | 5 | 0.39 | 7 | 0.68 | 12 |
| 0.8 | 1.4 | 0.4 | 12 | 0.74 | 14 |
| 0.85 | 4 | 0.5 | 3 | 0.8 | 9 |
| 0.93 | 0.6 | 0.75 | 3 | 0.85 | 9.5 |
| 1.08 | 0.4 | 0.78 | 2 | 0.86 | 10 |
| 1.35 | 0.3 | 0.85 | 1.2 | 1.04 | 6 |
| — | — | 0.96 | 0.5 | 1.08 | 4.5 |
| — | — | 1.05 | 1 | 1.15 | 3 |
| — | — | — | — | 1.16 | 4 |
| — | — | — | — | 1.45 | 1 |

　　由图 9.8 可知，巷道破裂围岩裂隙开度随着钻孔深度的增加逐渐递减，且递减规律满足指数关系，即巷道围岩裂隙在浅部较为发育，特别是在 0.5 m 范围内，围岩裂隙发育且裂隙开度较大；随着探测距离增加，围岩中裂隙开度迅速降低，与深部巷道围岩的破裂规律吻合。从图 9.8 中还可以发现，在同一探测深度条件下，巷道底板裂隙开度最大，帮部裂隙开度最小，即巷道底板围岩破裂程度最大，顶板次

之，帮部最小，这也与探测到的结果吻合。对拟合结果进行分析，发现巷道破裂围岩初始裂隙开度顶板最大（40.35 mm），底板次之（36.21 mm），帮部最小（29.98 mm）；但裂隙开度的递减速率底板最小（1.74 mm），顶板次之（2.96 mm），帮部最大（3.34 mm）。递减速率越小说明裂隙分布密集且开度较大，反之则表明围岩相对较为完整，裂隙发育程度较低，这也与探测结果相吻合。

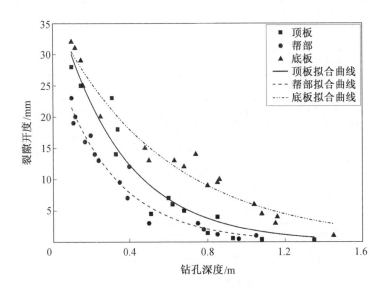

图 9.8　巷道破裂围岩裂隙开度沿钻孔深度的拟合曲线

### 9.1.3　北翼回风大巷变形破坏因素分析

#### 1. 围岩应力高

原岩应力是巷道围岩变形破坏的根源。巷道是在原岩应力作用下开挖的，在巷道开挖的整个过程中，原岩应力一直对开挖起作用。原始地应力包括上覆岩层产生的重力场应力及地质构造应力两大部分，对于重力场产生的地应力仅与上覆岩层及其采深有关。受地质构造的影响，北翼回风大巷所处位置存在较大的构造应力，构造应力很不稳定，它的参数在时间和空间上有很大差异，导致北翼回风大巷的应力环境恶劣，围岩变形破坏严重。

**2. 应变软化特性**

岩石超出峰值应力后仍具有一定的承载能力，而这一承载能力随着应变的增大而逐渐减小，表现出明显的应变软化现象。北翼回风大巷受构造应力场影响，围岩破碎，在开挖卸载以后，如果不加以控制，随着变形的增大及承载力的降低，破碎煤岩体将进入摩擦阶段，最终导致煤岩体的破坏而片帮或冒顶。

## 9.2　袁店二矿北翼回风大巷支护方案设计

### 9.2.1　袁店二矿北翼回风大巷"让压-锚注"耦合支护原理

袁店二矿北翼回风大巷所穿岩层多为不可采煤层、泥岩、炭质泥岩等软弱岩层，围岩强度低，受断层影响严重，地质条件具有复杂性和突变性，围岩变形很大。因此，采用新型"让压-锚注"耦合支护技术进行支护。

"让压-锚注"耦合支护技术主要原理是通过一次让压支护释放掉巷道开挖初期围岩内部的部分变形能，使围岩裂隙适当扩展后对围岩进行二次注浆支护，改变围岩内部的松散结构，提高围岩的强度和承载能力，从而达到控制深部裂隙软岩巷道围岩稳定的目的。"让压-锚注"耦合支护技术中一次让压支护可以使围岩高应力向深部转移，降低浅部围岩应力的集中程度，由于支护结构是与浅部围岩直接相互作用，因此增加了支护结构的稳定性；让压支护增加了支护结构的可延伸量，更能适应深部裂隙软岩巷道变形速度快、变形量大、变形时间长的特点，增加了支护结构的可靠性与安全性；让压后巷道围岩裂隙得到充分扩展，为"让压-锚注"耦合支护技术中二次锚注支护提供了条件，注浆后巷道破碎围岩的力学性能得到了显著改善，提高了破裂围岩的强度和承载能力。

### 9.2.2 北翼回风大巷支护方案设计

从目前各类巷道的支护形式及支护效果来看，巷道的支护形式可以分为 3 个层次，第一个层次为各种金属型钢支架、砌碹等被动支护形式；第二个层次是以锚杆支护为主的改善巷道岩体力学性能的主动支护形式；第三个层次，即最高层次，是从根本上改变岩体结构及力学性能的以锚杆注浆加固为主的主动加固形式。支护层次越高，支护效果越好。

巷道围岩强度低、压力大、较破碎，受断层影响严重，导致巷道变形量大，普通支护结构可伸缩量有限，不能满足巷道支护的要求。为此，根据北翼采区的地质特点，考虑采用新型"让压-锚注"耦合支护方案对北翼回风大巷进行支护。

**1. "让压-锚注"耦合支护方案**

采用高强让压螺纹钢锚杆进行初次支护，再采用高强螺纹钢让压注浆锚杆和高强让压注浆锚索进行二次锚注支护。巷道底板采用高强螺纹钢让压注浆锚杆配合 16# 槽钢进行加固。巷道支护结构如图 9.9～9.11 所示。

在掘进过程中，若遇到围岩破碎随掘随冒的情况，采用超前锚杆架棚进行超前支护，具体参数为：锚杆为左旋全螺纹高强锚杆，锚杆规格为 $\phi 22$ mm×3 000 mm，间排距为 400 mm×1 800 mm，杆尾螺纹型号为 M24，钻孔直径为 28 mm，锚固长度为 1 000 mm，锚杆锚固力不小于 105 kN，每根锚杆均用 2 支树脂药卷锚固，型号为 Z2550，超前锚杆孔口位于开挖轮廓线以外 200 mm 处，打入锚杆与拱顶水平方向呈 15° 夹角。U 型钢架棚支护参数为：

（1）U 型钢的型号为 U36。

（2）棚距为 600 mm（中对中），搭接长度为 500 mm。

（3）钢背板规格为 800 mm×1 200 mm×80 mm。

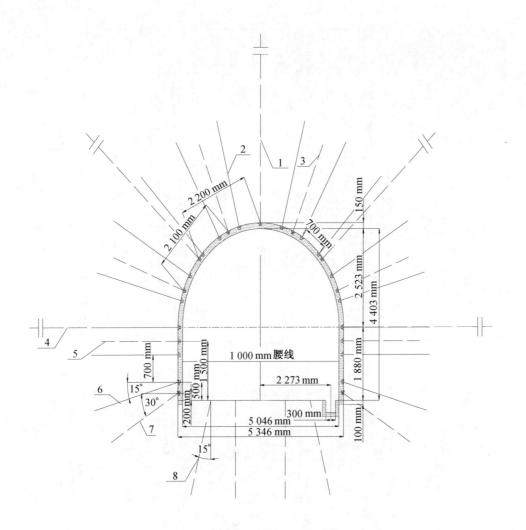

图 9.9  巷道全断面"让压-锚注"支护图

1—顶板高强让压注浆锚索；2—高强让压螺纹钢锚杆；3—顶板高强让压注浆锚杆；

4—帮部高强让压注浆锚索；5—帮部高强让压注浆锚杆；6—帮部高强让压螺纹钢锚杆；

7—底角高强让压注浆锚杆；8—底板高强让压注浆锚杆

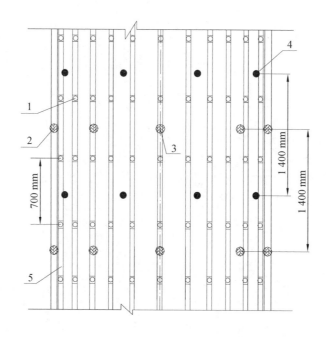

图 9.10 顶板支护展开图

1—高强让压螺纹钢锚杆；2—帮部高强让压注浆锚索；3—顶板高强让压注浆锚索；

4—高强让压注浆锚杆；5—M 型钢带

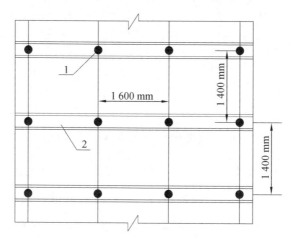

图 9.11 底板支护展开图

1—底板高强让压注浆锚杆；2—16#槽钢

**2. "锚网喷+锚注"联合支护参数**

（1）喷射混凝土。

构造影响区域地段往往岩层裂隙较为发育，巷道揭露时极容易风化，给巷道围岩造成破坏，因此必须及时喷浆进行支护和封闭围岩，喷射砼强度等级为 C20，巷道成巷后初喷层厚度为 30～50 mm，第二次复喷至设计厚度为 150 mm，混凝土原料配比为水泥：黄沙：石子=1：2：2。

（2）高强让压螺纹钢锚杆。

高强让压螺纹钢锚杆杆体为左旋全螺纹高强锚杆专用螺纹钢筋，锚杆规格为 $\phi$22 mm×2 600 mm（其中包含让压环尺寸），间排距为 700 mm×700 mm。钻孔直径为 28 mm，锚固长度为 1 000 mm，每根锚杆锚固力不小于 80 kN。每根锚杆均用 2 支树脂药卷锚固，型号为 Z2550。高强让压螺纹钢锚杆的让压环设计的让压载荷在 90～120 kN 之间，让压距离在 40～50 mm 之间，其结构的内径为（27±1）mm，口端外径为（37±1）mm、中鼓外径为（44±1）mm、壁厚为（5±0.5）mm、高度为（60±2）mm。

（3）高强让压注浆锚杆。

①顶帮高强让压注浆锚杆。高强让压注浆锚杆的规格为 $\phi$25 mm×2 600 mm（其中包含让压环尺寸），破断力不小于 150 kN，杆体上钻有直径为 6 mm 的注浆孔，其结构如图 9.12 所示，杆尾砸扁，封孔采用快硬水泥药卷。顶板高强让压注浆锚杆的间排距为 2 100 mm×1 400 mm，每个断面内有 4 根高强让压注浆锚杆。帮部高强让压注浆锚杆到巷道底板的距离为 1 500 mm，排距为 1 400 mm。

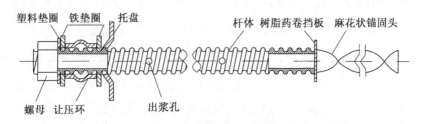

塑料垫圈　铁垫圈　托盘　　　　杆体　树脂药卷挡板　麻花状锚固头

螺母　让压环　　　出浆孔

图 9.12　新型高强螺纹钢让压注浆锚杆设计图

②底角高强让压注浆锚杆。底角高强让压注浆锚杆的规格为 $\phi 25$ mm×2 600 mm（其中包含让压环尺寸），底角高强让压注浆锚杆的排距为 1 400 mm，与水平方向呈 30° 夹角，每个断面内打 2 根。高强让压注浆锚杆与底板距离为 200 mm。

③底板高强让压注浆锚杆。底板高强让压注浆锚杆的规格为 $\phi 25$ mm×2 600 mm（其中包含让压环尺寸），每排 4 根，两边高强让压注浆锚杆斜打，与竖直方向呈 15° 夹角，间排距为 1 600 mm×1 400 mm。

④高强让压注浆锚杆的让压环。高强让压注浆锚杆的破断力不小于 150 kN，则设计让压载荷在 90～120 kN 之间，根据袁店二矿北翼回风大巷的围岩变形破坏特征，结合对让压环结构特性的分析，则高强让压注浆锚杆的让压环结构的内径为（27±1）mm、口端外径为（37±1）mm、中鼓外径为（44±1）mm、壁厚为（5±0.5）mm、高度为（60±2）mm。

（4）高强让压注浆锚索。

①高强让压注浆锚索是由 8 根预应力钢丝组成，如图 9.13 所示，中间最小直径为 31.5 mm，骨架处直径为 35 mm，长度为 7 000 mm（其中包含让压环尺寸）。端部为丝套组件，为主要结构件。锚索全长布置 5 个骨架，骨架的作用一是固定钢丝，二是在骨架处返浆。中空钢管直径为 13 mm，主要用于注浆。预应力钢丝选用符合《预应力混凝土用钢丝》（GB/T5223—2002）标准的高强度低松弛预应力钢丝，直径为 7.0 mm，强度级别为 1 570 MPa，伸长率不小于 3.5%。每根锚索由 8 根钢丝组成，由螺旋机旋转成一体。预应力钢丝墩头后与锚头连接在一起。中空钢管主要用于注浆。锚杆尾部安装一个让压环，用于在巷道掘进初期释放围岩应力。高强让压注浆锚索的间排距为 2 200 mm×1 400 mm，每个断面共 5 根，其中顶板 3 根，帮部 2 根。

②高强让压注浆锚索让压环。高强让压注浆锚索的拉断载荷为 480 kN，设计让压载荷在 280～380 kN 之间，根据袁店二矿北翼回风大巷的围岩变形破坏特征，结合对让压环结构特性的分析，设计让压距离为 60～80 mm，则让压注浆锚杆的让压环结构的内径为（34±1）mm、口端外径为（54±1）mm、中鼓外径为（64±1）mm、壁厚为（10±0.5）mm、高度为（90±2）mm。

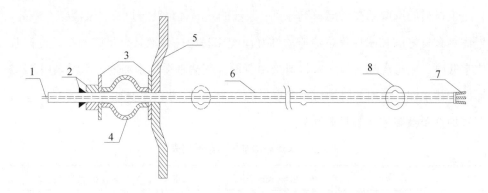

图 9.13　高强让压注浆锚索结构示意图

1—中空橡胶注浆芯管；2—锚索锁具；3—铁垫圈；4—让压环；5—锚索托盘；
6—中空注浆索体；7—锚固剂搅拌头；8—蜂巢状出浆段

（5）护表构件。

①锚杆托盘。拱形高强度托盘为蝶形托盘，规格为 200 mm×200 mm×12 mm，配合高强度螺母、高强托板调心球垫和尼龙垫圈，力学性能与锚杆杆体配套。

②锚杆配件。采用高强锚杆螺母 M24×3，配合高强托板调心球垫和尼龙垫圈，托盘采用拱形高强度托盘，承载能力不低于 400 kN。

③锚索托盘。托盘规格为 300 mm×300 mm，采用 14 mm 钢板制作，中间焊有一个异径固定套，主要进行注浆封孔。托盘上布置有 2 个排气孔，用于注浆排气。

④钢筋网。钢筋网使用直径为 6 mm 的盘圆条，网格尺寸为 100 mm×100 mm，网格均匀。网与网之间要有 100 mm 搭茬，每 200 mm 采用双股铁丝扭结。

M 型钢带规格为：宽度 140 mm，厚度 4.2 mm。

（6）注浆参数。

①水灰比。注浆材料是注浆技术中一个不可分割的部分，浆液的可注性及其力学性能是决定注浆效果的关键因素，注浆材料的成本及浆液消耗量的大小又决定了注浆加固技术经济上的合理性。因此，注浆材料的选取是巷道注浆加固能否成功的先决条件。

注浆材料的选取主要考虑下列原则：浆液的结石体最终强度高；浆液结石率高，与岩体具有良好的黏附性；浆液流动性好，配比易调；浆液具有足够的稳定性；浆液成本低廉、无毒无味。故注浆材料采用普通硅酸盐水泥加添加剂，水泥采用 525# 普通硅酸盐水泥，添加剂用量为水泥重量的 4%～6%。浆液水灰比为 0.7∶1～1∶1，水泥添加剂单液浆配制表见表 9.3。

表 9.3　水泥添加剂单液浆配制表

| 序号 | 水灰比 | 水泥/kg | 水/L | 添加剂/kg |
| --- | --- | --- | --- | --- |
| 1 | 0.7 | 50 | 35 | 2～3 |
| 2 | 0.8 | 50 | 40 | 2～3 |
| 3 | 0.9 | 50 | 45 | 2～3 |
| 4 | 1.0 | 50 | 50 | 2～3 |

②水泥添加剂。为了增加水泥基浆液的和易性、流动性、微膨胀性，提高水泥基浆液的结石率和锚注岩体的强度，采用 ACZ-1 型水泥添加剂，用量为水泥重量的 4%～6%。

③注浆量。对于巷道围岩的注浆，其注浆效果的好坏，关键取决于注浆参数的选择。

巷道围岩注浆效果的控制程度取决于施工队的经验及技术熟练程度。施工队必须根据测得的注浆压力和浆液流速来选择注浆的顺序，以及是否变更或终止注浆过程。从成本最低的观点来看，在注浆过程中进行有效监控是十分必要的。

由于围岩裂隙发育，松动范围的不均匀性和围岩岩性的差异，围岩吸浆量差别较大，所以本着既有效地加固围岩达到一定的扩散半径，又要节省注浆材料和注浆时间的原则，对于单孔而言，为了保证合理的注浆量，一是控制泵压，在围岩内泵压达到 3.0 MPa 时应停止注浆；二是根据相邻钻孔跑浆量来决定，相邻钻孔一旦跑浆应停止注浆。为了保证注浆量，插孔复注是非常必要的。根据近几年注浆实践，每孔最大注入量为 5 袋水泥，每袋水泥 50 kg。

④注浆压力。根据以往经验，注浆压力为 2.0～3.0 MPa，最大注浆压力为 3.0 MPa。

⑤注浆时间。在让压环被压扁之后开始注浆，为了防止注浆在弱面浆液扩散较远，造成漏浆现象，在控制注浆压力和注浆量的同时，必须控制注浆时间，使注浆时间不宜过长。一般单孔注浆时间为 3～5 min。

**3. "锚网喷+锚注"联合支护施工工艺**

（1）锚网带喷施工工艺。

去掉顶板浮石—初喷 30～50 mm 厚的混凝土—打锚杆眼—上钢筋网及 M 型钢带—装药卷至锚杆眼底部—送锚杆入孔—搅拌—上垫片拧紧螺母—复喷。

（2）底角让压注浆锚杆施工工艺。

打底角让压注浆锚杆孔—安装底角让压注浆锚杆—让压环变形—注底角让压注浆锚杆。

（3）底板让压注浆锚杆施工工艺。

卧底—打底板让压注浆锚杆孔—安装底板让压注浆锚杆及槽钢—让压环变形—注底板让压注浆锚杆。

让压注浆锚杆安装施工要求：打眼时，根据岩层软硬不同，分别选用直径为 27～30 mm 合金锚杆钻头；按照"先开水后开风"的顺序试运转；点眼后按规定的角度和方向均匀用力向前推进直至达到要求深度；点眼或打眼过程中，不准用手直接扶或托钻杆和用手掏眼口的煤岩粉；打锚杆眼时，应从外向里进行，同排锚杆先打顶眼，后打帮眼；注浆前须用水或压缩空气将岩孔内的岩屑、浮土清除干净；注浆时，由下而上，钻一个孔，安装一次锚杆，注一次浆，严禁多孔集中注浆；注浆材料应根据设计要求确定，一般宜选用 425#水泥浆，不得使用高铝水泥；使用符合要求的水质，不得使用污水。

（4）让压注浆锚杆（索）施工工艺。

打让压注浆锚杆（索）孔—安装让压注浆锚杆（索）—让压环变形—注两帮注浆锚杆（索）—注顶部注浆锚杆（索）。

顶板和两帮让压注浆锚索选用 MTQ-120 型锚索钻机进行打孔。

打锚杆眼：打眼前，首先按照中线、腰线严格检查巷道断面规格，不符合作业规程要求时必须先进行处理；打眼前要先敲帮问顶，仔细检查周帮围岩情况，清掉活矸、危岩，确认安全后方可开始工作，锚杆眼的位置要准确，眼位误差不得超过100 mm，眼向误差不得大于 15°。锚杆眼深度应与锚杆长度相匹配，打眼时应在钎子上做好标志，严格按锚杆长度打眼，深度为 2.45 m（地锚深 2.95 m），锚杆眼打好后应将眼内的岩渣、积水清理干净。普通钢管式注浆锚杆眼采用 7665 风钻打设，地锚自进式注浆锚杆眼采用气动架柱式钻机。

注浆锚杆安装前，应将眼孔内的积水、岩粉用压风机吹扫干净。吹扫时，操作人员应站在孔口一侧，眼孔方向不得有人。

锚杆安装采用人工，注浆采用注浆机，注浆后借助机械设备拧紧螺帽并给锚杆施加一定预紧力，拧紧力矩不小于 300 N·m。

注浆时采用自下而上、左右顺序作业的方式，每个断面内让压注浆锚索自下而上先注两帮，再注顶板锚索。注浆完毕后，根据观测结果确定是否复注及复注位置，主要是对初次注浆时注浆效果较差的个别孔，或是水泥凝结硬化时产生的收缩变形部位，通过复注可起到补注和加固作用，从而保证施工质量。

安装要求：药卷为中速树脂锚固剂，规格为 $\phi 36$ mm×600 mm，每孔安装 3 块。安装让压注浆锚索前，要将锚固头紧固螺母放到距钻孔边缘 20 mm 的位置，便于涨拉时连接涨拉器；一定要核实钻孔深度，防止钻孔长度误差超过允许范围；钻机放置倾角要与钻孔角度保持一致。钻机至孔口要保持适当距离，防止锚索安装不到孔底。在安装让压注浆锚索过程中，先用锚索将树脂锚固剂慢慢推入孔底，然后使用钻机连续搅拌凝固 30 s 后放下钻机。

涨拉要求：连接好涨拉器，打压涨拉至设计预应力，完成锚索涨拉。该种锚索设计预应力为 250 kN。摘除危岩悬矸，保证涨拉期间的安全；涨拉前首先做好涨拉泵的准备工作，做到设备完好，压力达到规定要求；调整锚盘安设位置，做到锚盘安设角度、方向一致；连接好管路，准备工作就绪；2 人负责安装涨拉器，1 人负责对涨拉泵打压，直到规定压力时停止升压。卸下涨拉器，完成涨拉工序；涨拉时，人员要避开涨拉器，防止伤人。

（5）注浆施工工艺流程主要包括三个方面。

①运料与拌浆。即将水泥与水按规定水灰比拌制水泥浆，注浆实施前加入定量增塑剂，保证在注浆过程中不发生吸浆笼头堵塞等现象，并根据需要调整浆液参数。

②注浆泵的控制。根据巷道注浆变化情况，即时开、停注浆泵，并时刻注意观察注浆泵的注浆压力，以免发生堵塞、崩管现象。

③孔口管路连接。应注意前方注浆情况，及时发现漏浆、堵管等事故，并掌握好注浆量及注浆压力，及时拆除和清洗注浆阀门。注浆施工工艺如图 9.14 所示。

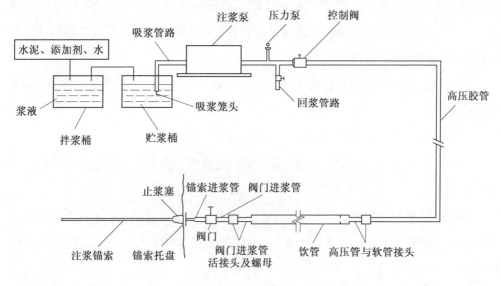

图 9.14  注浆施工工艺

## 9.3  施工技术要求及安全措施

### 9.3.1  喷射混凝土

（1）喷射混凝土应尽量做到厚度均匀，并满足参数要求，杜绝漏喷、毛喷现象，以防注浆时漏浆、跑浆而影响施工。

（2）喷射混凝土所用材料的标号、规格、材质、配比应符合设计要求，并混合均匀，保证喷层强度。

（3）喷浆手要正确掌握好喷头与岩帮及岩顶距离和喷头走向，以保证材料消耗并达到预定喷层的强度要求。

（4）喷后7 d内应进行三班洒水养护，7 d后每天洒水养护，以保证混凝土的强度及防止脱水龟裂的出现而影响注浆效果。

## 9.3.2　注浆作业

（1）要保证注浆锚杆孔的设计间排距，并要求垂直于岩面，下方钻孔倾角为30°～45°，要严格控制孔深，使其与注浆锚杆长度配套。注浆锚杆尾部树脂药卷要搅拌均匀，达到设计锚固力要求。

（2）使用快硬水泥卷时应按规程作业，严格控制泡水时间，并保证砸实以满足止浆强度。

（3）浆液配比、水灰比和注浆终压应满足设计要求。

（4）开机前应检查喷层和管路，检查阀门是否完全开启，管路接头要牢靠、严密、有效。

（5）注浆作业时应组成专门正规队伍，注浆人员要经过培训，考核合格后才能上岗。注浆机械应由专人负责，有专人监读表头，注浆时要加强信号联系，保证注、停及时，反应快速。

（6）遇到漏浆时，可暂停注浆，采取措施封堵渗漏处，几分钟后即可再注。

（7）注浆的孔口阀应在注浆6 h后拆除，可在第二班进行，拆下的阀门要及时清洗干净，然后抹上机油备用。

（8）注浆人员注意劳动保护，防止浆液材料烧伤眼睛或皮肤，在正注的锚杆下方或前方严禁站人。

（9）每班注浆完毕，要及时清洗注浆泵及其管路，及时维护。

（10）注浆情况及参数应由专人控制，专人记录，填写工作日志。

（11）注浆锚杆间排距可根据实际扩散半径加以调整，注浆过程如果大面积达不到设计终压，一般为浆液沿大裂隙定向扩散所致，可加大增塑剂用量来堵塞大通道，并隔 2～7 d 后打插心注浆锚杆复注，以保证围岩浆液扩散均匀。

## 9.4　设备、材料及劳动组织

### 9.4.1　设备、材料

锚架支护所需的主要设备与材料见表 9.4。

表 9.4　锚架支护所需的主要设备与材料

| 名称 | 规格或型号 | 单位 | 数量 | 备注 |
|---|---|---|---|---|
| 注浆泵 | QB152 | 台 | 2 | 1 台备用 |
| 凿岩机 | 7665MZ | 台 | 6 | |
| 锚杆钻机 | MTQ120 | 台 | 2 | 1 台备用 |
| 架柱支撑式钻机 | ZQJJ120/2.3 | 台 | 1 | |
| 钎子 | $L=2\ 000$ mm | 根 | 40 | |
| 钎头 1 | 一字型直径为 32 mm | 个 | 80 | |
| 钎头 2 | 十字型直径为 32 mm | 个 | 40 | |
| 风带 | 直径为 1 寸（1 寸≈3.33 cm） | m | 100 | |
| 水带 | 直径为 6 寸 | m | 100 | |
| 铁锤 | 24P | 把 | 2 | |
| 高压胶管 | 直径为 1 寸 | m | 60 | |
| 吸浆管 | 直径为 1.5 寸 | m | 5×2 | |
| 闸阀 | DG25 PG32 | 个 | 30 | |
| 压力表 | 抗震 YK-25 | 个 | 10 | |
| 球阀 | Dg Pg40 | 个 | 10 | |
| 混合器 | | 个 | 2 | |
| 注浆锚杆 | $\phi 25$ mm×2 500 mm | 根 | | |

注：空白处内容需要根据具体工程确定。

续表 9.4

| 名称 | 规格或型号 | 单位 | 数量 | 备注 |
|------|-----------|------|------|------|
| 水泥药卷 | | 块 | | |
| 树脂药卷 | | 块 | | |
| 水泥 | 525#普硅 | 吨 | | |
| 添加剂 | ACZ-1# | kg | | |
| 套管 | | 个 | 5 | |
| 高压管接头 | 变径，25～38 mm | 个 | | |
| 锚杆阀门连接件 | 直径为 25 mm | 个 | 30 | |
| 风动搅拌器 | | 个 | 5～10 | |
| 断线钳 | | 把 | 2 | |
| 钢锯 | | 把 | 2 | |
| 钢锯条 | | 根 | | |
| 板手 | | 把 | 2 | |
| 螺丝刀 | | | | |
| 牙钳 | | | | |
| 铁丝 | 8# | kg | | |
| 拉杆 | 直径为 20 mm，长度为 370 mm | 根 | 4 | |
| 拉钩鼻子 | 直径为 12 mm，长度为 120 mm | | | |
| 水泥背板 | 规格 800 mm×120 mm×50 mm | 块 | | |
| 橡胶手套 | | 付 | 10 | |
| 防护手套 | | 付 | 10 | |
| 托板 | 200 mm×200 mm，$\delta=12$ mm | | | |
| 螺帽 | M22 | | | |
| 垫圈 | M24 | | | |

注浆施工过程中所需设备主要为注浆泵,本节中采用 QB152 型注浆泵,如图 9.15 所示。

图 9.15 QB152 型注浆泵

该注浆泵实现了注浆和拌浆的机械化,它具有体积小、质量轻、使用可靠,并且在易燃、易爆、温度和湿度变化大的场所均可以安全使用。QB152 型注浆泵性能参数见表 9.5。

表 9.5 QB152 型注浆泵性能参数

| 气源压力/MPa | 活塞行程/mm | 出浆压力/MPa | 出浆量 $L$/min | 质量/kg | 耗气量/$(m^3 \cdot min^{-1})$ | 往复次数/$(次 \cdot min^{-1})$ | 通气管径/英寸 |
| --- | --- | --- | --- | --- | --- | --- | --- |
| 0.40~0.63 | 100 | 3.2 | 30 | 16 | ≤0.28 | ≤150 | 3/4 |

注:1 英寸≈2.54 cm。

## 9.4.2 劳动组织

劳动组织一般有专业工作队和综合工作队,专业工作队因工作单一,故施工速度快,质量好,但在井巷工程施工中,由于工作内容的局限性,劳动组织往往不够灵活,常出现窝工现象,故大多采用综合工作队,综合工作队能充分发挥每个人的作用,提高劳动效率,但要求每位工人一专多能,譬如,混凝土喷射手既能提喷枪,又能打眼、注浆;机电工,既能维修机电设备,又能开泵、注浆等。因此,综合工作队更好。考虑到修复巷道的复杂性,设计采用"三八"制,每班出勤人数为 7~8

人，其中班长和机电维修工为机动人员，其余人员为施工和运输人员，在藉人员按轮休制配备。

# 9.5 支 护 监 测

对巷道进行系统性观测，目的是为了掌握锚杆承载工况、围岩变形特征及巷道支护状况，同时为围岩控制支护设计的修改、调整提供依据。

## 9.5.1 主要观测参数

巷道支护监测的主要参数包括围岩的表面位移、让压环变形、锚杆拉拔力、锚杆的锚固力、锚杆受力状态、围岩深部变形与位移等。

**1. 锚杆锚固力**

国标《喷灌工程技术规范》（GB/T 50085—2017）将锚杆锚固力定义为锚杆对围岩的约束力。在实际应用中，大都以抗拔力作为锚固力，这给锚杆安设质量的检验提供了简便的方法。检测锚杆锚固力可以了解锚杆锚固质量是否达到了设计要求，以及是否出现了预应力松弛。

**2. 让压环变形**

让压环的变形可以反映锚杆的受力状态和围岩的相对变形量，可以为二次注浆的注浆时机提供参考，是让压锚注支护中的重要参数。

**3. 锚杆受力**

锚杆工作载荷可以反映锚杆在各个不同时期的轴向力大小及与围岩的匹配情况，用于评价锚杆的实际工作特性及与围岩变形的关系，以判断锚杆是否对顶板发挥应有作用、有多大的强度储备等。对于端锚锚杆，锚杆受力主要是指锚杆的轴向拉力。

**4. 顶板锚固区内及锚固区外位移**

锚杆锚固区层位和锚固区以上层位岩层的移动情况，可为巷道稳定状况提供直观显示，一旦巷道状况出现异常，便可以及时采取应急措施和补强加固措施。

**5. 围岩表面位移**

围岩表面位移包括巷道顶板、底板移近量和两帮移近量等。根据巷道围岩表面位移值可以判断锚杆支护的效果和围岩的稳定状况。

**6. 围岩深部位移**

围岩深部位移包括巷道顶板、两帮深部位移。根据深部位移分布情况可以判断锚杆（索）的支护效果和围岩的稳定情况。

## 9.5.2　观测仪器

### 1. 锚杆拉力计

锚杆拉拔力检验是测定锚杆锚固性能的一种方法。通常是将锚杆与一拉力变换器连接，用 100～300 kN 的千斤顶加载，直到锚杆失去承载能力，所得最大载荷即为锚杆的拉拔力。国产锚杆拉力计主要有 ML-10 型、ML-20 型、ML-30 型，其最大拉力分别为 100 kN、200 kN、300 kN。本节中采用 ML-20 型锚杆拉力计，如图 9.16 所示。

图 9.16　ML-20 型锚杆拉力计

## 2. 液压枕

液压枕是用来监测端锚锚杆工作时轴向力大小的仪器，应用时，首先把压力盒套在锚杆托盘和外锚头的螺母之间，然后紧固螺母对锚杆施加预应力，记录压力表指示的初始值，此后定时测量锚杆压力与时间的变化。本节中采用 MYJ-10 型、MYJ-20 型锚杆液压枕，如图 9.17 所示，这种类型的锚杆液压枕压力值可以由压力表直接读出。MYJ-10 型锚杆液压枕最大量程为 100 kN，MYJ-20 型锚杆液压枕最大量程为 200 kN。

图 9.17　锚杆液压枕

## 3. 多点位移计

多点位移计是用来监测巷道在掘进和受采动影响的整个服务期间内深部围岩变形随着时间变化的一种仪器。国内外围岩深部多点位移计的种类很多，具有不同的结构参数、组成和适用条件，如中国矿业大学研制的 DWJ-2 型多点位移计，煤炭科学总院研制的 DW 型机械式多点位移计，美国研制的声波探头多点位移计等。本节中采用的是 DWJ-2 型多点位移计，如图 9.18 所示。

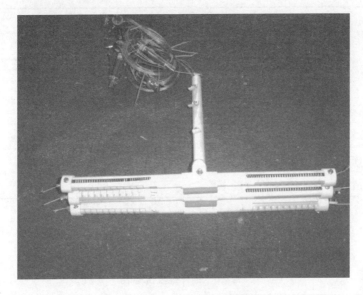

图 9.18　DWJ-2 型多点位移计

DWJ-2 型多点位移计的最大测量深度为 6 m，每个钻孔布置 6 个测点，分别为 6 m、5 m、4 m、3 m、2 m、1 m。

**4. 断面收敛计**

巷道表面相对位移的测量仪器种类很多，可以根据巷道尺寸及待测位移量要求的精度等进行选择。对于小跨度巷道，除了采用钢卷尺、游标卡尺式测杆外，还可以用收敛计、测枪等。本节中主要采用钢卷尺测量。

## 9.5.3　观测方案设计

为了监测设计支护方案的效果，在北翼回风大巷中布设 2 个表面位移观测断面和 2 个锚杆受力观测断面，综合观测断面布置如图 9.19 所示。

**1. 锚杆拉拔力检测**

采用 ML-20 型锚杆拉力计在试验段随机抽取 $n$ 根锚杆进行拉拔试验，并将检测结果填入表 9.6 中，以检测施工质量。

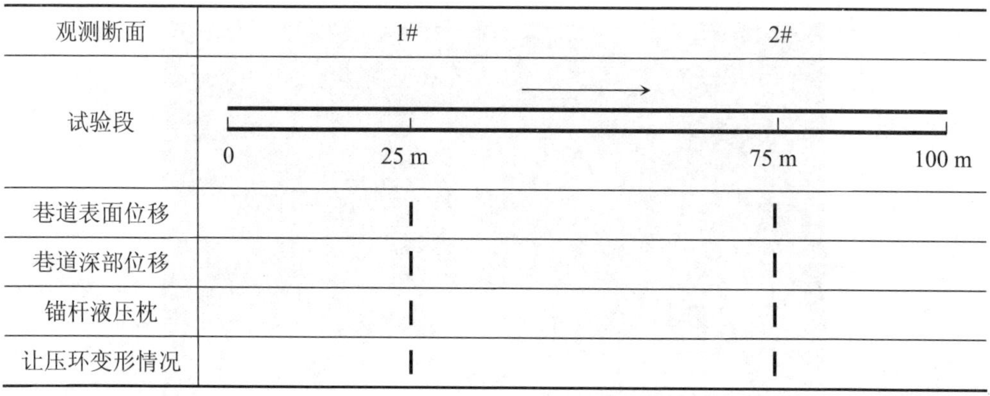

| 观测断面 | 1# | 2# |
|---|---|---|
| 试验段 | | |
| | 0　　　　25 m | 75 m　　100 m |
| 巷道表面位移 | ∣ | ∣ |
| 巷道深部位移 | ∣ | ∣ |
| 锚杆液压枕 | ∣ | ∣ |
| 让压环变形情况 | ∣ | ∣ |

图 9.19　北翼回风大巷试验段综合观测断面布置

**表 9.6　锚杆拉拔试验表**

| 序号 | 试验巷道 | 锚固力/kN | 备注 |
|---|---|---|---|
| 1 | | | |
| 2 | | | |
| 3 | | | |
| 4 | | | |
| 5 | | | |
| 6 | | | |
| 7 | | | |
| …… | | | |

## 2. 锚杆受力测点布置

北翼回风大巷试验段布设了 2 个锚杆受力观测断面，测点布置如图 9.20 所示。观测结果填入表 9.7 中。

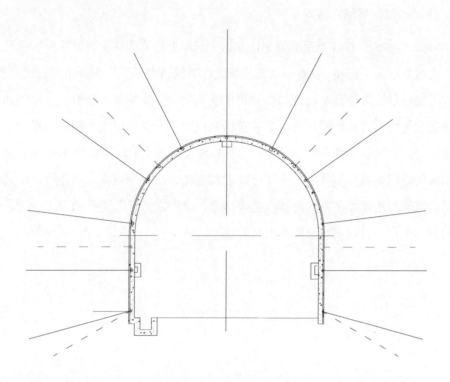

图 9.20　锚杆受力测点布置

**表 9.7　锚杆受力观测表**

观测时间：　　　　　　　　　　　　观测人：

| 观测断面 | 锚杆编号 | 初始值/kN | 观测值/kN | 备注 |
|---|---|---|---|---|
| 1#观测断面 | 1#锚杆 | | | |
| | 2#锚杆 | | | |
| | 3#锚杆 | | | |
| 2#观测断面 | 1#锚杆 | | | |
| | 2#锚杆 | | | |
| | 3#锚杆 | | | |

### 3. 围岩深部位移测点布置

DWJ-2 型多点位移计测点布置如图 9.21 所示。多点位移计安装位置应尽量紧靠迎头，最远距迎头不得超过 1.0 m。安装前先在顶板钻出直径为 30 mm 左右的安装钻孔，用安装圆管将带有 6 m 连接钢丝绳的孔内固定装置推至所要求的深度；抽出安装圆管，再依次将其余的孔内固定装置送到预定的位置；用木条将孔口测读装置固定在孔口；拉紧每个测点的钢丝绳，将孔口测读装置上的测环推至 100 mm 位置后，用螺丝将钢丝绳与测环固定在一起。安装后先读出每个测点的初读数，以后每次读得的数值与初读数之差即为测点的位移值。要求施工后第 1 周内每天测读，以后每周测读 1 次。将观测结果填入表 9.8 中。

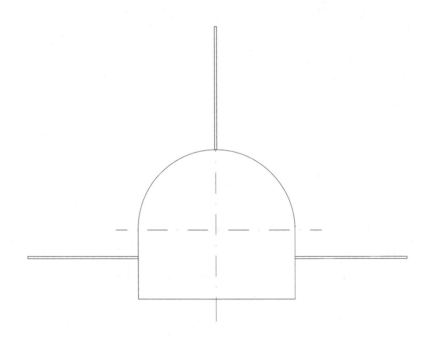

图 9.21　DWJ-2 型多点位移计测点布置

表 9.8　围岩深部位移观测表

观测时间：　　　　　　　　　　观测人：

| 观测断面 | 深部测点 | 1#多点位移计/mm | 2#多点位移计/mm |
|---|---|---|---|
| 1#观测断面 | 1 m 处 | | |
| | 2 m 处 | | |
| | 3 m 处 | | |
| | 4 m 处 | | |
| | 5 m 处 | | |
| | 6 m 处 | | |
| 2#观测断面 | 1 m 处 | | |
| | 2 m 处 | | |
| | 3 m 处 | | |
| | 4 m 处 | | |
| | 5 m 处 | | |
| | 6 m 处 | | |

**4. 巷道表面位移测点布置**

袁店二矿北翼回风大巷布设了 2 个表面位移观测断面，巷道表面位移监测是在巷道的顶板、底板和两帮设置测点，即采用中腰线十字布点法，如图 9.22 所示。在巷道掘进期间，测点必须在巷道开挖 12 h 内埋设。要求施工后 1 周内每天观测 1 次，以后每周测读 1 次，巷道稳定后加大观测时间间隔。测点用直径为 6 mm 的钢筋制成，结构如图 9.23 所示，用快硬水泥药卷或水泥固定，采用钢卷尺或测枪测试，要求精确到 1 mm。将巷道表面位移测试结果按要求填入表 9.9 中。

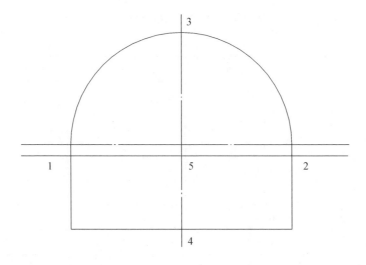

图 9.22  巷道表面位移测点布置

注：1～5 为测点编号。

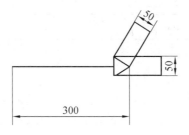

图 9.23  测点结构（单位：mm）

**表 9.9  巷道表面位移测试数据表**

| 打设日期 | 测试日期 | 累计天数 | 左帮位移量（1～5） | | | 右帮位移量（2～5） | | | 顶板下沉量（3～5） | | | 底臌量（4～5） | | |
| --- | --- | --- | --- | --- | --- | --- | --- | --- | --- | --- | --- | --- | --- | --- |
| | | | 原值/mm | 测试值/mm | 位移量/mm | 原值/mm | 测试值/mm | 位移量/mm | 原值/mm | 测试值/mm | 位移量/mm | 原值/mm | 测试值/mm | 位移量/mm |
| | | | | | | | | | | | | | | |
| | | | | | | | | | | | | | | |

注：1～5 为测点编号。

## 9. 6　深部破裂巷道围岩注浆支护效果

为了确保注浆支护效果，必须保证注浆后浆液能完全填充巷道浅部围岩裂隙并形成一定厚度的注浆加固圈。为了保证巷道围岩稳定性，注浆加固圈的厚度不应小于 30 cm，通过表达式（9.1）～（9.3）计算得到巷道围岩 30 cm 深处顶板、帮部和底板破裂岩体的裂隙开度分别为 16.6 mm、11.0 mm 和 21.5 mm，由表达式（5.43）计算可得注浆压力为 3. 0 MPa 时巷道围岩 30 cm 深处浆液在顶板、帮部和底板的扩散距离分别为 1.59 m、1.06 m 和 2.06 m。为了确保支护结构稳定和巷道运营维护的安全性，取安全系数 $n = 0.7$，则顶板和帮部注浆孔间排距应小于 1.855 m，因此取顶板及两帮注浆锚杆间距为 1 500 mm；底板注浆孔间排距应小于 2.884 m，因巷道底板宽度为 5 046 mm，因此取底板锚杆间距为 2 000 mm。锚索注浆压力为 4～6 MPa，由表达式（5.42）计算可得，当裂隙开度为 0.01 m 时浆液扩散距离为 1.08～1.26 m，则注浆锚索在顶板和帮部的扩散距离将远大于 1.08 m，锚索与锚杆间隔布置，因此取注浆锚杆排距为 1 400 mm，锚索排距为 2 100 mm。由于断面内已经布置了注浆锚杆，因此在整个断面内布置 4 根注浆锚索，且在如图 9.24 所示的支护结构中的支护参数如下：

### 1. 注浆锚杆

一个巷道断面内布置 99 根注浆锚杆，巷道顶板布置 5 根注浆锚杆，以控制巷道顶板变形破坏，并对浅部顶板围岩实施注浆加固；在巷道帮部距底板 1 500 mm 处布置 1 根注浆锚杆，与水平方向呈 15° 夹角，在距巷道底板 200 mm 的底角布置 1 根注浆锚杆，与水平方向呈 30° 夹角，以控制巷道两帮和底板变形破坏，并对帮部和底角围岩进行注浆加固。注浆锚杆规格为 $\phi$ 25 mm×2 600 mm，破断载荷不小于 150 kN，锚杆的间距为 1 500 mm、排距为 1 400 mm。

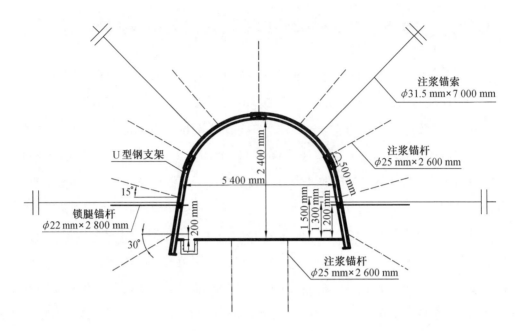

（a）巷道支护断面图

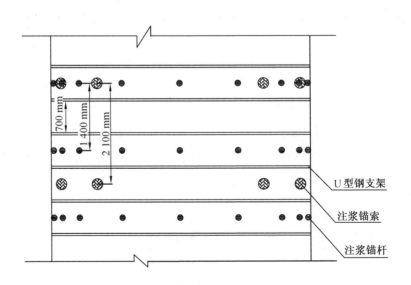

（b）巷道支护平面图

图 9.24　巷道断面支护设计

**2. 注浆锚索**

一个巷道断面内布置 4 根注浆锚索，在两肩角处与水平面呈 45°夹角处各布置 1 根注浆锚索，在巷道帮部距底板 1 300 mm 处布置 1 根注浆锚索，注浆锚索的规格为 $\phi$31.5 mm×7 000 mm，破断载荷不小于 480 kN，注浆锚索排距为 2 100 mm。

**3. 注浆参数**

浆液采用普通 525# 硅酸盐水泥配合 ACZ-1 型水泥添加剂，该添加剂可以增加水泥基浆液的流动性、和易性、微膨胀性，提高水泥基浆液的结石率和浆液凝结后岩体的强度，浆液水灰比为 0.7∶1～1∶1。注浆锚索的终止注浆压力为 4.0～6.0 MPa，注浆时间为 600～800 s；注浆锚杆的终止注浆压力为 2.0～3.0 MPa，注浆时间为 250～400 s。

在北翼回风大巷设置 2 个表面位移观测断面，2 个断面相距为 20 m，巷道表面位移监测断面的布置如图 9.25 所示。

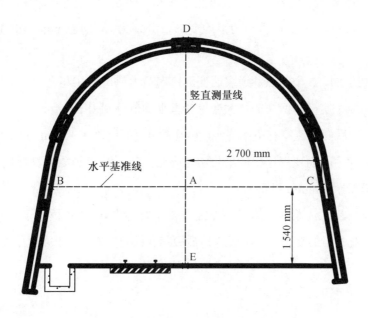

图 9.25　巷道表面位移监测断面的布置

注：A～E 为测点的编号。

巷道表面位移通过引伸计测量，引伸计的技术参数如下：

（1）测量范围为 0~1 000 mm。

（2）测量精度为 0.2 mm。

每个断面安装 4 个引伸计，2 个安装在巷道两帮（点 B 和点 C），1 个安装在顶板（点 D），1 个安装在底板（点 E），BC 为水平基准线，DE 为竖直测量线，点 A 为 BC 和 DE 的交点。BC 长度的缩减值表示巷道两帮的移近量，AD 和 AE 长度的减少量分别表示巷道顶板下沉量和底板底臌量。巷道初期支护完成后立即安装引伸计并读取初始数值，以后每 5 d 观测 1 次数据。初期支护完成大约 20 d 后，对巷道围岩进行二次注浆加固支护。巷道表面位移监测持续 90 d，巷道表面变形及对应的变形速率监测结果如图 9.26 和 9.27 所示。

由图 9.26 可知，巷道初期支护完成后巷道表面变形仍然很快，20 d 内 2 个测点顶板下沉量平均值为 89.8 mm，底板底臌量平均值为 106.2 mm，两帮移近量平均值为 122.7 mm。注浆后巷道表面位移逐渐趋于缓和，50 d 之后巷道基本趋于稳定，监测结束时巷道顶板、底板和两帮的平均变形量分别为 143.18 mm、155.1 mm 和 181.5 mm。

由图 9.27 可知，2 个测点巷道表面变形速率最大值出现在巷道初期支护后 10 d 左右，巷道顶板、底板和两帮的最大变形速率平均值分别为 5.96 mm/d、6.98 mm/d 和 8.3 mm/d，之后变形速率有所下降，但巷道表面变形仍以 3~5 mm/d 的速率增长。在注浆之后，巷道表面变形速率的增长明显降低，50 d 后巷道表面变形趋于稳定，变形速率也降低至 1 mm/d 以下。

由此可以看出，注浆能够通过填充围岩裂隙加固巷道破裂围岩，有效地控制巷道顶板、底板及两帮的变形量，从而达到维护巷道破裂围岩及支护结构稳定的目的。

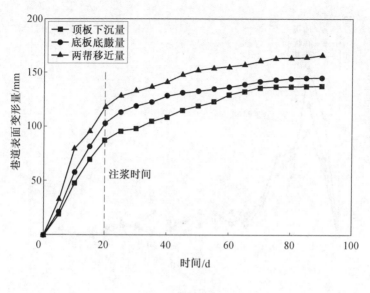

（a）监测断面 I

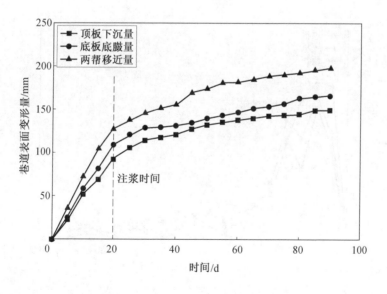

（b）监测断面 II

图 9.26　巷道表面变形监测结果

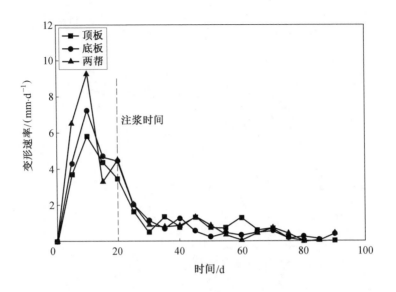

（a）监测断面 I

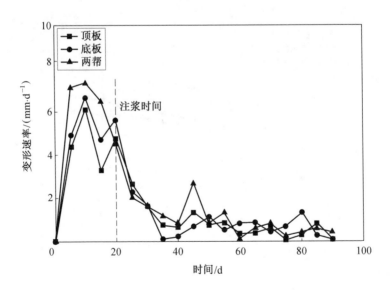

（b）监测断面 II

图 9.27　巷道表面变形速率监测结果

## 9.7　本 章 小 结

综合理论分析和数值模拟的分析结果，以淮北矿区袁店二矿北翼回风大巷的具体工程地质条件为背景，提出了一种能够适应深部裂隙软岩巷道变形破坏特征的新型 "让压-锚注" 耦合支护理论与技术体系，并在淮北矿区袁店二矿北翼回风大巷开展现场工业实践，现场试验及监测结果表明，采用 "让压-锚注" 耦合支护体系后，深部裂隙软岩巷道围岩变形明显减小，变形速率也得到了有效控制，更好地维护了巷道的稳定，为矿井的安全、高效生产提供了有力的保障。本章研究成果对进一步推动深部裂隙软岩巷道锚注支护技术的发展，提高深部裂隙软岩巷道的安全可靠性具有十分重要的理论与工程意义。

# 第 10 章 结论与展望

## 10.1 主要结论

采矿工程深井巷道受"三高一扰动"影响，巷道变形破坏严重，围岩裂隙发育，常规支护手段难以维持巷道围岩的稳定。注浆作为裂隙岩体主动支护的主要手段，不仅可以堵塞地下水的渗流通道增加裂隙岩体抗渗能力，浆液凝固后还可以提高围岩强度，增强围岩抗变形的作用。本书以深部巷道破裂围岩注浆为工程背景，综合采用室内试验、理论分析、数值模拟和现场实践相结合的方法，分别开展了水泥基浆液性质试验、浆液临界裂隙开度试验、单裂隙注浆渗流试验，结合流体的非线性渗流方程，推导了基于分形维数的单裂隙渗流 Forchheimer 渗流方程，基于钻孔窥视裂隙开度统计分布规律，建立了裂隙岩体钻孔注浆浆液扩散数值计算模型，研究了浆液在裂隙岩体内的渗流机理，得到如下结论：

（1）利用普通 425#水泥、800 目超细水泥和 1 250 目超细水泥分别配制不同水灰比的水泥浆，分析了不同水灰比浆液的流变特性试验结果，发现当普通 425#水泥的水灰比为 0.5～0.6 时浆液为幂律流体，水灰比为 0.7～2.0 时浆液为宾汉姆流体；当 800 目超细水泥的水灰比为 0.6～1.4 时浆液为幂律流体，水灰比为 1.6～2.0 时浆液为宾汉姆流体；当 1 250 目超细水泥的水灰比为 0.7～2.0 时浆液为幂律流体。当在水泥基浆液中加入减水剂后，普通 425#水泥的水灰比为 0.5～0.6 时浆液为宾汉姆流体，水灰比为 0.7～2.0 时浆液为牛顿流体；800 目超细水泥的水灰比为 0.5～1.2 时浆液为宾汉姆流体，水灰比为 1.4～2.0 时浆液为牛顿流体；1 250 目超细水泥的水灰比为 0.5～1.4 时浆液为宾汉姆流体，水灰比为 1.6～2.0 时浆液为牛顿流体。

（2）基于 3 种不同粒径大小的水泥基浆液的流变性试验，分析了水灰比、水泥颗粒粒径、减水剂等因素对水泥基浆液流变特性的影响，结果表明水泥基浆液的黏度随着浆液水灰比增加逐渐减小，且当水灰比小于 0.7 时，浆液黏度随着水灰比增加急速下降；浆液表观黏度随着水泥颗粒粒径 $d_{95}$ 增加而降低，且水泥颗粒粒径 $d_{95}$ 越小，其对浆液黏度影响越大；添加减水剂可降低水泥基浆液的黏度，增加浆液流动性，浆液水灰比越小，水泥颗粒粒径 $d_{95}$ 越小，减水剂效果越明显。水泥基浆液析水率随着水灰比和水泥颗粒粒径 $d_{95}$ 增加而增加，普通 425#水泥、800 目超细水泥和 1 250 目超细水泥稳定浆液的水灰比分界线分别为 0.7、1.0 和 1.4。添加膨润土可有效降低水泥基浆液析水率，且添加 0.75%减水剂后，若膨润土添加量大于等于 4%则浆液为稳定浆液。

（3）基于 Eriksson 和 Stille 提出的临界裂隙开度的概念，参考已有的注浆渗流试验系统，自行研发了单裂隙可视化注浆试验系统，该试验系统包含 4 个部分：注浆系统、可视化注浆裂隙模型、显微观测系统和数据采集系统。与传统注浆渗流试验系统相比，该系统存在以下优势：①裂隙模型两侧由透明的钢化玻璃组成，可以直观地观测到浆液在裂隙中的流动方式，也可以看到浆液渗滤效应的形成；②观测系统由长距离显微镜和高速摄像机构成，可以从微观层面研究浆液的流动和渗滤效应；③裂隙模型的构成采用高精度的不锈钢垫片，可以较为精确地调整裂隙开度大小，从而获得更加准确的浆液临界裂隙开度值。

（4）基于自行研发的单裂隙可视化注浆试验系统，利用单裂隙可视化注浆试验系统对水泥浆的临界裂隙开度展开试验研究，结果表明，普通 425#水泥基浆液最小裂隙开度 $b_{min}$ 为 140 μm，临界裂隙开度 $b_{critical}$ 为 300 μm。基于临界裂隙开度测试试验，当裂隙开度在 160～280 μm 之间时将会产生渗滤现象，通过观测到的浆液渗滤效应产生的过程，对浆液渗滤现象进行分析，揭示了渗滤效应产生半圆形滤饼的微观机理，通过研究不同开度条件下滤饼形成的时间，揭示了普通 425#水泥基浆液滤饼形成时间与裂隙开度之间的指数关系，即 $t=0.003\,83\mathrm{e}^{0.031b}+1.552\,8$。

（5）基于分形布朗运动（FBMs）和 Barton 提出的 10 条经典岩石裂隙轮廓线的

Hurst 指数，重构生成不同分形维数的节理面轮廓线，利用重构生成的不同分形维数节理面轮廓线研制了不同粗糙度的单裂隙注浆模型，配合单裂隙可视化注浆试验系统，开展了不同压力、不同开度、不同分形维数条件下浆液的渗流试验，结果表明，随着浆液驱动压力 $p_n$ 的增加，进浆口和出浆口处浆液压力 $p_1$、$p_2$ 也逐渐增加，但压力稳定段的时间逐渐缩短；当驱动压力 $p_n$ 处于同一压力水平时，进浆口处浆液压力 $p_1$ 随着裂隙开度的增加而减小，与之相反出浆口处浆液压力 $p_2$ 随着裂隙开度的增加而增加；随着裂隙开度 $b$ 的增加，裂隙模型进出口压差 $\Delta p$ 越来越小，且随着驱动压力 $p_n$ 的增加，浆液在裂隙内渗流时压差 $\Delta p$ 随着裂隙开度 $b$ 增加而衰减的速率越来越大；浆液压力 $p_1$、$p_2$ 随着分形维数的增加而减小。利用试验得到不同裂隙模型注浆进出口处压力 $p_1$、$p_2$ 和流量 $Q$，并分析计算得到裂隙模型两端压差 $\Delta p$ 与流量 $Q$ 的关系，结果表明浆液在裂隙内渗流规律呈非线性特征，且压差与流量关系满足 Forchheimer 渗流方程。

（6）利用宾汉姆流体的本构方程，推导了平面裂隙内宾汉姆流体的流速分布方程，结合牛顿流体非线性 Forchheimer 渗流方程，得到了宾汉姆流体在光滑平板裂隙内流动时的 Forchheimer 渗流方程。通过引入无量纲系数 $a_D$、$b_D$ 来反映流体在真实裂隙内渗流时受到的摩擦阻力，$a_D$、$b_D$ 均为裂隙面分形维数 $D$ 的函数，得到了基于分形维数的宾汉姆流体单裂隙渗流 Forchheimer 方程，结合浆液单裂隙渗流试验结果确定了 Forchheimer 渗流方程系数，并根据重构所得粗糙裂隙面轮廓线建立不同分形维数数值计算模型，通过数值模拟研究了不同分形维数裂隙模型压差与流量关系，结果表明分形维数与 Forchheimer 渗流方程系数呈二次函数关系，与无量纲系数 $a_D$、$b_D$ 也呈二次函数关系。

（7）以袁店二矿北翼回风大巷破裂围岩注浆加固为工程背景，通过分析巷道围岩破裂特征和钻孔窥视破裂岩体裂隙开度，得到了巷道破裂围岩顶板、帮部和底板裂隙开度沿钻孔深度变化的规律，结果显示裂隙开度与钻孔深度呈指数关系，即 $y = b_0 e^{-ax}$。利用基于分形维数的 Forchheimer 渗流方程，建立了裂隙岩体钻孔注浆浆液渗流模型，分析了围岩破裂程度、注浆压力等因素对浆液扩散距离的影响，结果发现浆液扩散距离与围岩裂隙开度呈线性关系，而与注浆压力呈对数关系，当注浆压力为 2～3 MPa 时，在保证注浆加固圈厚度情况下浆液扩散的有效距离为 1.06～2.06 m。基于数值模拟获得的浆液扩散距离，在确保支护结构稳定和巷道运营维护安全的前提下，建议注浆锚杆的间距为 1 500 mm，排距为 1 400 mm，注浆锚索排距为 2 100 mm，并以此对巷道围岩进行注浆加固支护，实践结果显示在注浆之后，巷道表面变形速率的增长明显降低，初期支护 50 d 之后巷道表面变形趋于稳定，变形速率也降低至 1 mm/d 以下。注浆加固支护有效地控制了巷道围岩变形，达到了维护巷道破裂围岩及支护结构稳定的目的。

## 10.2　展　　望

本书围绕深部裂隙岩体注浆浆液扩散机理进行了深入系统的研究，取得了一些成果和结论，但受到当前试验条件和研究水平的制约，仍然有一些问题需要进一步深入探讨，具体如下：

（1）水泥基浆液在深部裂隙岩体内的流动是一个极为复杂的过程，不仅涉及浆液性质、注浆压力、裂隙开度、裂隙面粗糙度等因素，还包括不同性质的岩石裂隙面与浆液的相互作用、注浆压力与深部围岩应力之间的耦合作用、水泥基浆液与岩石裂隙面之间的水化反应，以及高地温环境等因素对浆液在岩石裂隙内渗流规律的影响，考虑应力、温度、化学多场耦合作用下浆液的渗流机理是后续研究的一个重要方向。

（2）深部裂隙岩体中裂隙网络是复杂多变的，裂隙与裂隙之间存在众多交叉点，水泥基浆液在交叉点处的流量分配和能量损失都会影响浆液的扩散距离，在裂隙网络注浆渗流机理研究方面，后续将开展交叉裂隙浆液流量分配和交叉点浆液水头压力损失方面的研究。

# 参 考 文 献

[1] 康红普. 煤巷锚杆支护理论与成套技术[M]. 北京：煤炭工业出版社，2007.

[2] 乔鸿波. 长沟峪矿急倾斜中厚煤层锚杆支护技术研究[D]. 阜新：辽宁工程技术大学，2009.

[3] 何满潮，谢和平，彭苏萍，等. 深部开采岩体力学研究[J]. 岩石力学与工程学报，2005，24(16)：2803-2813.

[4] 何满潮. 深部软岩工程的研究进展与挑战[J]. 煤炭学报，2014，39(8)：1409-1417.

[5] 韩立军，贺永年，蒋斌松. 复杂条件下软岩巷道围岩稳定控制机理与技术研究：中国软岩工程与深部灾害控制研究进展——第四届深部岩体力学与工程灾害控制学术研讨会暨中国矿业大学(北京)百年校庆学术会议论文集[C]. 北京：[出版单位不详]，2009：40-45.

[6] 张农，王保贵，郑西贵，等. 千米深井软岩巷道二次支护中的注浆加固效果分析[J]. 煤炭科学技术，2010，38(5)：34-38，46.

[7] HE M C. Latest progress of soft rock mechanics and engineering in China[J]. Journal of Rock Mechanics & Geotechnical Engineering，2014，6(3)：165-179.

[8] 刘泉声，康永水，白运强. 顾桥煤矿深井岩巷破碎软弱围岩支护方法探索[J]. 岩土力学，2011，32(10)：3097-3104.

[9] 王连国，李明远，王学知. 深部高应力极软岩巷道锚注支护技术研究[J]. 岩石力学与工程学报，2005，24(16)：2889-2893.

[10] GLOSSOP R. The invention and development of injection processes part Ⅰ：1902—1850[J]. Géotechnique，1960，10(3)：91-100.

[11] NIKBAKHTAN B，OSANLOO M. Effect of grout pressure and grout flow on soil

physical and mechanical properties in jet grouting operations[J]. International Journal of Rock Mechanics & Mining Sciences，2009，46(3)：498-505.

[12] VAROL A，DALGÇ S．Grouting applications in the Istanbul metro，Turkey[J]. Tunnelling and Underground Space Technology，2006，21(6): 602-612.

[13] KIKUCHI K，IGARI T，MITO Y，et al. *In situ* experimental studies on improvement of rock masses by grouting treatment[J]. International Journal of Rock Mechanics and Mining，1997，34(3/4)：138. e1-138. e14.

[14] DRAGANOVIĆ A，STILLE H. Filtration and penetrability of cement-based grout: study performed with a short slot[J]. Tunnelling & Underground Space Technology，2011，26(4)：548-559.

[15] 刘泉声，卢超波，刘滨，等. 深部巷道注浆加固浆液扩散机理与应用研究[J]. 采矿与安全工程学报，2014，31(3)：333-339.

[16] 刘长武，陆士良. 水泥注浆加固对工程岩体的作用与影响[J]. 中国矿业大学学报，2000，29(5)：454-458.

[17] 张良辉. 岩土灌浆渗流机理及渗流力学[D]. 北京：北京交通大学，1996.

[18] 石达民. 驱水注浆过程中浆液运动规律及其对参数计算的影响[J]. 金属矿山，1988(2)：28-33.

[19] 郝哲，王介强，刘斌. 岩体渗透注浆的理论研究[J]. 岩石力学与工程学报，2001，20(4)：492-496.

[20] CHAN M P. Analysis and modeling of grouting and its application in civil engineering[D]. Queensland：University of Southern Queensland Faculty of Engineering and Surveying，2005.

[21] 阮文军. 注浆扩散与浆液若干基本性能研究[J]. 岩土工程学报，2005，27(1)：69-73.

[22] LOMBARDI G. The role of cohesion in cement grouting of rock: proceedings of the 15th Congress on Large Dams[C]. Paris：[s. n.]，1989：235-261.

[23] O Ю 卢什尼科娃，吴理云. 注浆工程中最佳注浆压力状态的选择[J]. 国外金属矿采矿，1986(5)：39-41.

[24] WITTKE W. 采用膏状稠水泥浆灌浆新技术：现代灌浆技术译文集[C]. 张金接，译. 北京：水利电力出版社，1991：48-58.

[25] 熊厚金，林天建，李宁. 岩土工程化学[M]. 北京：科学出版社，2001.

[26] 黄春华. 裂隙灌浆宾汉流体扩散能力研究[J]. 广东水利水电，1997(2)：13-17.

[27] 郑长成. 裂隙岩体灌浆的模拟研究[D]. 长沙：中南大学，1999.

[28] 阮文军. 浆液基本性能与岩体裂隙注浆扩散研究[D]. 长春：吉林大学，2003.

[29] 郑玉辉. 裂隙岩体注浆浆液与注浆控制方法的研究[D]. 长春：吉林大学，2005.

[30] 杨米加. 随机裂隙岩体注浆渗流机理及其加固后稳定性分析[D]. 徐州：中国矿业大学，1999.

[31] 杨秀竹. 静动力作用下浆液扩散理论与试验研究[D]. 长沙：中南大学，2005.

[32] AMADEI B，SAVAGE W Z. An analytical solution for transient flow of Bingham viscoplastic materials in rock fractures[J]. International Journal of Rock Mechanics & Mining Sciences，2001，38(2)：285-296.

[33] CHEN C I，CHEN C K，YANG Y T. Unsteady unidirectional flow of Bingham fluid between parallel plates with different given volume flow rate conditions[J]. Applied Mathematical Modelling，2004，28(8)：697-709.

[34] MOON H，SONG M. Numerical studies of groundwater flow，grouting and solute transport in jointed rock mass[J]. International Journal of Rock and Mechanics add Mining Sciences，1997，34(3/4)：206. e1-206. e13.

[35] 郝哲，王介强，何修仁. 岩体裂隙注浆的计算机模拟研究[J]. 岩土工程学报，1999，21(6)：727-730.

[36] 郝哲，何修仁，刘斌. 岩体注浆的随机模拟[J]. 冶金矿山设计与建设，1998，30(1)：3-6.

[37] 郝哲. 岩体注浆行为研究及其计算机模拟[D]. 沈阳：东北大学，1998.

[38] ERIKSSON M，STILLE H，ANDERSSON J. Numerical calculations for prediction of grout spread with account for filtration and varying aperture[J]. Tunn Undergr Space Technol，2000，15(4)：353-364.

[39] 杨米加，贺永年，陈明雄. 裂隙岩体网络注浆渗流规律[J]. 水利学报，2001，32(7)：41-46.

[40] 罗平平. 裂隙岩体可灌性及灌浆数值模拟研究[D]. 南京：河海大学，2006.

[41] （苏）切尔内绍夫. 水在裂隙网络中的运动[M]. 盛志浩，田开铭，译. 北京：地质出版社，1987.

[42] HOULSBY A C. Construction and design of cement grouting[M]. Hoboken：Wiley，1990.

[43] LEE J S，BANG C S，MOK Y J，et al. Numerical and experimental analysis of penetration grouting in jointed rock masses[J]. International Journal of Rock Mechanics & Mining Sciences，2000，37(7)：1027-1037.

[44] BOUCHELAGHEM F，VULLIET L，LEROY D，et al. Real-scale miscible grout injection experiment and performance of advection－dispersion－filtration model[J]. Num Anal Meth Geomechanics，2001，25(12)：1149-1173.

[45] SAADA Z，CANOU J，DORMIEUX L，et al. Modelling of cement suspension flow in granular porous media[J]. Int J Numer Anal Meth Geomech，2005，29(7)：691-711.

[46] FUNEHAG J，FRANSSON. Sealing narrow fractures with a Newtonian fluid：model prediction for grouting verified by field study[J]. Tunnelling and Underground Space Technology，2006，21(5)：492-498.

[47] FUNEHAG J，GUSTAFSON G. Design of grouting with silica Sol in hard rock-new methods for calculation of penetration length，Part Ⅰ[J]. Tunnelling and Underground Space Technology，2008，23(1)：1-8.

[48] FUNEHAG J，GUSTAFSON G. Design of grouting with silica Sol in hard rock-new

design criteria tested in the field，Part Ⅱ[J]. Tunnelling and Underground Space Technology，2008，23(1)：9-17.

[49] KRIZEK R J，PEREZ T. Chemical grouting in soils permeated by water[J]. Journal of Geotechnical Engineering，1985，111(7)：898-915.

[50] 徐志鹏. 裂隙注浆模拟试验研究进展[J]. 建井技术，2012，33(6)：26-29，37.

[51] HÄSSLER L，HÅKANSSON U，STILLE H. Computer-simulated flow of grouts in jointed rock[J]. Tunneling and Undergroun Space Technol，1992，7(4)：441-446.

[52] 张治亮. 刍议地铁车站结构防水施工处理技术设计[J]. 建筑工程技术与设|计，2015(11)：457.

[53] 杨米加，陈明雄，贺永年. 裂隙岩体注浆模拟实验研究[J]. 实验力学，2001，16(1)：105-112.

[54] LEMOS J V. A distinct element model for dynamic analysis of jointed rock with application to dam foundation an fault motion[D]. Minnesota：University of Minnesota，1987.

[55] LORIG L J，BRADY B H G，CUNDALL P A. Hybrid distinct element-boundary element analysis of jointed rock[J]. IInternational Journal of Rock Mechanics and Mining Sciences & Geomechanics Abstracts，1986，23(4)：303-312.

[56] KULATILAKE P H S W, WATHUGALA D N，STEPHANSSON O. Joint network modelling with a validation exercise in Stripa Mine，Sweden[J]. Int J Rock Mech Min Sci Geomech Abstr，1993，30(5)：503-526.

[57] CHUPIN O，SAIYOURI N，HICHER P Y. The effects of filtration on the injection of cement-based grouts in sand columns[J]. Transp Porous Medium，2008，72(2)：227-240.

[58] BOUCHELAGHEM F，BENHAMIDA A，DUMONTET H. Mechanical damage behaviour of an injected sand by periodic homogenization method[J]. Computational Materials Science，2007，38(3)：473-481.

[59] SHIN J H，CHOI Y K，KWON O Y，et al. Model testing for pipe-reinforced tunnel heading in a granular soil[J]. Tunnelling and Underground Space Technology，2008，23(3)：241-250.

[60] TIRUPATI B. Experimental and numerical investigations of chemical grouting in heterogeneous porous media[D]. Windsor：University of Windsor，2005.

[61] 陈剑平. 岩体随机不连续面三维网络数值模拟技术[J]. 岩土工程学报，2001，23(4)：397-402.

[62] 张发明，汪小刚，贾志欣，等. 3D裂隙网络随机模拟及其工程应用研究[J]. 现代地质，2002，16(1)：100-103.

[63] 于青春，大西有三. 岩体三维不连续裂隙网络及其逆建模方法[J]. 地球科学，2003，28(5)：522-526，544.

[64] 罗平平，朱岳明，赵咏梅，等. 岩体灌浆的数值模拟[J]. 岩土工程学报，2005，27(8)：918-921.

[65] 罗平平，陈蕾，邹正盛. 空间岩体裂隙网络灌浆数值模拟研究[J]. 岩土工程学报，2007，29(12)：1844-1848.

[66] 李宁，张平，闫建文. 灌浆的数值仿真分析模型探讨[J]. 岩石力学与工程学报，2002，21(3)：326-330.

[67] 吴顺川，金爱兵，高永涛. 袖阀管注浆技术改性土体研究及效果评价[J]. 岩土力学，2007，28(7)：1353-1358.

[68] 郑鹏武，谭忠盛，吴金刚. 齐岳山隧道注浆必要性的数值分析与论证[J]. 铁道建筑，2006，46(1)：36-38.

[69] 李向红. CCG注浆技术的理论研究和应用研究[D]. 上海：同济大学，2002.

[70] 雷金山，杨秀竹，夏力农，等. 软土地层花管压密注浆的有限元模拟[J]. 铁道科学与工程学报，2009，6(3)：28-30.

[71] 王档良. 多孔介质动水化学注浆机理研究[D]. 徐州：中国矿业大学，2011.

[72] 刘振兴. 基于平面模型下致密土体劈裂灌浆机理的试验研究[D]. 北京：北京交

通大学，2012.

[73] 石明生. 高聚物注浆材料特性与堤坝定向劈裂注浆机理研究[D]. 大连：大连理工大学，2011.

[74] 郭广磊. 黏土中压力注浆动态数值模拟研究[D]. 济南：山东大学，2006.

[75] 张金娟. 黏土固化浆液渗透注浆理论与数值模拟在砾砂、卵石土层中的应用研究[D]. 大连：大连海事大学，2009.

[76] 冯志强. 破碎煤岩体化学注浆加固材料研制及渗透扩散特性研究[D]. 北京：煤炭科学研究总院，2007.

[77] 李慎刚，赵文，王成，等. 隧道开挖中注浆效果的 FLAC$^{3D}$ 研究[J]. 东北大学学报(自然科学版)，2010，31(3)：440-443.

[78] 杨坪，彭振斌，李奋强. 巷道注浆加固作用机理及计算模型研究[J]. 矿冶工程，2005，25(1)：3-5.

[79] 李振钢. 砂砾层渗透注浆机理研究与工程应用[D]. 长沙：中南大学，2009.

[80] 杨锋. 砂砾石层灌浆试验研究及渗流计算分析[D]. 北京：中国水利水电科学研究院，2005.

[81] 孙斌堂，凌贤长，凌晨，等. 渗透注浆浆液扩散与注浆压力分布数值模拟[J]. 水利学报，2007，38(11)：1402-1407.

[82] 何忠明. 裂隙岩体复合防渗堵水浆液试验及作用机理研究[D]. 长沙：中南大学，2007.

[83] LIU Q S，LEI G F，PENG X X，et al. Rheological characteristics of cement grout and its effect on mechanical properties of a rock fracture[J]. Rock Mechanics & Rock Engineering，2018，51(2)：613-625.

[84] 李召峰，李术才，刘人太，等. 富水破碎岩体注浆加固材料试验研究与应用[J]. 岩土力学，2016，37(7)：1937-1946.

[85] 刘人太. 水泥基速凝浆液地下工程动水注浆扩散封堵机理及应用研究[D]. 济南：山东大学，2012.

[86] 黄耀光. 深部破裂围岩锚注浆液渗流扩散机理研究[D]. 徐州：中国矿业大学，2015.

[87] 夏春. 稳定灌浆新型浆液与复合掺合料水工混凝土[D]. 成都：四川大学，2002.

[88] 苏培莉. 裂隙煤岩体注浆加固渗流机理及其应用研究[D]. 西安：西安科技大学，2010.

[89] 蒋维钧，戴猷元，顾惠君. 化工原理[M]. 3版. 北京：清华大学出版社，2009.

[90] 何修仁. 注浆加固与堵水[M]. 沈阳：东北工学院出版社，1990.

[91] 华心祝，谢广祥. 极软岩巷道锚注加固注浆材料研究与应用[J]. 岩土力学，2004，25(10)：1642-1646.

[92] EKLUND D，STILLE H. Penetrability due to filtration tendency of cement-based grouts[J]. Tunnelling & Underground Space Technology，2008，23(4)：389-398.

[93] 李术才，刘人太，张庆松，等. 基于黏度时变性的水泥－玻璃浆液扩散机制研究[J]. 岩石力学与工程学报，2013，32(12)：2415-2421.

[94] 李术才，郑卓，刘人太，等. 基于渗滤效应的多孔介质渗透注浆扩散规律分析[J]. 岩石力学与工程学报，2015，34(12)：2401-2409.

[95] 李术才，郑卓，刘人太，等. 考虑浆－岩耦合效应的微裂隙注浆扩散机制分析[J]. 岩石力学与工程学报，2017，36(4)：812-820.

[96] 王连国，陆银龙，黄耀光，等. 深部软岩巷道深-浅耦合全断面锚注支护研究[J]. 中国矿业大学学报，2016，45(1)：11-18.

[97] ERIKSSON M，FRIEDRICH M，VORSCHULZE C. Variations in the rheology and penetrability of cement-based grouts—an experimental study[J]. Cement and Concrete Research，2004，34(7)：1111-1119.

[98] DRAGANOVIĆ A，STILLE H. Filtration of cement-based grouts measured using a long slot[J]. Tunnelling and Underground Space Technology，2014，43：101-112.

[99] CAO H T，YI X Y，LU Y，et al. A fractal analysis of fracture conductivity considering the effects of closure stress[J]. Journal of Natural Gas Science &

Engineering，2016，32：549-555.

[100] YU B M，CHENG P. A fractal permeability model for bi-dispersed porous media[J]. International Journal of Heat & Mass Transfer，2002，45(14)：2983-2993.

[101] LIU R C，JIANG Y J，LI B，et al. A fractal model for characterizing fluid flow in fractured rock masses based on randomly distributed rock fracture networks[J]. Computers & Geotechnics，2015，65：45-55.

[102] 朱珍德，邢福东，渠文平，等. 岩石-混凝土两相介质胶结面粗糙系数的分形描述[J]. 煤炭学报，2006，31(1)：20-25.

[103] 冯夏庭，王泳嘉. 岩石节理力学参数的非线性估计[J]. 岩土工程学报，1999，21(3)：268-272.

[104] 刘日成，李博，蒋宇静，等. 等效水力隙宽和水力梯度对岩体裂隙网络非线性渗流特性的影响[J]. 岩土力学，2016，37(11)：3165-3174.

[105] 许宏发，李艳茹，刘新宇，等. 节理面分形模拟及 JRC 与分维的关系[J]. 岩石力学与工程学报，2002，21(11)：1663-1666.

[106] 谢和平,张永平. 自仿射分形几何[J]. 自然杂志,1989,11(9): 650-655,674-720.

[107] 孙洪泉,谢和平. 岩石断裂表面的分形模拟[J]. 岩土力学,2008,29(2): 347-352.

[108] 游志诚，王亮清，杨艳霞，等. 基于三维激光扫描技术的结构面抗剪强度?参数各向异性研究[J]. 岩石力学与工程学报，2014，33(S1)：3003-3008.

[109] ODLING N E. Natural fracture profiles，fractal dimension and joint roughness coefficients[J]. Rock Mechanics & Rock Engineering，1994，27(3)：135-153.

[110] POON C Y，SAYLES R S，JONES T A. Surface measurement and fractal characterization of naturally fractured rocks[J]. Journal of Physics D：Applied Physics，1992，25(8)：1269-1275.

[111] KULATILAKE P H S W，BALASINGAM P，PARK J，et al. Natural rock joint roughness quantification through fractal techniques[J]. Geotechnical & Geological Engineering，2006，24(5)：1181-1202.

[112] BARTON N. Review of a new shear-strength criterion for rock joints [J]. Engineering Geology，1973，7(4)：287-332.

[113] BARTON N，CHOUBEY V. The shear strength of rock joints in theory and practice[J]. Rock Mechanics，1977，10(1)：1-54.

[114] BAMFORD W E, DEERE D U, FRANKLIN J A, et al. Suggested methods for the quantitative description of discontinuities in rock masses[J]. International Journal of Rock Mechanics and Mining Sciences，1978，15：319-368.

[115] 杜时贵，郭霄. 岩体结构面粗糙度系数 JRC 的研究现状[J]. 水文地质工程地质，2003，30(S1)：30-33.

[116] 陈世江，朱万成，王创业，等. 岩体结构面粗糙度系数定量表征研究进展[J]. 力学学报，2017，49(2)：239-256.

[117] 周创兵，熊文林. 不连续面的分形维数及其在渗流分析中的应用[J]. 水文地质工程地质，1996，23(6)：1-6.

[118] BENOIT B M. The fractal geometry of nature[M]. New York：W. H. Freeman and Company，1982.

[119] XIE H. Fractals in rock mechanics[M]. Netherlands：Balkema A A Publishers，1993.

[120] LEE Y H，CARR J R，BARR D J，et al. The fractal dimension as a measure of the roughness of rock discontinuity profiles[J]. Int J Rock Mech Min Sci Geomech Abstr，1990，27(6)：453-464.

[121] MANDELBROT B B，VAN NESS J W. Fractional Brownian motions，fractional noises and applications[J]. SIAM  Review，1968，10(4)：422-437.

[122] HUANG S L，OELFKE S M，SPECK R C. Applicability of fractal characterization and modelling to rock joint profiles[J]. International Journal of Rock Mechanics & Mining Sciences & Geomechanics Abstracts，1992，29(2)：89-98.

[123] BROWN S R. Fluid flow through rock joints: the effect of surface roughness[J]. J Geophys Res, 1987, 92(B2): 1337-1347.

[124] SAUPE D. Algorithms for random fractals[M]//PEITGEN H O, SAUPE D. The Science of Fractal Images. New York: Springer, 1988: 71-136.

[125] VOSS R F. Fractals in nature: from characterization to simulation[M]//PEITGEN H O, SAUPE D. The Science of Fractal Images. New York: Springer, 1988: 21-70.

[126] TSE R, CRUDEN D M. Estimating joint roughness coefficients[J]. International Journal of Rock Mechanics & Mining Sciences & Geomechanics Abstracts, 1979, 16(5): 303-307.

[127] BEAR J. Dynamics of fluids in porous media[J]. Soil Sci, 1975, 120: 162-163.

[128] SKJETNE E, HANSEN A, GUDMUNDSSON J S. High-velocity flow in a rough fracture[J]. Journal of Fluid Mechanics, 1999, 383: 1-28.

[129] ZENG Z W, GRIGG R. A criterion for non-darcy flow in porous media[J]. Transport in Porous Media, 2006, 63(1): 57-69.

[130] MOUTSOPOULOS K N, PAPASPYROS I N E, TSIHRINTZIS V A. Experimental investigation of inertial flow processes in porous media[J]. Journal of Hydrology, 2009, 374(3/4): 242-254.

[131] CHERUBINI C, GIASI C I, PASTORE N. Bench scale laboratory tests to analyze non-linear flow in fractured media[J]. Hydrol Earth Syst Sci, 2012, 16(8): 2511-2522.

[132] JAVADI M, SHARIFZADEH M, SHAHRIAR K, et al. Critical Reynolds number for nonlinear flow through rough-walled fractures : the role of shear processes[J]. Water Resources Research, 2014, 50(2): 1789-1804.

[133] GHANE E, FAUSEY N R, BROWN L C. Non-Darcy flow of water through woodchip media[J]. Journal of Hydrology, 2014, 519: 3400-3409.

[134] MACINI P, MESINI E, VIOLA R. Laboratory measurements of non-Darcy flow coefficients in natural and artificial unconsolidated porous media[J]. Journal of Petroleum Science and Engineering, 2011, 77(3/4): 365-374.

[135] BRUSH D J, THOMSON N R. Fluid flow in synthetic rough-walled fractures: Navier-Stokes, Stokes, and local cubic law simulations[J]. Water Resources Research, 2003, 39(4): e2002wr001346.

[136] ZIMMERMAN R W, AL-YAARUBI A, PAIN C C, et al. Non-linear regimes of fluid flow in rock fractures[J]. International Journal of Rock Mechanics and Mining Sciencesi, 2004, 41: 163-169.

[137] RANJITH G P, DARLINGTON W. Nonlinear single-phase flow in real rock joints [J]. Water Resources Research, 2007, 43(9): W09502-1-W09502-9.

[138] ZHANG Z Y, NEMCIK J. Fluid flow regimes and nonlinear flow characteristics in deformable rock fractures[J]. Journal of Hydrology, 2013, 477: 139-151.

[139] ZHANG Z, NEMCIK J. Friction factor of water flow through rough rock fractures[J]. Rock Mechanics and Rock Engineering, 2013, 46(5): 1125-1134.

[140] ZIMMERMAN R W, BODVARSSON G S. Hydraulic conductivity of rock fractures[J]. Transport in Porous Media, 1996, 23(1): 1-30.

[141] KONZUK J S, KUEPER B H. Evaluation of cubic law based models describing single-phase flow through a rough-walled fracture[J]. Water Resources Research, 2004, 40(2): W02402, 1-17.

[142] QUINN P M, CHERRY J A, PARKER B L. Quantification of non-Darcian flow observed during packer testing in fractured sedimentary rock[J]. Water Resources Research, 2011, 47(9): 178-187.

[143] QUINN P M, PARKER B L, CHERRY J A. Using constant head step tests to determine hydraulic apertures in fractured rock[J]. Journal of Contaminant Hydrology, 2011, 126(1/2): 85-99.

[144] QIAN J Z, ZHAN H B, CHEN Z, et al. Experimental study of solute transport under non-Darcian flow in a single fracture[J]. Journal of Hydrology, 2011, 399(3/4): 246-254.

[145] QIAN J Z, ZHAN H B, LUO S H, et al. Experimental evidence of scale-dependent hydraulic conductivity for fully developed turbulent flow in a single fracture[J]. Journal of Hydrology, 2007, 339(3/4): 206-215.

[146] ZOU L C, JING L R, CVETKOVIC V. Roughness decomposition and nonlinear fluid flow in a single rock fracture[J]. International Journal of Rock Mechanics and Mining Sciences, 2015, 75: 102-118.

[147] MEI C C, AURIAULT J L. The effect of weak inertia on flow through a porous medium[J]. Journal of Fluid Mechanics, 1991, 222: 647.

[148] SIDIROPOULOU M G, MOUTSOPOULOS K N, TSIHRINTZIS V A. Determination of Forchheimer equation coefficients $a$ and $b$[J]. Hydrological Processes, 2007, 21(4): 534-554.

[149] ECK B J, BARRETT M E, CHARBENEAU R J. Forchheimer flow in gently sloping layers: application to drainage of porous asphalt[J]. Water Resources Research, 2012, 48(1): W10530, 1-10.

[150] SCHRAUF T W, EVANS D D. Laboratory studies of gas flow through a single natural fracture[J]. Water Resources Research, 1986, 22(7): 1038-1050.

[151] TZELEPIS V, MOUTSOPOULOS K N, PAPASPYROS J N E, et al. Experimental investigation of flow behavior in smooth and rough artificial fractures[J]. Journal of Hydrology, 2015, 521: 108-118.

[152] WITHERSPOON P A, WANG J S Y, IWAI K, et al. Validity of Cubic Law for fluid flow in a deformable rock fracture[J]. Water Resources Research, 1980, 16(6): 1016-1024.

[153] NOWAMOOZ A, RADILLA G, FOURAR M. Non-Darcian two-phase flow in a transparent replica of a rough-walled rock fracture[J]. Water Resources Research, 2009, 45(7): 4542-4548.

[154] SUKOP M C, HUANG H B, ALVAREZ P F, et al. Evaluation of permeability and non-Darcy flow in vuggy macroporous limestone aquifer samples with lattice Boltzmann methods[J]. Water Resources Research, 2013, 49(1): 216-230.